数控铣编程与操作

主　编◎杨　琛　樊　帆　江艳平
副主编◎曹　熙　朱晓辉
主　审◎邓世祥

长江出版传媒　湖北科学技术出版社

图书在版编目（CIP）数据

数控铣编程与操作 / 杨琛，樊帆，江艳平主编 . —武汉 : 湖北科学技术出版社，2024. 5

ISBN 978-7-5706-2847-6

Ⅰ. ①数… Ⅱ. ①杨… ②樊… ③江… Ⅲ. ①数控机床－铣床－程序设计－中等专业学校－教材 Ⅳ. ① TG547

中国国家版本馆 CIP 数据核字 (2024) 第 021263 号

责任编辑：兰季平
责任校对：陈横宇　　　　封面设计：曾雅明

出版发行：湖北科学技术出版社
地　　址：武汉市雄楚大街 268 号（湖北出版文化城 B 座 13—14 层）
电　　话：027-87679468　　　　邮　　编：430070

印　　刷：武汉鑫佳捷印务有限公司　　　　邮　　编：430000

787×1092　1/16　　14. 25 印张　　340 千字
2024 年 5 月第 1 版　　2024 年 5 月第 1 次印刷
定　　价：120. 00 元

前　言 PREFACE

《数控铣编程与操作》是一门基于工作过程开发出来的学习领域课程，是中职数控技术应用专业的核心课程。数控铣削加工是数控技术中的核心技术之一。铣床操作员要能按照图纸及进度要求，制定加工工艺方案、编制加工程序、选取合适刀具及夹具，熟练运用工量具、在遵守安全文明生产的要求下操作数控铣床，并完成产品的加工、自检，设备的日常维护和保养。

本教材由武汉市仪表电子学校加工制造部教师教学创新团队主持编著。教师团队积极响应国家职业教育改革宗旨，立足于职业岗位的完整工作过程，参照国家职业标准铣工（中级）的考核要求及 1 + X 数控车铣加工职业技能等级证书（中级）标准，开展项目式教学，通过完成改造后的“鲁班锁”及其配件的具体任务，在利用先进的现代数控机床设备制作、还原鲁班锁的卯榫结构，增加实践教学趣味性的同时，还展现了中国古代劳动人民的无穷智慧和传承至今的优秀工匠精神。

本教材采用新型活页式、工作手册式的体例，以华中数控 HNC－818 系统为载体进行编写，教师团队结合自身多年的实践教学经验，并通过企业调研和专家指导开发了包括“鲁班锁－支杆一加工”“鲁班锁－支杆六加工”“鲁班锁－转台加工”“鲁班锁－底座加工”四大任务，每个任务都是根据产品的实际加工流程进行编写，模拟企业生产环境，设置了“任务描述”“执行计划”“任务决策”“加工操作”“组织与实施”“检测与评估”“总结改进”“能力提升”“工匠园地”几个模块。并在“任务决策”模块中设计了“知识园地”、“能力检测”及“学以致用”任务，“学习园地”中根据要决策的内容编写了相应的知识，内容涉及数控铣床编程和基本操作的各个领域，涵盖了数控铣床的结构及种类、数控铣床常用刀具的认识与使用、数控铣床常用夹具的认识与使用、数控铣削加工工艺、数控铣削加工编程基础、数控铣床安全文明操作规范、数控铣床基本操作、数控铣床程序编制、数控铣床平面铣削加工、数控铣床外形轮廓加工、凹槽铣削加工和孔加工等相关知识，方便学生查找、学习相关知识，同时配套链接了立体化的教学资源，帮助学生、教师进行学习和教学。

建议本活页式教材在工学结合一体化的真实环境或仿真环境中完成，倡导采用项目式教学法和行动导向教学法，组织学生建立学习小组进行团队协作式学习，充分发挥教师引导作用，实施以学生为中心的课堂教学。本教材教师团队在编写过程中参考了众多的同类专业教材，引用了大量文献资料和技术标准，其中绝大多数资料来源已经列出，如有遗漏，恳请原谅并与作者联系。

教师团队中杨琛老师主持了整本教材的编写和规划，其中樊帆完成了“鲁班锁－支杆六加工”的内容，朱晓辉完成了“鲁班锁－支杆－加工”内容，曹熙完成了“鲁班锁－转台加工”，江艳平完成了“鲁班锁－底座加工”内容，邓世祥负责审核。

由于作者团队的学识和经验有限，对活页式教材和数控铣削加工的研究难免有疏漏与不足，如教材中有不当之处，恳请各位读者批评指正，并不吝赐教。

目 录 CONTENTS

任务一　鲁班锁-支杆六加工

一　任务描述

在国家“一带一路”倡议推动下，国际交流活动日益频繁，越来越多的国际友人对中国优秀传统文化表现出浓厚的兴趣，一些自带“中国特色”的产品也借由此在国际上流传开来。近日一款六柱“鲁班锁”的工艺品在中欧某国市场上十分火爆，为更好地弘扬优秀中华文化、展示国产数控加工系统和大国制造的口碑质量，提升自身产品在当地市场的竞争力，本地一家企业在传统“鲁班锁”的基础上加以改进，设计了可以旋转的底盘和支撑架，增添了工艺品的趣味和观赏性，如图1-1所示。现在该企业委托合作的工厂按照图纸技术要求，试制一批样品。接到任务后，车间主管为了保证样品质量，特地安排技能大师张师傅团队按要求完成样品加工任务。

小李是张师傅招收的新学徒，为了在工作实践中更好地锻炼自己，快速地提升数控铣床的加工技能，特意申请加入团队，一起参加样品的试制任务，他被分配的第一个任务就是协作张师傅完成鲁班锁-支杆六的数控加工。鲁班锁-支杆六是在6支鲁班锁装配时最后一个安装的零件，如图1-2所示，其结构简单，但对尺寸精度与位置精度都有要求，为了保证加工的质量，帮助小李掌握简单零件装夹，熟悉刀具安装流程和数控铣床的基本操作，了解刀具加工路线和数控铣床加工流程，张师傅提前准备好了该零件的工艺文件、制订了加工计划及相关表格，并将相关的资料以知识加油站的形式发放给了小李，下面请同学们跟随小李一起，按照张师傅的加工计划，查阅相关知识点，完成工艺文件中的空格部分，并按要求一步步完成支杆六的样品零件加工吧！

图1-1　鲁班锁

图1-2　鲁班锁-支杆六

二 执行计划

零件加工过程一般包括零件图分析、工艺分析、程序编制、加工操作、评估及总结六个步骤，具体流程如图 1－3 所示。

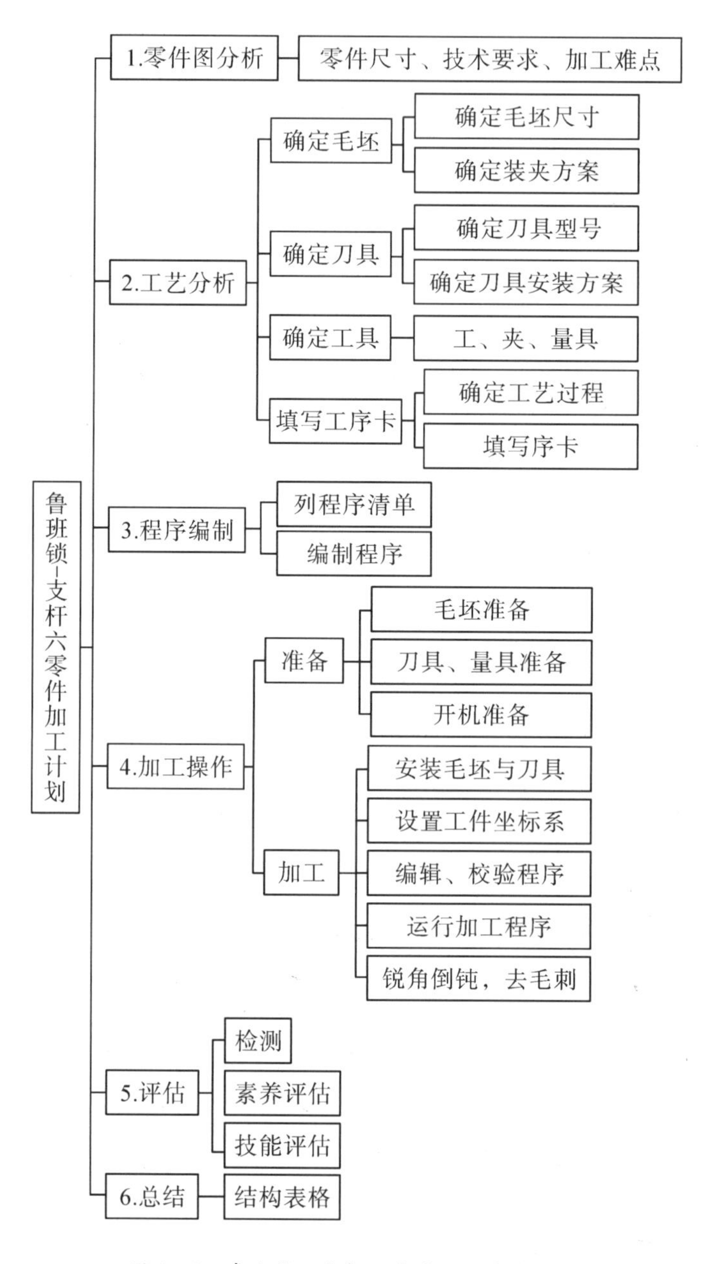

图 1－3　鲁班锁－支杆六零件加工计划流程

三 任务决策

3.1 鲁班锁-支杆六零件图纸分析

加工前要先对零件图纸进行分析,如表1-1、图1-4所示。读懂零件结构后,对精度要求较高的位置进行分析,确定加工难点及解决方案。请阅读鲁班锁-支杆六加工图纸,对照表1-1中的内容,理解加工重难点与处理方案,并填写划线空白处参数。

表1-1 鲁班锁-支杆六零件图纸分析

序号	项目	要求	影响及处理
1	零件名称	鲁班锁-支杆六	该零件与其他5个零件有装配要求,若超出图纸技术要求,最后会导致无法装配
2	最大外形尺寸		零件整体尺寸小,不易装夹。选择常用毛坯规格尺寸84mm×20mm×20mm,选择平口钳装夹,再搭配合适的垫块
3	尺寸精度	关键精度尺寸: 1)________ 2)________	零件加工精度对初学者有一定难度,在精加工时,每次切削加工后即时测量加工尺寸,控制尺寸精度
4	形状位置精度	形位精度: 1)________ 2)________	零件中形位精度会影响最后的装配,所以一次装夹完成五个面加工后,再翻面完成最后一个面加工,减少因基准不重合引起的误差
5	表面粗糙度	Raum	零件表面大部分都是外观面,在精加工时,需调整切削参数以获得较高的表面质量
6	材料与数量	材料:________ 数量:________	零件材质较软,容易粘刀。切削时注意切削用量合理,冷却充分

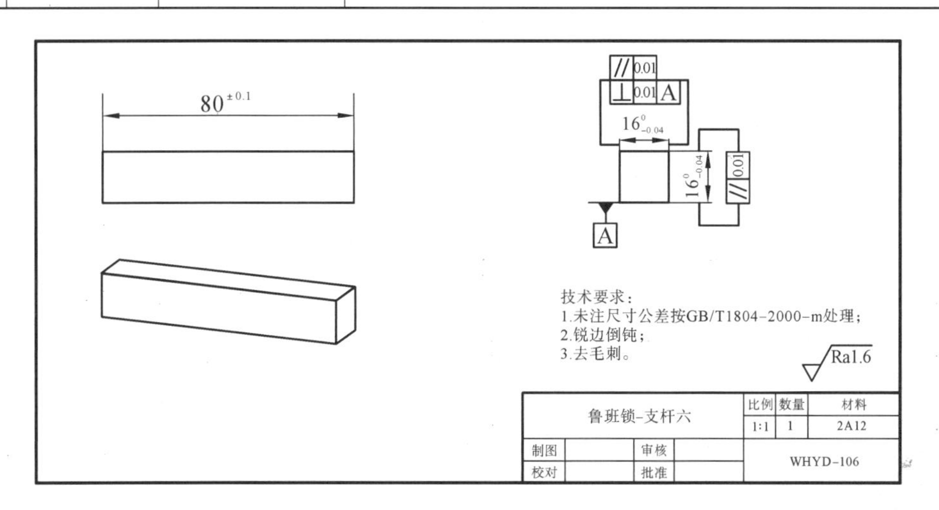

图1-4 鲁班锁-支杆六零件图

3.2 鲁班锁－支杆六零件工艺分析

3.2.1 确定毛坯与装夹方案

零件的装夹直接影响零件的加工精度、生产效率和生产成本。选用合适的夹具并进行正确的定位、夹紧是保证加工出合格的零件的关键环节。请学习“知识园地”中数控铣削夹具的认识与使用相关内容，完成“能力检测”，最后在“学以致用”环节中结合车间现有条件完成鲁班锁－支杆六“毛坯装夹”表单内容填写。

知识园地

1. 基准的认识与选用

机械加工过程中，定位基准的选择合理与否决定零件质量的好坏，对能否保证零件的尺寸精度和相互位置精度要求，以及对零件各表面间的加工顺序安排都有很大影响，当用夹具安装工件时，定位基准的选择还会影响到夹具结构的复杂程度。因此，定位基准的选择是一个很重要的工艺问题。

定位基准有粗基准和精基准之分。零件开始加工时，所有的面均未加工，只能以毛坯面作定位基准，这种以毛坯面为定位基准的，称为粗基准；以后的加工，必须以加工过的表面做定位基准，以加工过的表面作为定位基准的称精基准。

选择粗基准时，重点考虑如何保证各个加工面都能分配到合理的加工余量，保证加工面与不加工面的位置尺寸和位置精度，并特别注意要尽快获得精基准面，为后续工序提供可靠的精基准。具体选择一般应考虑下列原则：

1）选择重要表面为粗基准。为保证工件上重要表面的加工余量小而均匀，则应选择该表面为粗基准。所谓重要表面一般是工件上加工精度以及表面质量要求较高的表面，例如床身的导轨面（如图1－5所示），车床主轴箱的主轴孔，都是各自的重要表面。因此，加工床身和主轴箱时，应以导轨面或主轴孔为粗基准。

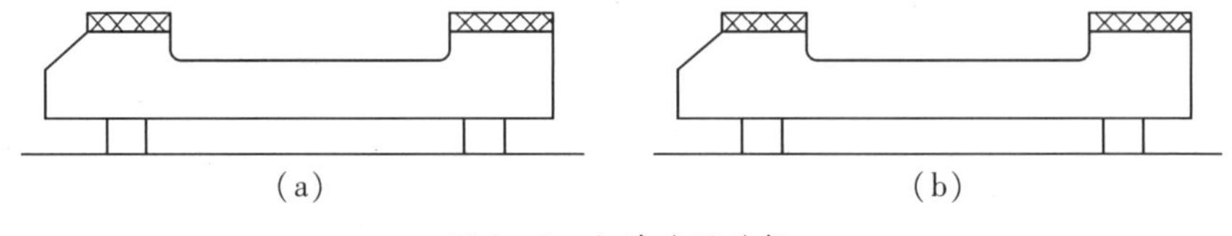

图1－5 粗基准的选择

（a）导轨面为粗基准加工床腿底面；（b）底面为精基准加工导轨面

2）选择不加工表面为粗基准。为了保证加工面与不加工面间的位置要求，一般应选择不加工面为粗基准。如果工件上有多个不加工面，则应选其中与加工面位置要求较高的不加工面为粗基准，以便保证精度要求，使外形对称等。如图1－6所示的工件，毛坯孔与外圆之间偏心较大，应当选择不加工的外圆为粗基准，将工件装夹在三爪自定心卡盘中，把毛坯的同轴度误差在镗孔时切除，从而保证其壁厚均匀。

3）选择加工余量最小的表面为粗基准。在没有要求保证重要表面加工余量均匀的情况下，如果零件上每个表面都要加工，则应选择其中加工余量最小的表面为粗基准，以避免该表面在加工时因余量不足而留下部分毛坯面，造成工件废品。

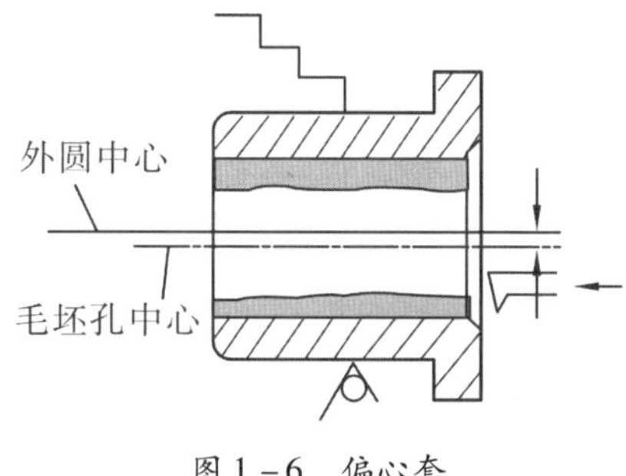

图 1-6 偏心套

4）选择较为平整光洁、加工面积较大的表面为粗基准，以便工件定位可靠、夹紧方便。

5）粗基准在同一尺寸方向上只能使用一次。因为粗基准本身都是未经机械加工的毛坯面，其表面粗糙且精度低，若重复使用将产生较大的误差。

实际上，无论精基准还是粗基准的选择，上述原则都不可能同时满足，有时还是互相矛盾的。因此，在选择时应根据具体情况进行分析，权衡利弊，保证其主要的要求。

2. 夹具的种类与使用－平口钳

数控铣床常用夹具是平口钳，平口钳又名机用虎钳，是一种通用夹具，它是铣床、钻床的随机附件。是先把平口钳固定在工作台上，找正钳口，再把工件装夹在平口钳上，这种方式装夹方便，应用广泛，适于装夹形状规则的小型工件。平口钳的基本结构由平口钳身、固定钳口、活动钳口、固定螺母组成，如图 1－7 所示。在实际使用过程中，主要参数是钳口宽度、钳口高度、钳口最大夹持长度。

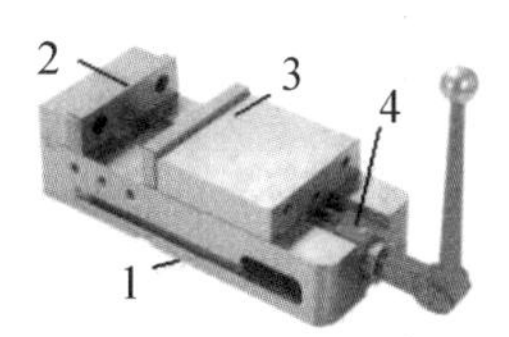

1－平口钳身 2－固定钳口 3－活动钳口 4－固定螺母

图 1－7 平口虎钳的基本结构

平口钳的工作原理是用扳手转动丝杠，通过丝杠螺母带动活动钳身移动，形成对工件的加紧与松开。其构造是可拆卸的螺纹连接和销连接；活动钳身的直线运动是由螺旋运动转变的；工作表面是螺旋副、导轨副及间隙配合的轴和孔的摩擦面。

工件在平口钳上的安装步骤：

a. 检查毛坯尺寸，将毛坯上凸起部分用锉刀锉平。

b. 检查垫铁尺寸，是否满足加工需求。

c. 清洁毛坯、平口钳和垫铁。

d. 将垫铁放入平口钳。

e. 将毛坯放入平口钳合适的位置，并将基准面与固定钳口和垫铁用手压紧贴实。

f. 使用虎钳扳手将活动钳口旋紧，注意夹紧力要适合，以免毛坯夹变形；检查毛坯与垫铁是否贴实，如未贴实，用橡胶锤依次对角敲击毛坯上表面，直至毛坯与垫铁贴实。

g. 检查毛坯是否装夹可靠，最后将虎钳扳手放回工具柜，装夹完成。

工件在平口虎钳上装夹时，应注意下列事项：

(1)工件的被加工面必须高出钳口,否则就要用平行垫铁垫高工件。

(2)为了能装夹得牢固,防止刨削时工件松动,必须把比较干整的平面贴紧在垫铁和钳口上。要使工件贴紧在垫铁上,应该一面夹紧,一面用手锤轻击工件的子面,光洁的平面要用铜棒进行敲击以防止敲伤光洁表面。

(3)为了不使钳口损坏和保持已加工表面,夹紧工件时在钳口处垫上铜片。

(4)装夹工件时用手挪动垫铁以检查夹紧程度,如有松动,说明工件与垫铁之间贴合不好,应该松开平口钳重新夹紧。

(5)刚性不足的工件需要支实,以免夹紧力使工件变形。

能力检测

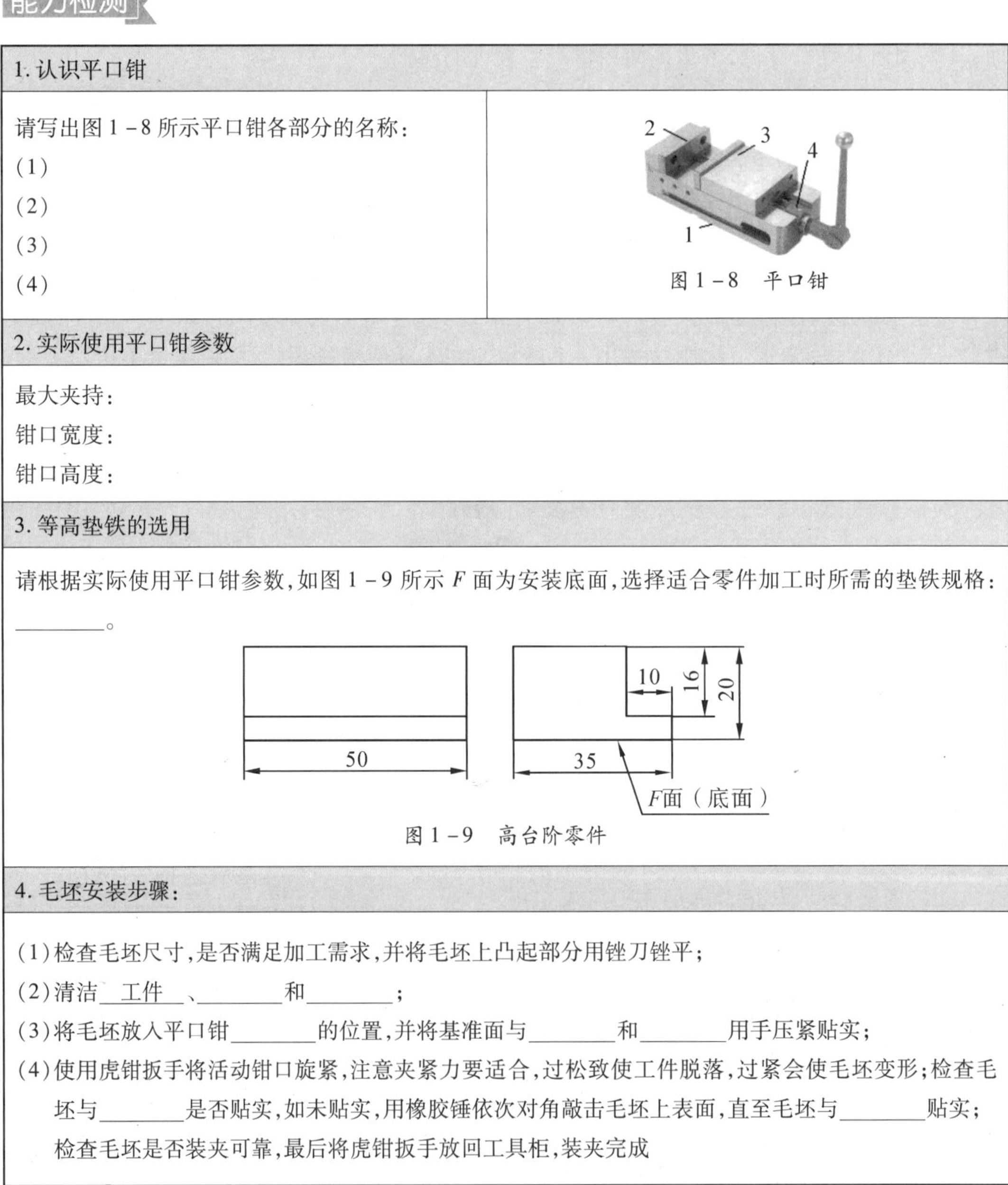

1. 认识平口钳

请写出图 1-8 所示平口钳各部分的名称:

(1)

(2)

(3)

(4)

图 1-8　平口钳

2. 实际使用平口钳参数

最大夹持:

钳口宽度:

钳口高度:

3. 等高垫铁的选用

请根据实际使用平口钳参数,如图 1-9 所示 F 面为安装底面,选择适合零件加工时所需的垫铁规格:________。

图 1-9　高台阶零件

4. 毛坯安装步骤:

(1)检查毛坯尺寸,是否满足加工需求,并将毛坯上凸起部分用锉刀锉平;

(2)清洁__工件__、________和________;

(3)将毛坯放入平口钳________的位置,并将基准面与________和________用手压紧贴实;

(4)使用虎钳扳手将活动钳口旋紧,注意夹紧力要适合,过松致使工件脱落,过紧会使毛坯变形;检查毛坯与________是否贴实,如未贴实,用橡胶锤依次对角敲击毛坯上表面,直至毛坯与________贴实;检查毛坯是否装夹可靠,最后将虎钳扳手放回工具柜,装夹完成

学以致用

鲁班锁 - 支杆六　毛坯的装夹

毛坯材料	2A12	尺寸	84mm × 20mm × 20mm
毛坯特点	材料硬度低、尺寸小，夹紧力过大易变形		
装夹位置	零件采用________装夹，“安装一”需要完成零件四周面加工，其加工深度为________mm，装夹时应保证下图 A 所示尺寸大于________，以免出现过切		
装夹方案	Z　X　工件　A　活动钳口　固定钳口　Y　X　工件　活动钳口	补充说明：	

3.2.2　确定刀具

刀具选择以适用、经济为原则，请学习“知识园地”中“数控铣削刀具的认识与使用”相关内容，完成“能力检测”，最后在“学以致用”环节中阅读鲁班锁 - 支杆六“刀具清单”表格中刀具参数，并参考参数根据实际条件选型，并将所使用型号填写在备注栏中。

知识园地

1. 铣刀刀柄的认识

随着数控加工机床的快速发展，数控机床的刀柄的种类也有很多，我们必须选择精度足够的、经济的、使用方便的刀柄用于零件的加工，这就要求我们对刀柄有全面的了解。

刀柄用于连接铣床主轴与切削刀具的装备。如图 1 – 10 所示，由于刀柄是与主轴连接，也与刀具连接，所以刀柄的分类也主要有两种分类。按与铣床主轴的连接方式分类：分为 7∶24 锥度刀柄和 1∶10 锥度刀柄；按刀柄与刀具的连接方式分类：分为侧固式刀柄、弹簧夹套式刀柄、液压刀柄、热胀刀柄等。

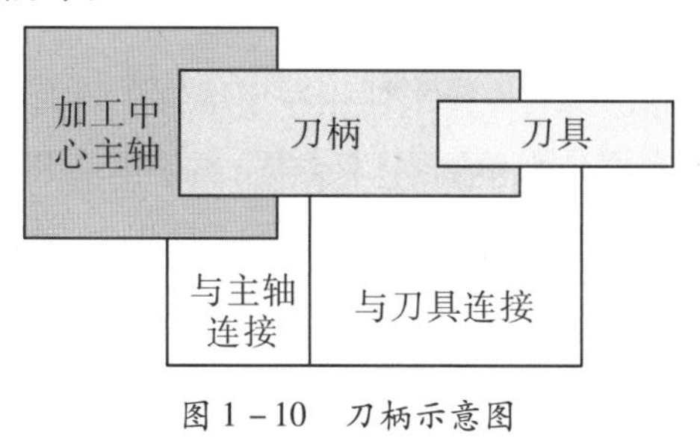

图 1 – 10　刀柄示意图

刀柄与主轴连接方式:加工中心的主轴和刀柄之间通常采用锥度配合。锥度配合特点是具有定心性好、间隙或过盈可以方便地调整等。刀柄按锥度分为7:24和1:10两大类。

7:24锥度刀柄定位原理是通过长锥面限制 x、y 方向的移动及转动,z 方向的移动5个自由度,通过拉力 F 与锥面产生的摩擦力限制 z 轴的转动,如图1-11所示,从而实现刀柄的完全定位,此定位方式刀柄端面与主轴端面有间隙,如BT系列刀柄。

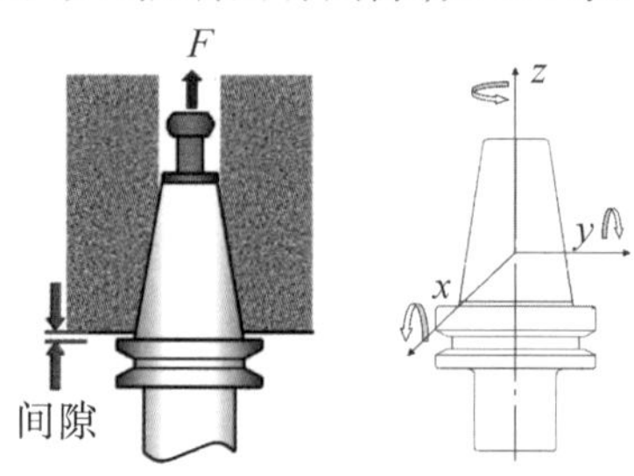

图1-11　7:24锥度刀柄定位原理

1:10锥度刀柄定位原理是刀柄锥度部分为中空,当机床拉紧刀柄时,刀柄端面与主轴端面紧密贴合,同时刀柄锥面发生弹性形变,紧密贴合,形成过定位,限制刀柄 x、y 方向的移动及转动,z 方向的移动5个自由度(刀柄坐标如图1-12所示),另通过主轴的拉力,锥面之间、端面与端面之间产生的摩擦力限制 Z 轴的转动,如HSK系列刀柄。

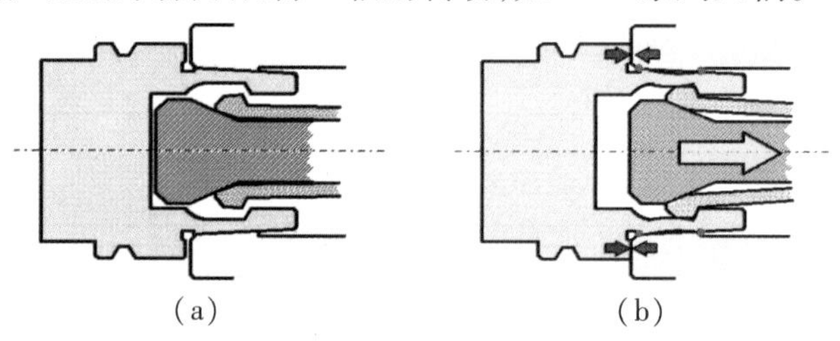

(a)　　(b)

图1-12　1:10锥度刀柄定位原理

(a)拉紧刀柄;(b)松开刀柄

经过分析研究,在转速≤10000r/min时,7:24锥度刀柄与1:10锥度刀柄轴向变化差异不大;在转速≥10000r/min时,7:24锥度刀柄轴向变化量剧烈增大。在加工条件相同的情况下,1:10锥度刀柄加工的表面质量明显高于7:24锥度刀柄。我们在选择刀柄锥度时,如果使用到的最大转速≤10000r/min,轴向精度要求不太高,表面质量要求不太高时,我们可以选择成本更低的7:24锥度刀柄,如BT系列刀柄。相反,我们就选择1:10锥度刀柄,如HSK系列刀柄。

刀柄与刃具连接方式必须在保证精度的前提下牢固可靠。连接方式有很多,经常用的一般为侧固式刀柄与弹簧夹套式刀柄。

如图1-13所示为侧固式刀柄,原理是使用专用螺钉从侧面顶紧刃具,使刃具与刀柄牢固连接。根据刃具的不同,又可分为单侧固,双侧固,斜侧固。装夹直径25mm以上刀具,建议使用双侧固方式。侧固式刀柄常用的规格型号有:BT30侧固式刀柄,BT40侧固式刀柄,BT50侧固式刀柄共37种。主要用于钻孔,铣削,铰孔,攻丝和磨削中刀柄与刀具夹持使用。侧固式刀柄的优缺点如下:装夹方便;传递扭矩大;使用内冷无须附件。①装夹精度不高;②刀柄动平衡不好;③通用性不好。根据侧固式刀柄的特点,一般用于粗加工、转速不高的加工或重切削加工等,如螺纹底孔的加工,粗钻加工等。

侧固式刀柄使用注意事项:①刃具装着时,刃具的槽口平面与刀柄的侧固螺钉对齐,强力锁紧。②侧固式刀柄柄部形状有不同,使用的侧固式刀柄也有区别,必须确认侧固式螺钉的位置。

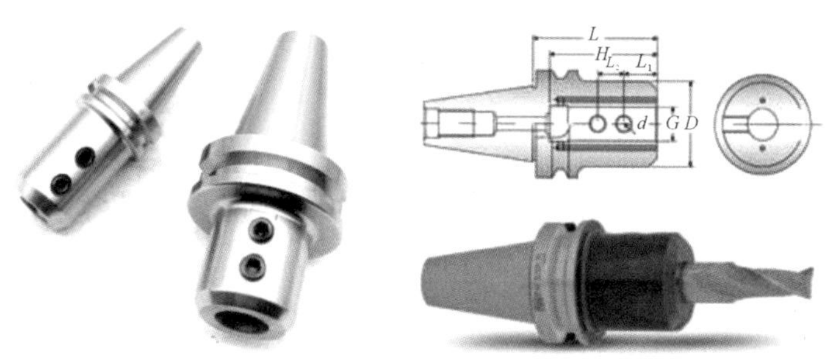

图 1-13　侧固式刀柄

如图 1-14 所示为弹簧夹套式刀柄,是由拉钉、刀柄和弹簧夹头组成,通过旋紧螺母,使用弹簧夹套压紧刃具的连接方式。

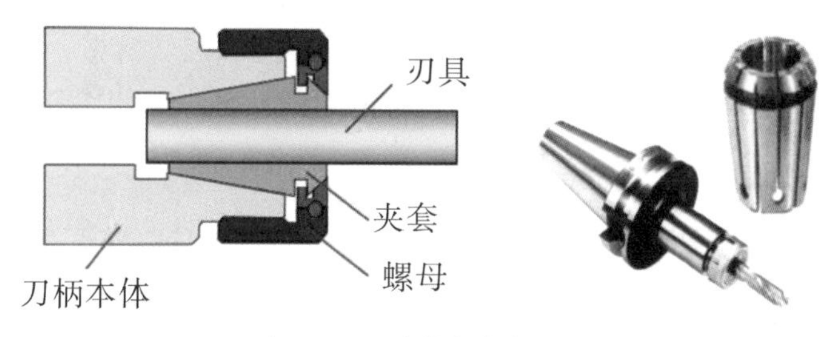

图 1-14　弹簧夹套式刀柄

弹簧夹套刀柄的特点:①最常用的是 ER 弹簧夹头,使用方便,价格便宜,通用性好,但夹持力不强。②在夹持大的场合,可选用各种强力弹性夹头刀柄。③弹簧刀柄以其结构简单,夹持精度高而被广泛使用。因为弹簧夹套刀柄夹持力有限,主要用于夹持柄径相对较小的钻头、立铣刀、绞刀、丝锥等直柄刀具。

2. 铣刀的种类与用途

数控铣床的铣刀主要用于在铣床上加工平面、台阶、沟槽、成形表面等。由于铣床的工作范围非常广泛,铣刀分为不同的种类。常用的铣刀主要有立铣刀、面铣刀、球头铣刀、三面刃盘铣刀、环形铣刀、鼓形刀和锥形刀等,除此以外还有各种孔加工刀具,如钻头(锪钻、铰刀、镗刀等)、丝锥等。

铣刀的种类很多,不同的铣刀有不同的用途。在加工过程中合理选择刀具需要根据加工零件的材料、几何形状、表面质量要求、热处理状态、切削性能及加工余量等,被加工零件的几何形状是选择刀具类型的主要依据。

1)立铣刀。立铣刀是数控铣床上利用率最高的刀具,如图 1-15 所示。主要用途是加工平面、零件轮廓和一些开口通槽和成形面等。立铣刀的形状是圆柱形的,一般有三刃以上,主切削刃分布在铣刀的圆柱面上,端面上是副切削刃,铣刀端面的形状有中心孔式或是开口式。

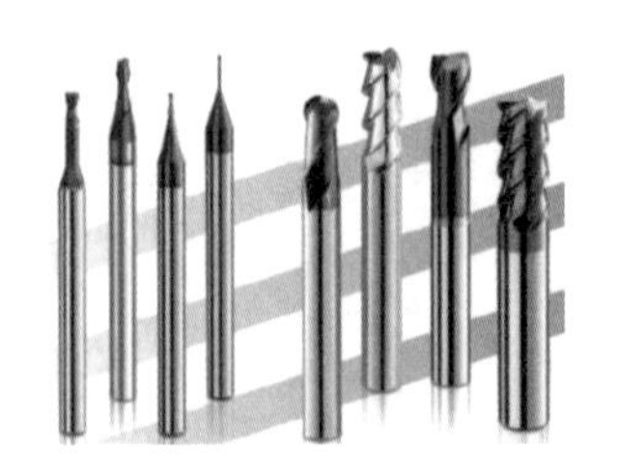

图 1-15　立铣刀

2）球头铣刀。球头铣刀也叫 R 刀，如图 1-16 所示。刀刃类似球头的装配于铣床上用于铣削各种曲面、圆弧沟槽的刀具。在加工曲面时，一般采用三坐标联动，其运动方式具有多样性，可根据刀具性能和曲面特点选择或设计。它的铣削方式常以斜线铣或螺旋插补铣削加工，适用于高速加工，但因为球铣刀的球头的切削速度为 0，一般不推荐用球头铣刀轴向进给，为保证加工精度，顶端切削一般采用很小行距，故球头铣刀常用于曲面的精加工。

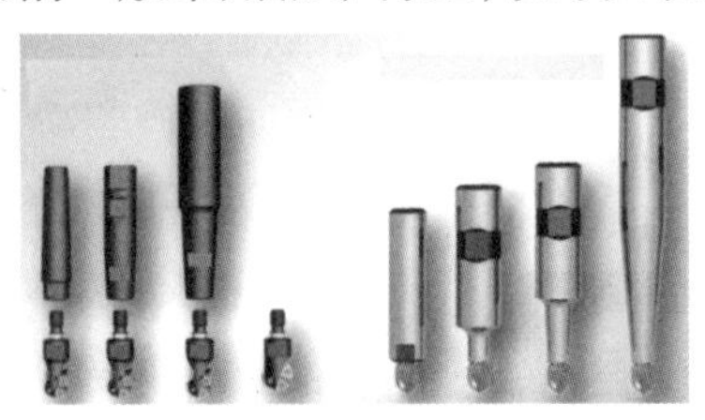

图 1-16　球头铣刀

3）环形铣刀。环形铣刀形状类似于端铣刀，不同的是，刀具的每个刀齿均有一个较大圆角半径，从而使其具备类似球头铣刀的切削能力，同时又可加大刀具直径以提高生产率，并改善切削性能（中间部分不需刀刃），刀片依然可采用机夹类，如图 1-17 所示。

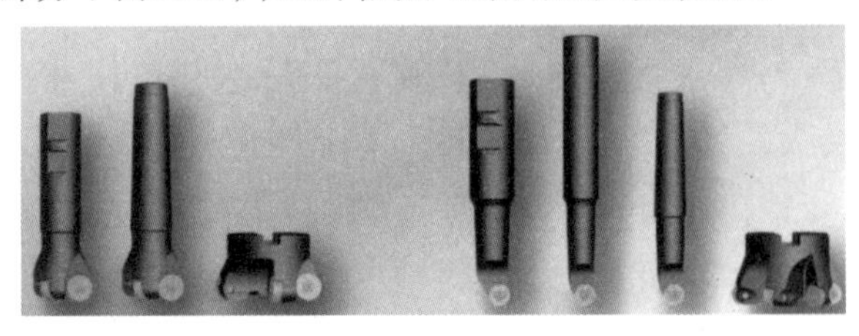

图 1-17　环形铣刀

面（盘）铣刀，如图 1-18 所示，在立式数控铣床加工大平面类零件时，应用较多，也称端铣刀。面铣刀有一个大直径的刀盘，切削面积大，切削效率高。面铣刀的主切削刃分布在铣刀周围的圆柱面和圆锥面上，副切削刃分布在铣刀的端面上。

图 1-18　面（盘）铣刀

3. 铣床刀柄刀具的装夹

数控铣床或加工中心的普通常用刀具一般采用 BT40 刀柄、有整体式和组合式两种类型。刀柄通过拉钉和主轴中的拉紧装置拉紧到主轴的锥孔中。具体刀具安装步骤如下。

(1)准备工具,如图 1-19 所示。

(2)将刀柄放入卸刀座并卡紧,如图 1-20(a)所示。

(3)根据刀具直径尺寸选择相应的卡簧,清洁工作表面,如图 1-20(b)所示。

(4)将卡簧压入锁紧螺母, 如图 1-20(c)所示。

(5)将卡簧装入刀柄中,并将圆柱柄铣刀装入卡簧孔中,根据加工深度控制铣刀伸出长度,必要时用游标卡尺测量, 如图 1-20(d)所示。

(6)用扳手顺时针锁紧螺母, 如图 1-20(e)所示。

(7)检查并将刀柄安装到主轴上。

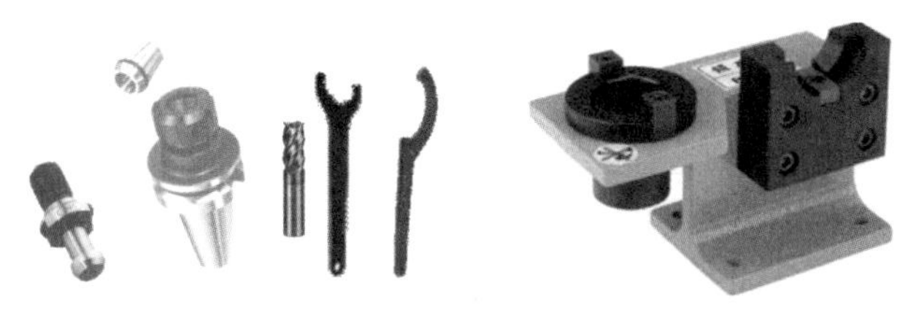

图 1-19 刀柄、安装工具、卸刀座

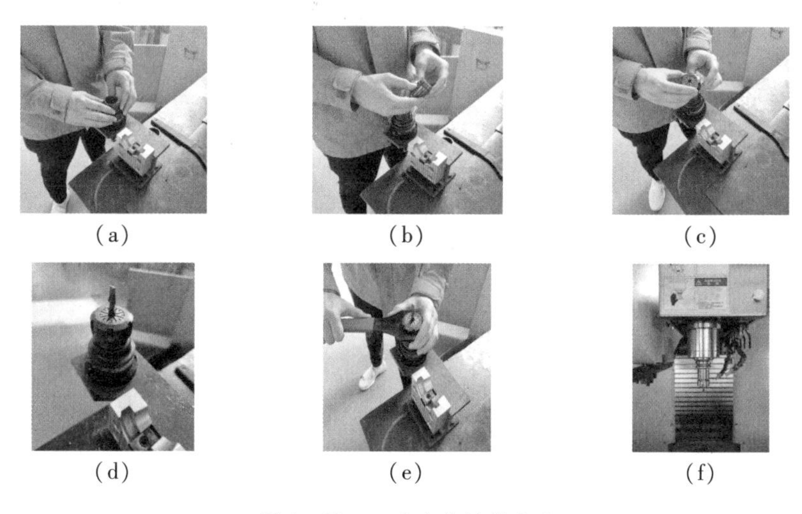

(a) (b) (c)

(d) (e) (f)

图 1-20 刀具安装操作步骤

(a)将刀柄装入卸刀座并锁紧;(b)根据刀具直径选择对应型号卡簧;(c)将卡簧装入锁紧螺母内;(d)将铣刀装入卡簧孔内;(e)用扳手将锁紧螺母锁紧;(f)将刀柄安装至主轴

能力检测

1. 刀柄与安装工具的认识

请写出图 1－21 所示各种工具的名称

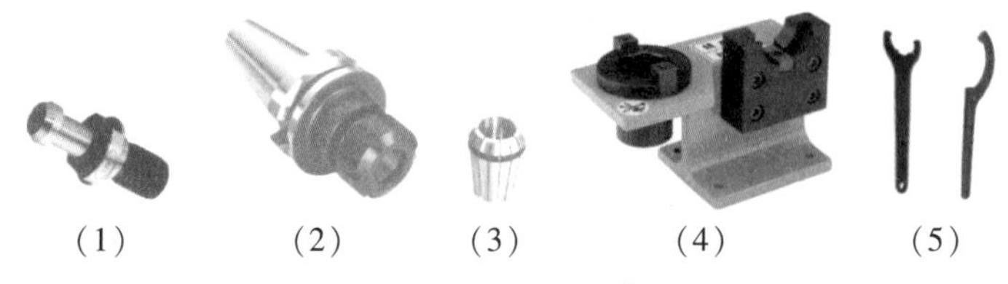

(1)　(2)　(3)　(4)　(5)

图 1－21　刀柄与安装工具

(1) 拉钉　　　　(4)

(2)　　　　(5)

(3)

2. 认识刀具

如图 1－22 所示铣刀，请写出对应刀具的名称与应用场合

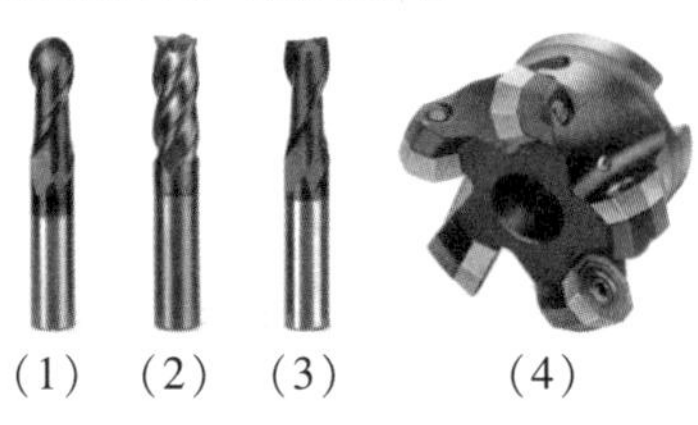

(1)　(2)　(3)　(4)

图 1－22　铣刀

序号	名称	应用场合
1	球头铣刀	半精加工、精加工曲面
2		
3		
4		

3. 刀具选择

如图 1－23 所示零件图，需完成深 16mm 台阶的铣削，请选择刀具的型号：

选择刀具名称：____________

刀具的直径：________

刀具有效刃长：________

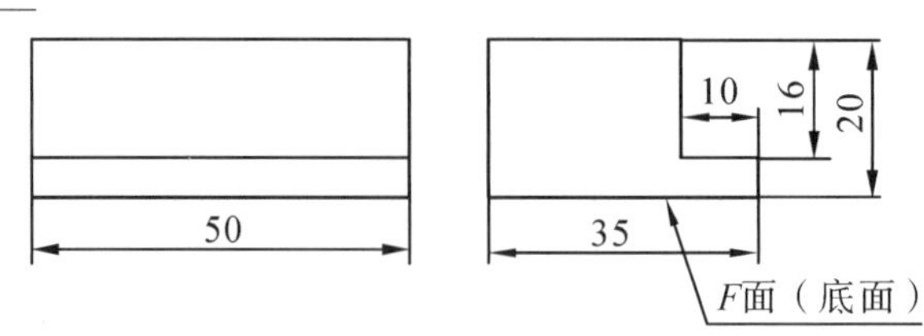

图 1－23　高台阶零件

续表

4. 刀具装夹步骤：
①根据刀具清单准备刀具； ②清点工具：拉钉、________ ③将装好拉钉的刀柄立起，再使刀柄的______与卸刀座的______配合放置； ④将______安装到锁紧螺母里； ⑤将锁紧螺母连同弹性夹头一起放置到刀柄上，手动旋转稍稍拧紧； ⑥将刀具安装至弹性夹头中，根据加工需求与刀具尺寸确定伸长距离为______ mm，用______测量伸出长，然后使用______将锁紧螺母拧紧，刀具装夹完成。

学以致用

鲁班锁-支杆六　刀具清单

序号	名称	规格	材质	刀柄型号	加工内容
1	立铣刀	ϕ12	高速钢	BT40	粗加工
2	立铣刀	ϕ10	高速钢	BT40	精加工
备 1					
备 2					
备 3					

3.2.3 确定工具

加工前准备好工具，在操作过程中能减少辅助时间，从而提高工作效率，请根据下表中的名称准备好各项工具，并参考参数尺寸根据实际条件选型，并将所使用型号填写在备注栏。

鲁班锁-支杆六　工、量、夹具清单

序号	类型	名称	参考参数	备注
1	工具	平口钳扳手	6 寸机用平口钳扳手	
2		刀柄扳手	钢管柄安装锤	
3		等高垫块	160mm×42mm×4mm	
4		锉刀	平板中齿 4mm×160mm	
5		橡胶锤	不锈钢柄安装锤 30mm	
6		对刀棒	无磁黄钛寻边器 夹持直径：10mm 测头直径：10mm、4mm	
7		Z 向对刀仪	带表式-50m 高	
8		毛刺刀	笔式款(BS1018)	

续表

序号	类型	名称	参考参数	备注
9	量具	游标卡尺	测量范围:0 ~ 150mm 分度值 0.02mm	
10		外径千分尺	测量范围:0 ~ 25mm 精度:0.01mm	
11		杠杆百分表	规格:0 ~ 0.8mm 精度:0.01mm	
12		钢直尺	不锈钢尺 15cm	
13	夹具	精密平口钳	6 寸机用平口钳 最大夹持:170mm 钳口宽度:160mm 钳口高度:45mm	

3.2.4 鲁班锁 - 支杆六零件工序卡填写

零件工艺分析需确定每个工步的加工内容、工艺参数及工艺装备等。请学习“知识园地”中“数控铣削加工工艺”内容,在“学以致用”环节中阅读鲁班锁 - 支杆六加工工序卡,并简述加工过程。

知识园地

1. 铣削加工顺序原则

数控铣削加工顺序的合理与否将直接影响到零件的加工质量、生产率和加工成本。切削加工顺序通常按以下原则安排:

1)基准先行原则。用作精基准的表面应先加工。任何零件的加工过程总是先对定位基准进行粗加工和精加工,例如轴类零件总是先加工中心孔,再以中心孔为精基准加工外圆和端面;箱体类零件总是先加工定位用的平面及两个定位孔,再以平面和定位孔为精基准加工孔系和其他平面。总之定位基准面越精确,以此基准装夹去加工其他表面,加工过程中的误差就会越小。

2)先粗后精原则。零件各表面的加工顺序按照粗加工、半精加工、精加工、光整加工阶段,逐步提高零件的加工精度。数控加工经常是将加工表面的粗、精加工安排在一个工序完成,为了减少热变形和切削力引起的变形对加工精度的影响。在加工精度要求高时、不允许将工件的一个表面同时粗、精加工完成后,再加工另一个表面,而应将工件各加工表面,先全部依次粗加工完,然后再全部依次进行精加工,这样在一个表面的粗加工和精加工之间的间断时间,加工表面可得以短暂的时效和散热。

3)先主后次原则。主要表面一般是零件的工作表面、装配基面等,它们的技术要求较高,加工工作量较大,故应先安排加工,以便及早发现毛坯中主要表面可能出现的缺陷。其他次要表面如非工作面、键槽、螺纹孔等,一般可穿插在主要表面加工工序之间,或稍后进行加工但应安排在主要加工表面加工到一定程度后、最终精加工或光整加工以前。

4)先面后孔原则。对箱体、支架类零件,平面轮廓尺寸较大,一般先加工平面,再加工孔和其他尺寸,这样安排加工顺序,一方面用加工过的平面定位,稳定可靠;另一方面在加工过的平面上,加工孔,比较容易,并能提高孔的加工精度,特别是钻孔,孔的轴线不易偏斜,而且孔的深度尺寸又是以平面为基准的,另外加工平面铣削力大、工件易产生变形、先铣面后加工孔,可以减少切削力引起的变形对孔加工精度的影响,所以先面后孔。

5)加工顺序的安排还应注意以下问题。

(1)上道工序的加工不能影响下道工序的定位与夹紧,中间穿插有通用机床加工工序的也要综合考虑。

(2)一般先进行内形内腔加工工序,后进行外形加工工序。

(3)以相同定位、夹紧方式或同一把刀具加工的工序,最好连续进行,以减少重复定位次数与换刀次数。

(4)在同一次安装中进行的多道工序,应先安排对工件刚性破坏较小的工序。

(5)加工中容易损伤的表面(如螺纹等),应在稍后加工。

2. 铣削加工走刀路线的选择

在数控加工中,走刀路线是指切削加工过程中刀具(严格说是刀位点)相对于被加工零件的运动轨迹和运动方向,即指刀具从对刀点开始运动起,直至返回该点并结束加工程序所经过的路径,包括切削加工的路径及刀具引入、返回等非切削空行程。走刀路线是编制程序的依据之一。在确定走刀路线时最好画一张工序简图,将已拟定的加工路线画上去,包括刀具进退路线,这样可为编程带来不少方便。

1)确定走刀路线原则。

(1)走刀路线应保证被加工工件的精度和表面粗糙度。为保证工件轮廓表面加工的表面粗糙度要求,最终轮廓表面应安排最后一次走刀连续加工出来。

(2)应尽量使加工路线最短,减少空行程时间,以提高加工效率。

(3)合理选用铣削加工中的顺铣或逆铣方式。一般来说,数控机床采用滚珠丝杠,运动间隙很小,因此,顺铣优点多于逆铣。

(4)选择工件加工变形小的加工路线。在一次安装加工多道工序中,先安排对工件刚性破坏较小的工序。

(5)使数值计算最简单和减少程序段,以减少编程工作量。

(6)根据工件的形状、刚度、加工余量、机床系统的刚度等情况,确定循环加工次数。

(7)合理设计刀具的切入与切出的方向。采用单向趋近定位方法,避免传动系统反向间隙而产生的定位误差。刀具的进退方向及路线要认真考虑,以尽量减少接刀痕迹。

(8)在切削过程中,刀具不能与工件轮廓发生干涉。

2)平面铣削加工路线的选择。

平面铣削主要是加工工件的表面高度和表面质量,经常使用立铣刀周铣和面铣刀端铣两种方法加工平面。而在平面的铣削中,加工路线的设计会直接影响加工工件的状态甚至质量。一般铣削的加工路线如图 1-24 所示。

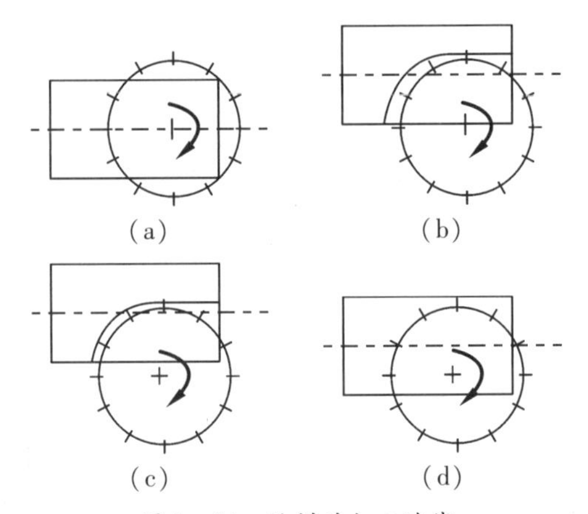

图 1－24　铣削的加工路线

(a)刀心与工件中心重合;(b)刀心与工件边缘重合;

(c)刀心在工件边缘外;(d)刀心在工件边缘与中心线间

a. 刀心轨迹与工件中心线重合:刀具中心轨迹与工件中心线重合,单次平面铣削时,当刀具中心处于工件中间位置,容易引起颤振,从而影响到表面加工质量,因此,应该避免刀具中心处于工件中间位置。

b. 刀心轨迹与工件边缘重合: 当刀心轨迹与工件边缘线重合时,切削镶刀片进入工件材料时的冲击力最大,是最不利刀具寿命和加工质量的情况。因此应该避免刀具中心线与工件边缘线重合。

c. 刀心轨迹在工件边缘外:刀心轨迹在工件边缘外时,刀具刚刚切入工件时,刀片相对工件材料冲击速度大,引起碰撞力也较大。容易使刀具破损或产生缺口, 基于此,拟定刀心轨迹时,应避免刀心在工件之外。

d. 刀心轨迹在工件边缘与中心线间:当刀心处于工件内时,已切入工件材料镶刀片承受最大切削力, 而刚切入(撞入)工件的刀片将受力较小,引起碰撞力也较小,从而可延长镶刀片寿命,且引起的震动也小一些。因此尽量让面铣刀中心在工件区域内。

由上分析可见:拟定面铣刀路时,应尽量避免刀心轨迹与工件中心线重合、刀心轨迹与工件边缘重合、刀心轨迹在工件边缘外的三种情况,设计刀心轨迹在工件边缘与中心线间是理想的选择。但需要注意的是,当刀心的轨迹在工件的中心线和边缘之间进行作业时,刀具不应该让整个宽度参与铣削,而应部分宽度参与铣削,这样在铣削时,刀具的磨损度才会下降,从而延长刀具的使用寿命。

3)大平面铣削时的刀具路线。如果铣削工件的平面较大,而刀具的直径又有一定的限制,这就需要对加工工件进行多次的同一深度地走刀。在平面铣削大面积工件时,在同一深度上的单向多次切削和双向多次切削是常见的路线,如图 1－25 所示。

a. 单向多次切削加工路线设计,如图 1－25(a)所示。在单向多次切削时,切削的起点总在工件的同侧,切削的终点在另一侧。每次切削完成之后,把刀具快速从工件上方移到起点进行定点,开始下一次的切削。单向多次的切削这种来回反复的工作会降低作业效率,但是每次都是顺铣,可以保证加工的质量,对于大平面的精加工很实用。

b. 双向来回切削也被形象地称为往复切削,如图 1－25(b)所示。这种切削的方法明显要比单向多次切削速度快,但是由于时刻改变切削方式,由顺铣变为逆铣,再由逆铣变为顺铣,这样会影响到精铣时的加工质量。所以,这种方法多用于大平面的粗加工。

c. 环形铣削,如图 1-25(c)所示。这种铣削方式要比前两种切削速度更快,同样无法做到一直顺铣,所以多用于粗加工。

以上是常见的 3 种平面铣削加工路线,当然还有其他类型的铣削加工路线,如多种加工路线的复合铣削方式,就不一一列举。

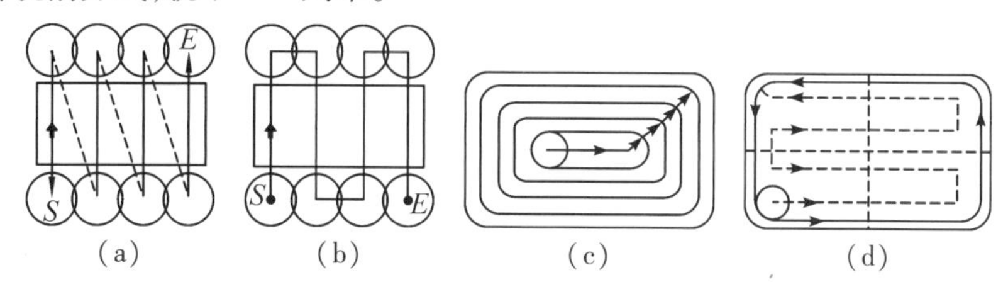

图 1-25 平面铣削刀具路线

(a)单向多次铣削;(b)往复铣削;(c)环形铣削;(d)复合铣削

4)外轮廓铣削加工路线的选择。采用立铣刀铣削外轮廓侧面时,铣刀在切入和切出零件时,应沿与零件轮廓延长线或相切的切线切入、切出零件表面,如图 1-26 所示,外轮廓铣削加工路线为 A-B-C-D-E-F。但如果毛坯料或外轮廓较大,需要加工的零件轮廓较小,如图 1-27 所示,铣削加工路线分两次甚至更多次,加工的走刀路线由外向内加工;所以外轮廓铣削加工路线取决于要铣削零件轮廓形状。

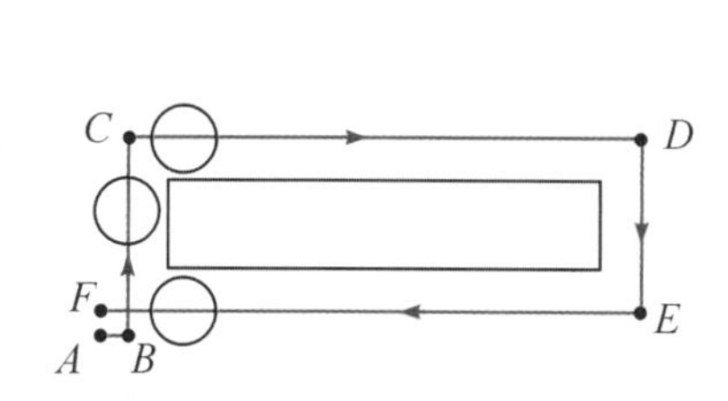

图 1-26 外轮廓加工路线

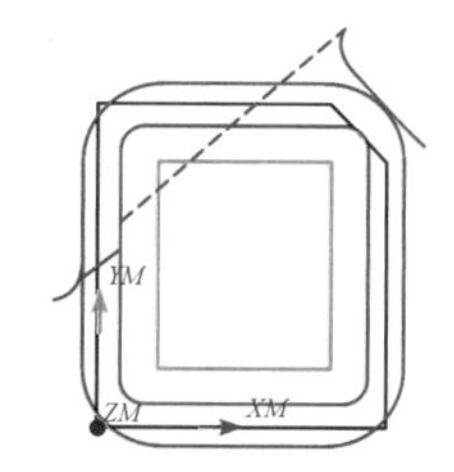

图 1-27 相对较小的外轮廓加工路线

当零件在 Z 方向铣削深度较大时,选择合理的铣削深度,进行分层铣削,如图 1-28 所示。

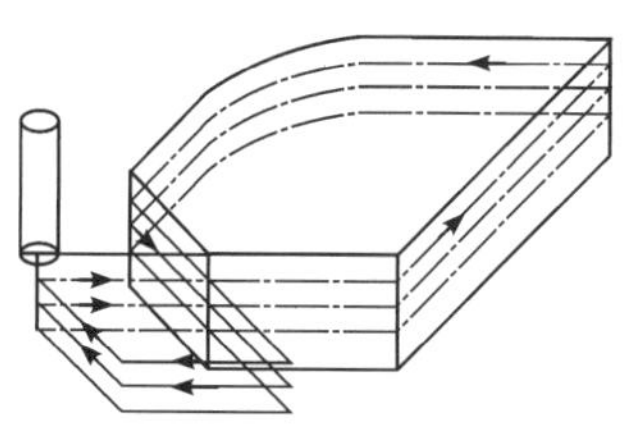

图 1-28 分层铣削路线图

3. 数控铣削加工工艺文件编制

编写数控加工工艺文件是数控加工工艺制定的内容之一,数控加工工艺文件既是数控加工、产品验收的依据,也是需要操作者遵守、执行的作业指导书。数控加工工艺文件是对数控加工的具体说明,目的是让操作者更明确加工程序的内容、装夹方式、加工顺序、走刀路线、切削用量和各个加工部位所选用的刀具等。最主要的数控加工工艺技术文件有:数控铣削加工工艺卡和数控铣削加工工序卡，数控铣削加工程序单和工序卡等，具体见零件加工工艺案例。

学以致用

鲁班锁－支杆六　加工工序卡

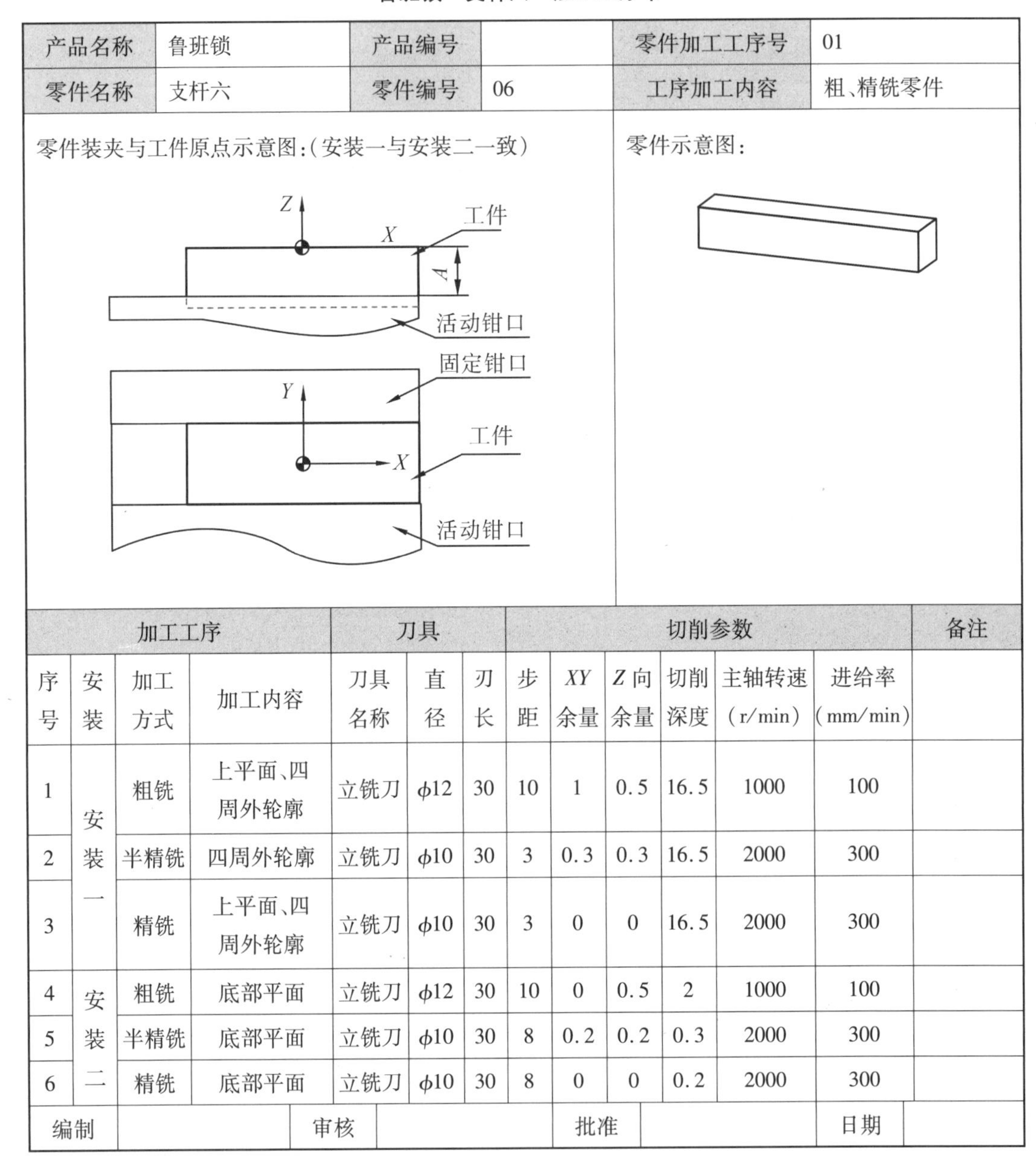

产品名称	鲁班锁	产品编号		零件加工工序号	01
零件名称	支杆六	零件编号	06	工序加工内容	粗、精铣零件

零件装夹与工件原点示意图：（安装一与安装二一致）

Z
X
工件
A
活动钳口
固定钳口
Y
X
工件
活动钳口

零件示意图：

加工工序				刀具			切削参数						备注
序号	安装	加工方式	加工内容	刀具名称	直径	刃长	步距	*XY*余量	*Z*向余量	切削深度	主轴转速(r/min)	进给率(mm/min)	
1	安装一	粗铣	上平面、四周外轮廓	立铣刀	$\phi12$	30	10	1	0.5	16.5	1000	100	
2	安装一	半精铣	四周外轮廓	立铣刀	$\phi10$	30	3	0.3	0.3	16.5	2000	300	
3	安装一	精铣	上平面、四周外轮廓	立铣刀	$\phi10$	30	3	0	0	16.5	2000	300	
4	安装二	粗铣	底部平面	立铣刀	$\phi12$	30	10	0	0.5	2	1000	100	
5	安装二	半精铣	底部平面	立铣刀	$\phi10$	30	8	0.2	0.2	0.3	2000	300	
6	安装二	精铣	底部平面	立铣刀	$\phi10$	30	8	0	0	0.2	2000	300	
编制		审核			批准					日期			

3.3　程序编制

数控铣削加工程序是由使机床运动而给数控装置一系列指令的有序集合所构成，数控机床根据数控程序使刀具按直线或者圆弧及其他曲线运动，控制主轴回转，停止，切削液的开关，自动换刀等动作。这就是需规定数控程序的格式及各指令功能字，请学习“知识园地”中“数控铣削加工编程”内容，完成“能力检测”，最后在“学以致用”环节中阅读鲁班锁支杆六加工程序信息表及程序卡，补全程序卡中所缺的内容。

知识园地

1. 数控铣床的坐标系

1）数控机床的坐标系的定义。数控机床加工零件时，刀具与工件的相对运动必须在确定的坐标系中才能按程序进行加工。加工时在数控机床显示屏的坐标系页面上一般都有当前机床位置的坐标显示，一般有机床坐标系、绝对坐标系、相对坐标系等。在加工中主要的是机床坐标系和工件坐标系。为简化程序的编制及保证记录数据的互换性，数控机床的坐标和运动方向都已标准化。其坐标系的确定原则如下：

（1）坐标轴的命名。标准的坐标系（又称基本坐标系）采用右手直角笛卡儿坐标系，如图1-29所示。这个坐标系的各个坐标轴与机床的主要导轨相平行。直角坐标 X、Y、Z 三者的关系及其正方向用右手定则判定，围绕 X、Y、Z 各轴（或与 X、Y、Z 各轴相平行的直线）回转的运动及其正方向 $+A$、$+B$、$+C$ 分别用右手螺旋定则确定。

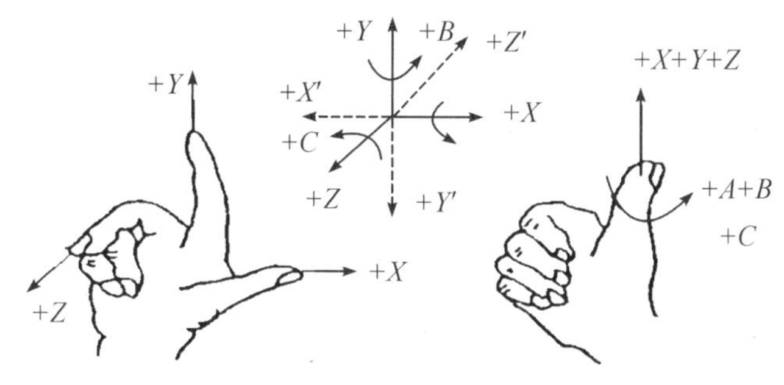

图1-29 右手直角笛卡儿坐标

通常在坐标命名或编程时，不论机床在加工中是刀具移动还是被加工工件移动，都一律假定被加工工件相对静止不动，而刀具在移动，并同时规定刀具远离工件的方向为坐标的正方向。在坐标轴命名时，如果把刀具看作相对静止不动，工件运动，那么在坐标轴的符号上应加注标记“′”，如 X'、Y'、Z'、A'、B'、C'等。其运动方向与不带“′”的方向正好相反。

（2）机床坐标轴的确定。确定机床坐标轴时，一般是先确定 Z 轴，再确定 X 轴和 Y 轴。

a. Z 轴　对于有主轴的机床，如卧式车床、立式升降台铣床等，则以主轴轴线方向作为 Z 轴方向。对于没有主轴的机床，如龙门铣床等，则以与装夹工件的工作台面相垂直的直线作为 Z 轴方向。如果机床有几根主轴，则选择其中一个与工作台面相垂直的主轴为主要主轴，并以它来确定 Z 轴方向（如龙门铣床）。同时标准规定，刀具远离工件的方向为 Z 轴的正方向。

b. X 轴　X 轴一般位于与工件安装面相平行的水平面内。对于由主轴带动工件旋转的机床，如车床、磨床等，则在水平面选定垂直于工件旋转轴线的方向为 X 轴，且刀具远离主轴轴线的方向为 X 轴正方向。

对于由主轴带动刀具旋转的机床，若主轴是水平的，如卧式升降台铣床等，由主要刀具主轴向工件看，选定主轴右侧方向为 X 正方向；若主轴是竖直的，如立式铣床、立式钻床等，由主要刀具主轴向立柱看，选定主轴右侧方向为 X 轴正方向；对于无主轴的机床，则选定主

要切削方向为 X 轴正方向。

c. Y 轴　Y 轴方向可根据已选定的 X、Y 轴按右手直角笛卡儿坐标系来确定。

d. 附加坐标轴　如果机床除有 X、Y、Z 主要坐标轴以外，还有平行于它们的坐标轴，可分别指定为 U、V、W。如果还有第三组运动，则分别指定为 P、Q、R。

e. 旋转运动　A、B、C 相应表示围绕 X、Y、Z 三轴轴线的旋转运动，其正方向分别按 X、Y、Z 轴右螺旋法则判定。

f. 主轴回转运动方向　主轴顺时针回转运动的方向是按右螺旋进入工件的方向。

2）数控铣床的坐标系统。数控铣床坐标轴的方向取决于机床的类型和各组成部分的布局。如图 1－30 所示，两种不同结构的数控铣床，其中图 a 为立式数控铣床，图 b 为卧式数控铣床。X,Y,Z 坐标轴的相互关系用右手定则决定。

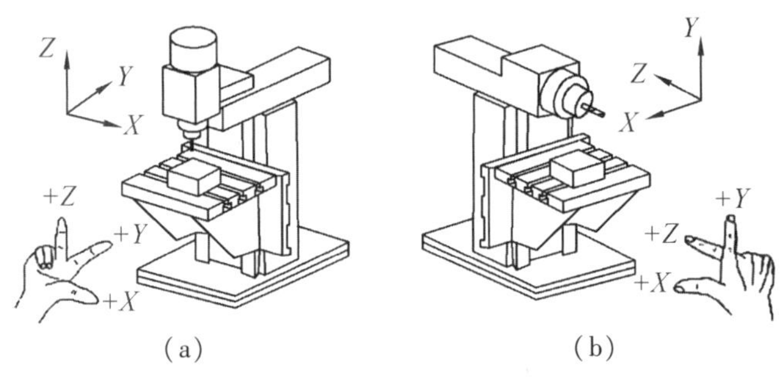

图 1－30　数控铣床坐标系统

(a) 立式数控铣床坐标系；(b) 卧式数控铣床坐标系

（1）机床坐标系。机床坐标系是数控铣床基本坐标系，机床坐标系的原点也称为机械原点或零点，这个原点是数控铣床上固有的点（由生产厂家所设定），不能随意改变。数控铣床在接通电源后要做回零操作，这是因为在加工中心断电后就失去了对各坐标位置的记忆。所以数控铣床接通电源后，让各坐标轴回到机床一固定点上，这一固定点就是机床坐标系的原点或零点，也称机床参考点。使机床回到这一固定点的操作称为返回参考点或回零操作。回零后数控铣床各坐标轴位置自动归零，并记住这一初始化的位置，使数控铣床恢复了初始位置记忆。机床坐标系不作为编程使用，常常通过“对刀”确定工件坐标系的原点。

（2）工件坐标系。要加工的工件通过夹具安装在数控铣床工作台上后，在加工前需要确定一个坐标原点，使工件上所有的尺寸与这个坐标原点建立起坐标关系。这时便形成了以工件上这一原点而建立的坐标系，我们称这个标系为工件坐标系。在工件上的这一点（也可以不在工件上），其位置实际上在对工件进行编程前就已经规定好了，工件装夹到工作台之后，通过“对刀”把规定的工件坐标系原点所在的机床坐标值确定下来。然后用“G54”“G92”等设置完成。

机床坐标系与工件坐标系位置设置关系如图 1－31 所示。

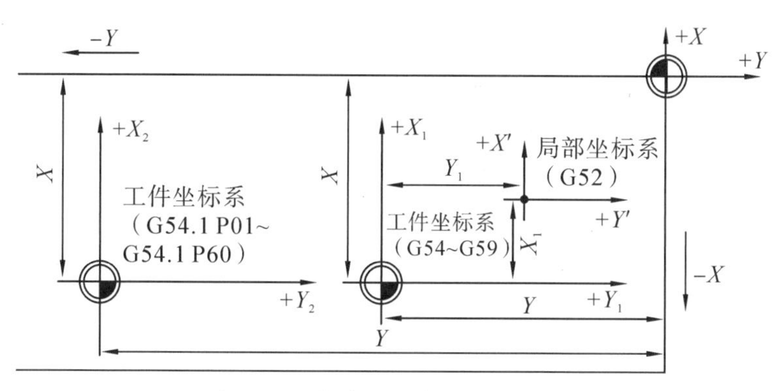

图 1-31 机床坐标系与工件坐标系

工件坐标系原点的位置由编程人员确定,一般选择便于加工和计算的位置。X 轴与 Y 轴原点通常设置在工件对称中心、长度或宽度方向基准面或工件某个角点;Z 轴原点通常设置在工件上表面或下底面。

2. 数控加工程序结构与格式

1)程序的结构。数控加工的程序是一组被传送到数控装置中去的指令和数据,并控制数控机床进行加工。一个完整的程序都是由程序名、程序内容和程序结束三个部分组成,如图 1-32 所示。

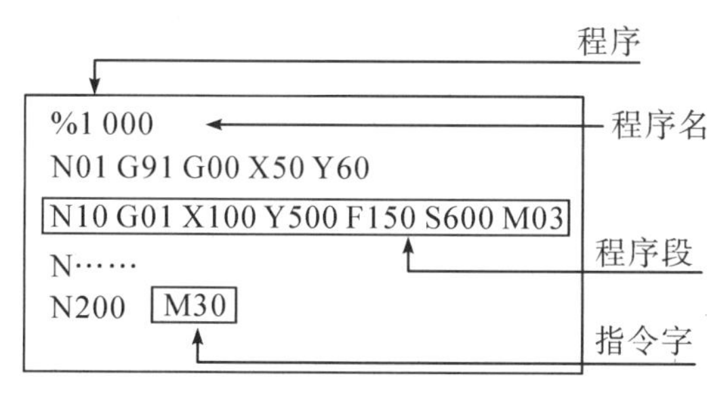

图 1-32 程序的结构

程序内容是由遵循一定结构、句法和格式规则的若干个程序段组成的,而每个程序段是由若干个指令字组成的,程序段的格式定义了每个程序段中功能字的句法,如图 1-33 所示。

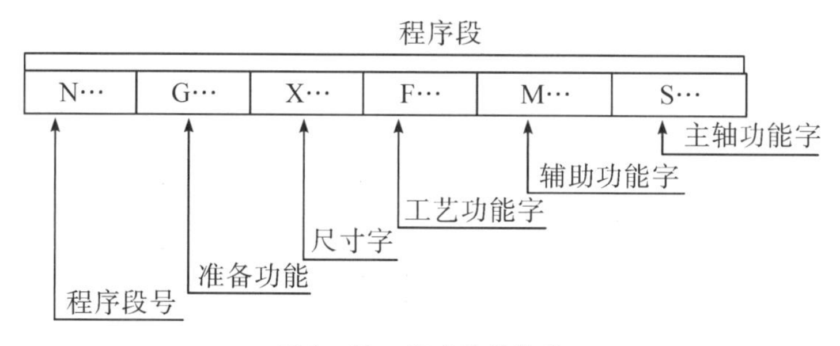

图 1-33 程序段的格式

一个零件程序必须包括起始符和结束符,程序运行是按程序段的输入顺序执行的,而不是按程序段号的顺序执行的,但书写程序时,建议按升序书写程序段号,并且程序段号也可省略不写。

HNC－818B－MU 数控系统的程序结构：

程序起始符:%(或 O)后跟非零数字，如:%××××，程序起始符应单独一行，并从程序的第一行、第一格开始。

程序结束:M30 或 M02。

注释符:括号( )内或分号“;”后的内容为注释文字，将不被数控系统运行。

程序的文件名:CNC 装置可以装入许多程序文件，以磁盘文件的方式读写。编辑程序时必须首先建立文件名，文件名格式为(有别于 DOS 的其他文件名):O××××，××××代表文件名。本系统通过调用文件名来调用程序，进行加工或编辑，文件名可以使用 26 个字母(大小写均可)和数字组成，包括以上字符文件名最多设定 7 个字符。

2)指令字的格式。一个指令字是由地址符(指令字符)和带符号(如定义尺寸的字)或不带符号(如准备功能字 G 代码)的数字数据组成的。

程序段中不同的指令字符及其后续数值确定了每个指令字的含义。在数控程序段中包含的主要指令字符如表 1－2 所示。

表 1－2　指令字符一览表

机能	地址	意义
零件程序号	%	程序编号:%1～4294967295
程序段号	N	程序段编号:N0～4294967295
准备机能	G	指令动作方式(直线、圆弧等) G00－99
尺寸字	X,Y,Z A,B,C U,V,W	坐标轴的移动命令 ±99999.999
	R	圆弧的半径，固定循环的参数
	I,J,K	圆心相对于起点的坐标，固定循环的参数
进给速度	F	进给速度的指定　F0～24000
主轴机能	S	主轴旋转速度的指定　S0～9999
刀具机能	T	刀具编号的指定　T0～99
辅助机能	M	机床侧开/关控制的指定　M0～99
补偿号	H,D	刀具补偿号的指定　01～99
暂停	P,X	暂停时间的指定　秒
程序号的指定	P	子程序号的指定　P1～4294967295
重复次数	L	子程序的重复次数，固定循环的重复次数
参数	P,Q,R	固定循环的参数

一个程序段定义一个将由数控装置执行的指令行。

3)辅助功能。辅助功能由地址字 M 和其后的一或两位数字组成，主要用于控制零件程序的走向、机床各种辅助功能的开关动作以及指定主轴启动、主轴停止、程序结束等辅助功能。

通常,一个程序段只有一个 M 代码有效。本系统中,一个程序段中最多可以指定4 个 M 代码(同组的 M 代码不要在一行中同时指定)。M00,M01,M02,M30, M99 等 M 代码要求单行指定,即含上述 M 代码的程序行,不仅只能有一个 M 代码,且不能有 G 指令,T 指令等其他执行指令。常用(HNC-818 数控装置)M 指令如表 1-3 所示。

表 1-3 常用辅助功能代码

代码	模态	功能	代码	模态	功能
M00	非模态	程序停止	M06	非模态	自动换刀
M01	非模态	选择停止	M08	模态	切削液开
M02	非模态	程序结束	M09	模态	切削液关
M03	模态	主轴主转	M30	非模态	程序结束
M04	模态	主轴反转	M98	非模态	调用子程序
M05	模态	主轴停止	M99	非模态	子程序结束并返回主程序

M 功能有非模态 M 功能和模态 M 功能二种形式:

非模态 M 功能(当段有效代码):只在书写了该代码的程序段中有效;

模态 M 功能(续效代码):一组可相互注销的 M 功能,这些功能在被同一组的另一个功能注销前一直有效。

模态 M 功能组中包含一个缺省功能,系统上电时将被初始化为该功能。

另外,M 功能还可分为前作用 M 功能和后作用 M 功能二类。

前作用 M 功能:在程序段编制的轴运动之前执行;

后作用 M 功能:在程序段编制的轴运动之后执行。

(1) M00 程序暂停。当 CNC 执行到 M00 指令时,将暂停执行当前程序,以方便操作者进行刀具和工件的尺寸测量、工件调头、手动变速等操作。暂停时,机床进给停止,而全部现存的模态信息保持不变,欲继续执行后续程序,重按操作面板上的“循环启动”键。

M00 为非模态后作用 M 功能。

(2)M01 选择停。如果用户按亮操作面板上的“选择停”键。当 CNC 执行到 M01 指令时,将暂停执行当前程序,以方便操作者进行刀具和工件的尺寸测量、工件掉头、手动变速等操作。暂停时,机床的进给停止,而全部现存的模态信息保持不变,欲继续执行后续程序,重按操作面板上的“循环启动”键。

如果用户没有激活操作面板上的“选择停”键。当 CNC 执行到 M01 指令时,程序就不会暂停而继续往下执行。

M01 为非模态后作用 M 功能。

(3)M02 程序结束。M02 编在主程序的最后一个程序段中。当 CNC 执行到 M02 指令时,机床的主轴、进给、冷却液全部停止,加工结束。

使用 M02 的程序结束后,若要重新执行该程序,就得重新调用该程序,或在自动加工子菜单下,按“重运行”键(请参考本说明书的操作部分),然后再按操作面板上的“循环启动”键。

M02 为非模态后作用 M 功能。

(4)M30 程序结束并返回。M30 和 M02 功能基本相同,只是 M30 指令还兼有控制返回到零件程序头(%)的作用。

使用 M30 的程序结束后,若要重新执行该程序,只需再次按操作面板上的“循环启动”键。

(5)M03/M04/M05 主轴控制。

M03 启动主轴以程序中编制的主轴速度顺时针方向(从 Z 轴正向朝 Z 轴负向看)旋转。

M04 启动主轴以程序中编制的主轴速度逆时针方向旋转。

M05 使主轴停止旋转。

M03、M04 为模态前作用 M 功能;M05 为模态后作用 M 功能,M05 为缺省功能。

(6)M07/M08/M09 冷却液控制。

M07、M08 指令将打开冷却液管道。M09 指令将关闭冷却液管道。

M07、M08 为模态前作用 M 功能;M09 为模态后作用 M 功能,M09 为缺省功能。

4)S 指令。主轴功能 S 控制主轴转速,其后的数值表示主轴速度,单位为转/分(r/min)。

S 是模态指令,S 功能只有在主轴速度可调节时有效。

5)F 指令。进给速度 F 指令表示工件被加工时刀具相对于工件的合成进给速度,F 的单位取决于 G94(每分钟进给量 mm/min)或 G95(每转进给量 mm/r)。

当工作在 G01,G02 或 G03 方式下,编程的 F 一直有效,直到被新的 F 值所取代,而工作在 G00、G60 方式下,快速定位的速度是各轴的最高速度,与所编 F 无关。

借助操作面板上的倍率按键,F 可在一定范围内进行倍率修调。当执行攻丝循环 G74、G84、G34 时,倍率开关失效,进给倍率固定在 100%。

6)T 指令。T 代码用于选刀,其后的数值表示选择的刀具号,T 代码与刀具的关系是由机床制造厂规定的。在加工中心上执行 T 指令,刀库转动选择所需的刀具,然后等待,直到 M06 指令作用时自动完成换刀。

7)准备功能。准备功能 G 指令由 G 后一或二位数值组成,它用来规定刀具和工件的相对运动轨迹、机床坐标系、坐标平面、刀具补偿、坐标偏置等多种加工操作。HNC-818B 数控装置 G 功能指令详见附表 2。

(1)绝对值编程 G90 与相对值编程 G91。

格式:G90 或 G91。

说明。

G90:绝对值编程,每个编程坐标轴上的编程值是相对于程序原点的。

G91:相对值编程,每个编程坐标轴上的编程值是相对于前一位置而言的,该值等于沿轴移动的距离。

G90、G91 为模态功能,可相互注销,G90 为缺省值。

G90、G91 可用于同一程序段中,但要注意其顺序所造成的差异。

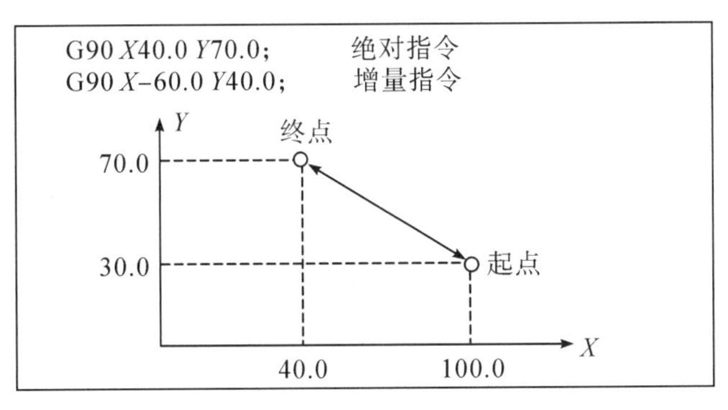

图 1-34 G90 与 G91 编程

选择合适的编程方式可使编程简化。当图纸尺寸由一个固定基准给定时，采用绝对方式编程较为方便；而当图纸尺寸是以轮廓顶点之间的间距给出时，采用相对方式编程较为方便。

(2)工件坐标系选择 G54 ~ G59。

格式：G54、G55、G56、G57、G58、G59。

说明：G54 ~ G59 是系统预定的 6 个工件坐标系如图 1-35 所示，可根据需要任意选用。这 6 个预定工件坐标系的原点在机床坐标系中的值(工件零点偏置值)可用 MDI 方式输入，系统自动记忆。

工件坐标系一旦选定，后续程序段中绝对值编程时的指令值均为相对此工件坐标系原点的值。

G54 ~ G59 为模态功能，可相互注销，G54 为缺省值。

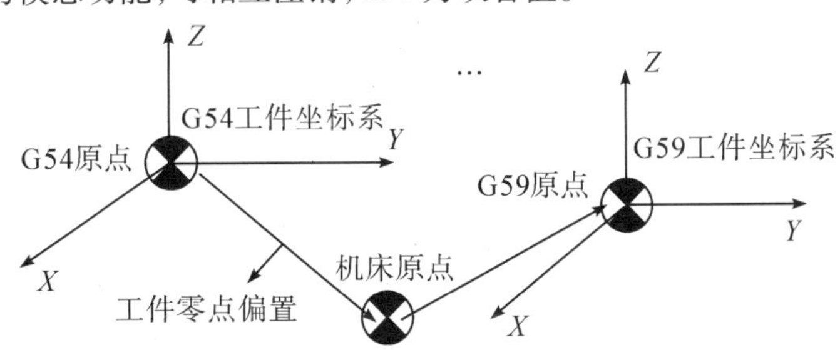

图 1-35 工件坐标系选择(G54 ~ G59)

例 1：如图 1-36 所示，使用工件坐标系编程，要求刀具从当前点移动到 G54 坐标系下的 A 点，再移动到 G59 坐标系下的 B 点，然后移动到 G54 坐标系零点 O_1 点。

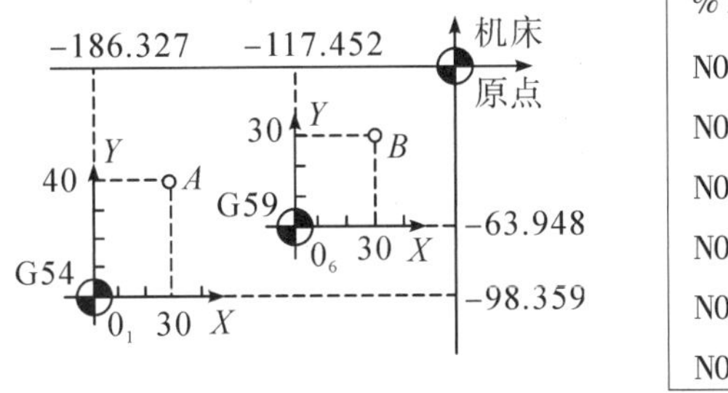


```
%1000 (当前点→A→B→O1)
N01 G54 G00 G90 X30 Y40
N02 G59
N03 G00 X30 Y30
N04 G54
N05 X0 Y0
N06 M30
```

图 1-36 工件坐标系选择

注意：

使用该组指令前，先输入各工件坐标系的坐标原点在机床坐标系中的坐标值（G54 寄存器中 X、Y 分别设置为 -186.327、-98.359；G59 寄存器中 X、Y 分别设置为 -117.452、-63.948）。该值是通过对刀得到的，其值受编程原点和工件安装位置影响。

（3）快速定位 G00。

在 G00 方式下，轴以快移速度进给到指定位置。

格式：G00　X_Y_Z_A_

说明：X、Y、Z、A：快速定位终点，

G90 时为终点在工件坐标系中的坐标；

G91 时为终点相对于起点的位移量。

G00 指令刀具相对于工件以各轴预先设定的速度，从当前位置快速移动到程序段指令的定位目标点。

G00 指令中的快移速度由机床参数“快移进给速度”对各轴分别设定，不能用 F 规定，快移速度可由面板上的快速修调旋钮修正。

G00 一般用于加工前快速定位或加工后快速退刀。

G00 为模态功能，可由 G01、G02、G03 或 G33 功能注销。

注意：

在执行 G00 指令时，由于各轴以各自速度移动，不能保证各轴同时到达终点，因而联动直线轴的合成轨迹不一定是直线。操作者必须格外小心，以免刀具与工件发生碰撞。常见的做法是，将 Z 轴移动到安全高度，再放心地执行 G00 指令。

例 2：如图 1-37 所示，使用 G00 编程：要求刀具从 A 点快速定位到 B 点。

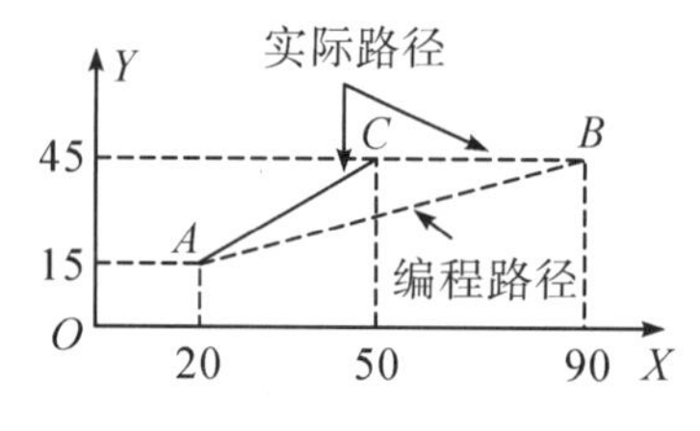

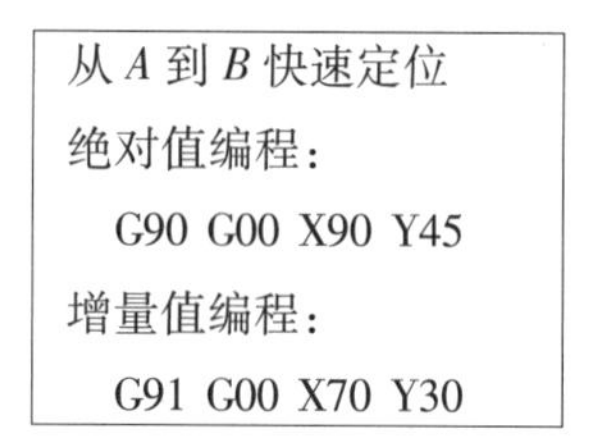

图 1-37　G00 编程

当 X 轴和 Y 轴的快进速度相同时，从 A 点到 B 点的快速定位路线为 $A \to C \to B$，即以折线的方式到达 B 点，而不是以直线方式从 $A \to B$。

（4）线性进给 G01。

格式：G01 X _Y_Z_A_F_；

说明：

X、Y、Z、A：线性进给终点，在 G90 时为终点在工件坐标系中的坐标；在 G91 时为终点相对于起点的位移量；

F_：合成进给速度。

G01 指令刀具以联动的方式，按 F 规定的合成进给速度，从当前位置按线性路线（联动直线轴的合成轨迹为直线）移动到程序段指令的终点。

G01 是模态代码，可由 G00、G02、G03 或 G33 功能注销。

例 3：如图 1－38 所示，使用 G01 编程：要求从 A 点线性进给到 B 点（此时的进给路线是从 $A \rightarrow B$ 的直线）。

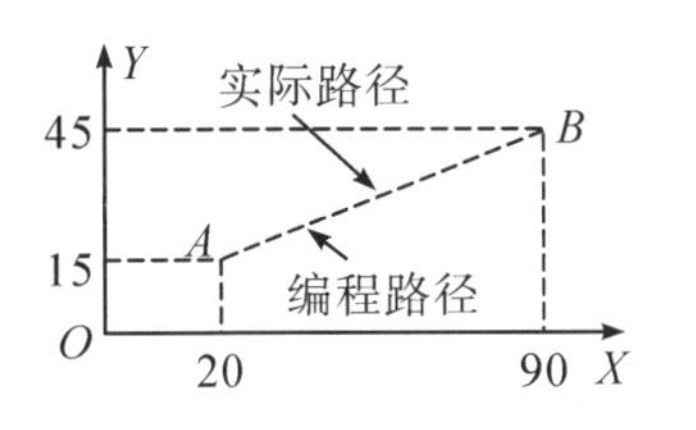

从 A 到 B 线性进给
绝对值编程：
G90 G01 X90 Y45 F800
增量值编程：
G91 G01 X70 Y30 F800

图 1－38 G01 编程

能力检测

认识数控机床中的坐标系

1. 坐标系确定原则与判断方向

机床坐标系确定原则：假定__________相对于__________而运动的原则；

右手笛卡儿直角坐标系原则：

中指指向 +Z 轴、__________、__________，三者相互__________。

数控铣床三个移动轴的方向分别是：

Z 轴——与主轴__________的坐标轴；

X 轴——面朝刀具主轴向立柱看，X 轴的正方向__________；

Y 轴——根据 X 和 Z 轴的正向，按右手角笛卡儿坐标系判断，Y 轴的正方向__________

2. 认识数控机床中的坐标系

坐标系 1 为__________坐标系

坐标系 2 为__________坐标系

工件坐标系的作用

机床坐标系与工件坐标系的关系

续表

3. 解释下面编程代码的含义		
代码	含义	应用及说明
M03	主轴正转	M03S500　主轴正转，转速 500r/min
M30		
G54		
G00		
G01		

4. 数控编程应用		
程序	程序段含义	切削轨迹图
%0001 N01 G54 G90 G17; N02 M03 S1000; N03 G00 Z100; N04 X30 Y30; N05 Z10; N06 G01 Z－1 F300; N07 X－30 F500; N08 Y－30; N10 X30 N12 Y30; N14 G00 Z100; N16 M05; N18 M30	程序名，由“%”与数字组成 选择 G54 坐标系、绝对值方式、XOY 平面编程 抬刀至安全高度 快速定位到下刀点 下刀至准备下切高度 切深 1mm，下刀速度 300mm/min	请补全切削轨迹图中刀位点坐标 B（　　　）　A（30，30） Y X C（　　　）　D（　　　）

学以致用

零件的加工通常需要多个程序完成，将程序信息列出，操作过程中更清晰明了，鲁班锁支杆六加工程序信息表如下。

鲁班锁－支杆六　加工程序信息表

序号	安装	程序名		加工内容	刀具型号	刀具半径补偿号	刀具长度补偿号
		主程序	子程序				
1	安装一	%0011	\	粗铣上平面	ϕ12 铣刀	\	\
2		%0012	\	粗铣四周外轮廓	ϕ12 铣刀	\	\
3		%0013	\	精铣上平面	ϕ10 铣刀	\	\
4		%0014	\	半精铣四周外轮廓	ϕ10 铣刀	\	\
5		%0015	\	精铣四周外轮廓	ϕ10 铣刀	\	\
6	安装二	%0021	\	粗铣底部平面	ϕ12 铣刀	\	\
7		%0022	\	半精铣底部平面	ϕ10 铣刀	\	\
8		%0023	\	精铣底部平面	ϕ10 铣刀	\	\

具体程序内容如下,请参考下面已有的程序信息,补全程序卡中所缺的部分(包括程序说明、刀位点与刀位轨迹图)。

鲁班锁-支杆六　程序卡

序号	加工程序	程序说明	基点与示意图
1	%0011 N01 G54 G90 N02 S1000 M03 N03 G00 Z100 N04 X-52 Y-5 N05 Z10 N06 G01 Z-0.1 F100 N07 X52 N08 Y5 N09 X-52 N10 G00 Z100 N11 M05 N12 M30	粗铣上平面 ϕ12 立铣刀 下刀点(*A* 点) 切深 0.1mm 抬刀 程序结束	D(-52, 5) 刀具 毛坯轮廓 C(52, 5) A(-52, -5) 刀具轨迹 零件轮廓 B(52, -5) 图 1-39 对照刀位轨迹图,读懂程序 备注:

续表

序号	加工程序	程序说明	基点与示意图
2	%0012	粗铣四周外轮廓	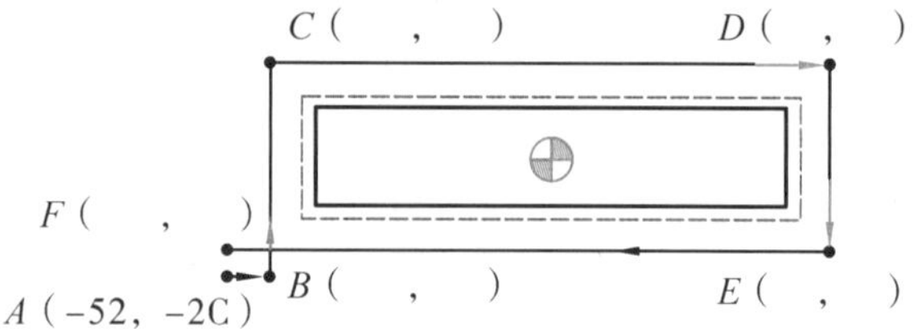 C（　，　）　D（　，　） F（　，　） A（−52，−20）　B（　，　）　E（　，　） 图 1－40 对照刀位轨迹图，读懂程序。补全程序说明中所缺部分，补全示意图中刀位点坐标。当程序运行加工后，此时零件余量为______mm。
	N01 G54 G90	φ12 立铣刀	
	N02 S1000 M03		
	N03 G00 Z100		
	N04 X－52 Y－20	下刀点（A 点）	
	N05 Z10		
	N06 G01 Z－6 F100	切深至 Z－6	
	N19 X－47	走刀至　点	
	N20 Y15	走刀至　点	
	N21 X47	走刀至　点	
	N22 Y－15	走刀至　点	
	N23 X－52	走刀至　点	备注：
	N04 Y－20	回到走刀起点	
	N06 G01 Z－12 F100	切深至 Z－12	
	N19 X－47	粗铣轮廓	
	N20 Y15		
	N21 X47		
	N22 Y－15		
	N23 X－52		
	N04 Y－20		
	N06 G01 Z－16.5 F100	回到走刀起点	
	N19 X－47	切深至 Z－16.5	
	N20 Y15	粗铣轮廓	
	N21 X47		
	N22 Y－15		
	N23 X－52		
	N24 G00 Z100	抬刀	
	N25 M05		
	N26 M30	程序结束	

续表

<table>
<tr><th>序号</th><th>加工程序</th><th>程序说明</th><th>基点与示意图</th></tr>
<tr><td rowspan="2">3</td><td rowspan="2">%0013
N01 G55 G90
N02 S2000 M03
N03 G00 Z100
N04 X-52 Y-4
N05 Z10
N06 G01 Z-0.3 F300
N07 X52
N08 Y4
N09 X-52
N10 G00 Z100
N11 M05
N12 M30</td><td rowspan="2">精铣上平面
φ10 立铣刀

下刀点

切深 0.3mm
往复走刀铣削平面

抬刀

程序结束</td><td> 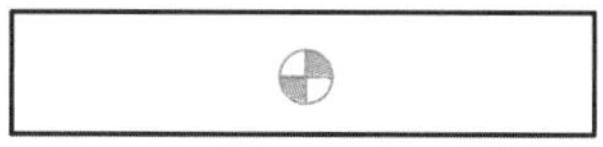图 1-41
读懂程序，在示意图中补全刀位轨迹图。</td></tr>
<tr><td>备注：</td></tr>
<tr><td rowspan="2">4</td><td rowspan="2">%0014
N01 G55 G90
N02 S2000 M03
N03 G00 Z100
N04 X-52 Y-20
N05 Z10
N06 G01 Z-16.5 F300
N07 X-45.3
N08 Y13.3
N09 X45.3
N10 Y-13.3
N11 X-52
N12 G00 Z100
N13 M05
N14 M30</td><td rowspan="2">半精铣四周外轮廓
φ10 立铣刀

下刀点

切深 16.5mm
往复走刀铣削平面

抬刀

程序结束</td><td> 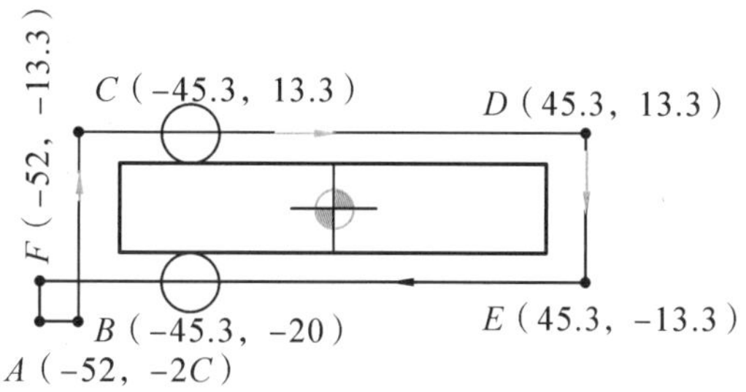C（-45.3，13.3）　D（45.3，13.3）
F（-52，-13.3）
B（-45.3，-20）　E（45.3，-13.3）
A（-52，-2C）
图 1-42
对照刀位轨迹图，读懂程序。当程序运行加工后，此时零件余量为______mm。</td></tr>
<tr><td>备注：</td></tr>
</table>

续表

序号	加工程序	程序说明	基点与示意图
5	%0015 N01 G55 G90 N02 S2000 M03 N03 G00 Z100 N04 X-52 Y-20 N05 Z10 N06 G01 Z-16.5 F300 N07 X-45 N08 Y13 N09 X45 N10 Y-13 N11 X-52 N12 G00 Z100 N13 M05 N14 M30	精铣四周外轮廓 ϕ10 立铣刀 下刀点 切深 16.5mm 往复走刀铣削平面 抬刀 程序结束	C(,) D(,) F(,) E(,) B(,) 零件轮廓 A(-52, -2C) 图 1-43 读懂程序,在示意图中画出刀位轨迹图与刀位点的坐标。 备注:
6	%0021 N01 G56 G90 N02 S1000 M03 N03 G00 Z100 N04 X-52 Y-5 N05 Z10 N06 G01 Z-2 F100 N07 X52 N08 Y5 N09 X-52 N10 Y-5 N11 Z-3.5 N12 X52 N13 Y5 N14 X-52 N15 G00 Z100 N16 M05 N17 M30	底面粗加工 ϕ12 立铣刀 下刀点 切深 -2mm 往复走刀铣削平面 抬刀 程序结束	D(-52, 5) C(52, 5) A(-52, -5) B(52, -5) 图 1-44 对照刀位轨迹图,读懂程序,补全程序说明中所缺部分。 备注:

续表

序号	加工程序	程序说明	基点与示意图
7	%0022 N01 G57 G90 N02 S1000 M03 N03 G00 Z100 N04 X-52 Y-4 N05 Z10 N06 G01 Z-3.8 F300 N07 X52 N08 Y4 N09 X-52 N10 G0 Z100 N11 M05 N12 M30	底面半精加工 ϕ10 立铣刀 下刀点 切深-3.8mm 往复走刀铣削平面 抬刀 程序结束	刀位轨迹与上图路线一致,此处省略。 读懂程序。当程序运行加工后,此时零件余量为______mm。 备注:
8	%0023 N01 G57 G90 N02 S1000 M03 N03 G00 Z100 N04 X-52 Y-4 N05 Z10 N06 G01 Z-4 F100 N07 X52 N08 Y4 N09 X-52 N10 G0 Z100 N11 M05 N12 M30	底面精加工 ϕ10 立铣刀 下刀点 切深-4mm 往复走刀铣削平面 抬刀 程序结束	刀位轨迹与上图路线一致,此处省略。 精加工切削深度还需根据半精加工切削余量进行调整,零件高度尺寸合格范围: 如上道工序留下余量比理论尺寸大0.015mm,此时程序应修改为: 备注:

3.4 加工操作

3.4.1 加工准备

进入加工操作阶段时，首先准备要加工的毛坯，按照刀具、工具清单准备好刀具、工具，再将数控铣床调试至加工准备状态，在操作数控铣床前需学习车间安全操作规程，了解数控铣床的结构，认识数控机床常用功能按钮，掌握机床开机操作过程等。请在知识园地中学习"数控铣床安全操作规范"与"数控铣床的认识与基本操作"内容，观看毛坯与刀具的安装微课视屏，完成"能力检测"部分。

知识园地

1. 数控铣床安全操作规范

1）安全文明生产规范

安全文明生产是搞好生产经营的重要内容之一，是防止人员或设备事故的根本保障。它直接涉及人身安全、产品质量和经济效益，影响设备和工、夹、量具的使用寿命，以及生产工人技术水平的正常发挥。在学习掌握操作技能的同时，务必养成良好的安全、文明生产习惯，为将来走向生产岗位打下良好的基础。对于长期生产活动中得出的教训和实践经验的总结，必须严格执行。

安全文明生产注意事项：

（1）进入车间，应严格遵守车间管理制度，遵守安全操作规程，必须按要求穿戴好工作服和其他防护用品。大袖口要扎紧，衬衫要系入裤内。女同学要戴安全帽，并将发辫纳入帽内。凉鞋、拖鞋、高跟鞋、背心、裙子和围巾等不允许穿戴，否则，不得进入车间。

（2）严禁在车间内追逐、打闹、喧哗、阅读与实习无关的书刊、玩手机、上网等，一切行动均应听从指导教师的指挥，不得擅自行动。

（3）应在指定的机床上实习，未经指导教师许可，其他任何机床、工具或电器等均不得动用。

（4）认真听取指导教师讲解，认真观察指导教师的操作步骤和操作要领。

（5）工作过程中，应爱护设备、工具、量具等器材并合理使用，不得滥用。

（6）注意防火，安全用电。一旦出现电器故障，应立即切断电源，并报告实习指导教师。不得擅自进行处理。

（7）下班前，必须做好清洁设备、器材、场地等工作，切断电源。设备方面，各操作手柄均应放置在规定的位置，做好设备、器材保养工作，并交回清点好的器材以及完成的工件。

（8）实习期间，车间内的一切物品均不得带出车间，出现损坏、丢失应及时报告指导教师。

2）数控铣床安全操作规程

数控机床的自动化程度很高，为了充分发挥机床的优越性，提高生产效率，管好、用好数控机床，显得尤为重要。操作者必须养成文明生产习惯和严谨的工作作风。培养良好的职业素质、责任心和合作精神。操作者应做到以下内容：

（1）操作机床要穿戴好工作服，袖口扣紧，长发要戴防护帽，禁止穿、戴有危险性的服饰品。

(2)开机前先检查各机械部件、液压、气压、润滑油、冷却液的状态;检查插座、空开等是否正常,及时添加或调整;检查工作台区域有无搁放其他杂物,确保运转畅通。

(3)手动将各坐标轴回零,若某轴在回零前已在 0 位,必须先将该轴移离 0 点一段距离后,再进行手动回零,回零后再将各轴移开 0 位。

(4)机床在通电状态时,不要打开和接触机床上示有闪电符号的、装有强电装置的部位,以防被电击伤。

(5)机床开机后应空运转 15min 以上,使机床达到热平衡状态后再进行工件的加工。

(6)手动操作沿 X、Y 轴方向移动工作台时,必须使 Z 轴处于安全高度位置,防止刀具发生碰撞。

(7)确认工件坐标系位置。

(8)输入程序并认真仔细检查,特别注意指令、代码、正负号、小数点及语法的检查。

(9)检查运行程序,看程序能否顺利执行(对有图形显示功能的数控铣床,通过图形可观察其走刀轨迹是否正确),刀具长度选择和夹具安装是否合理,有无超程现象。

(10)装夹工件,注意螺钉压板是否妨碍刀具运动,检查零件毛坯和尺寸超常现象。

(11)在正式切削加工前,应检查一次程序、刀具、夹具、工件、坐标系、刀补参数等是否正确。

(12)某一项工作如需要两人或多人共同完成时,应注意相互间的协调一致。

(13)禁止用手或其他任何方法接触正在旋转的主轴、工件或其他运动部位。

(14)刃磨刀具和更换刀具后中,要重新测量刀长并修改刀补值和刀补号。

(15)加工之前将快速、进给倍率调至 20% 左右,在切削工件后无意外再逐渐加大倍率开关。

(16)首件试切时,应仔细观察机床的每一个动作,确保有意外能随时关闭急停开关。

(17)数控机床在加工过程中要关闭防护门,遇到紧急情况,需立即按下急停开关。

(18)加工完毕后,将 X、Y、Z 轴移动到行程的中间位置,并将主轴速度和进给速度倍率开关都拨至低挡位,防止因误操作而使机床产生错误的动作。

(19)卸刀时应先用手握住刀柄,再按换刀开关;装刀时应在确认刀柄完全到位后再松手。

(20)加工完毕后,及时清理现场,依次关掉机床操作面板上的电源和总电源,并做好工作记录。

(21)在机床内测量零件加工尺寸时,需停止主轴转速 ,并按下急停功能。

(22)因事离开机床时要关闭急停开关,必要时需关闭电源。

3)数控铣床的维护与保养

数控设备进行日常维护及保养是为了延长元器件的使用寿命,延长机械部件的磨损周期,对维护过程中发现的故障隐患应及时加以清除,避免停机待修,从而延长平均无故障时间,增加机床的开动率。在下表中列出了一些对数控设备常规的定期维护检查的内容。

表 1-4　数控铣床定期维护保养项目表

维护保养周期	检查要求
日常维护保养	1. 清除围绕在工作台、底座等周围的切屑灰尘以及其他的外来物质
	2. 清除机床表面上下的润滑油、切削液与切屑
	3. 清导导轨护盖、外露的极限开关及其周围
	4. 检查油标、油量,及时添加润滑油,润滑泵能定时起动、打油及停止
	5. 检查并确认空气过滤器的杯中积水已被完全排除干净
	6. 检查所需的压力值是否达到正确值
	7. 检查切削液容量,如有需要则添加补充
	8. 检查管路有无漏油,如果发现漏油,应采取必要的对策
每月维护保养	1. 清理电气箱内部与 NC 设备,如果空气过滤器已脏则及时清理或更换
	2. 检查机床水平,检查其他地脚螺栓与固锁螺帽的松紧度并调节
	3. 检查变频器与极限开关是否功能正常
	4. 清理主轴头润滑单元的油路过滤器
	5. 检查配线是否牢固,有无松脱或中断的情形
半年维护保养	1. 清理 NC 设备中电气控制单元与机床
	2. 清洗丝杆上旧的润滑脂、涂上新润滑脂
	3. 更换液压油以及主轴头与工作台的润滑剂,在供应新的液压油或是润滑剂之前,先清理箱体内部
	4. 清理所有电机
	5. 检查电动机的轴承有无噪声,如果有异音,将其更换
不定期维护保养	1. 检查液面高度,切削液太脏时需要更换并清理水箱底部,经常清洗过滤器
	2. 经常清理切屑,检查排屑器有无卡住等
	3. 检查各轴导轨上镶条、压滚轮松紧状态(按机床说明书调整)
	4. 调整主轴驱动带松紧(按机床说明书调整)

维护保养时的注意事项:

(1)执行维护保养与检查工作之前,应先按下紧急停止开关或关闭主电源。

(2)为了使数控铣床维持最高效率的运转,以及随时得以安全的操作,维护保养与检查工作必须持续不断地进行。

(3)事先妥善规划维护保养与检查计划。

(4)如果保养计划与生产计划抵触,也应安排执行。

(5)不要以压缩空气清理,这样会导致油污、切屑、灰尘或砂粒从细缝侵入精密轴承或堆积在导轨上面。

(6)尽量少开电气控制柜门。加工车间飘浮的灰尘、油雾和金属粉末落在电气柜上容易造成元器件间绝缘电阻下降,从而出现故障。因此除了定期维护和维修外,平时应尽量少开电气控制柜门。

2. 数控铣床的结构

数控铣床是机床设备中广泛应用的加工机床,适合于各种箱体类和板类零件的加工。它可以进行平面铣削、平面型腔铣削、外形轮廓铣削、三维及以上的复杂型面铣削,还可以进行钻削、镗削、螺纹切削等孔加工。数控铣床加工的零件如图 1-45 所示。加工中心、柔性制造单元都是在数控铣床的基础上产生和发展起来的。

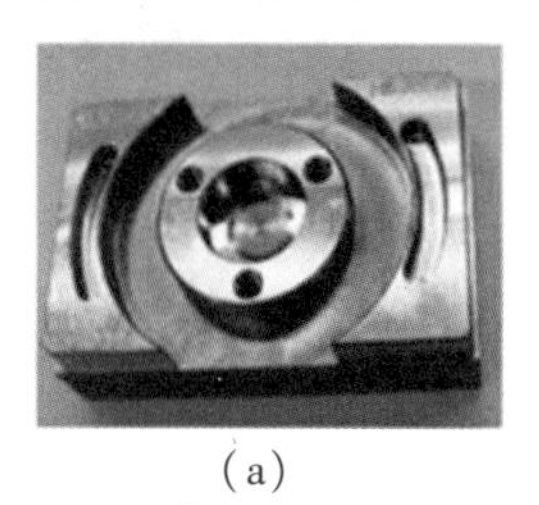

(a)

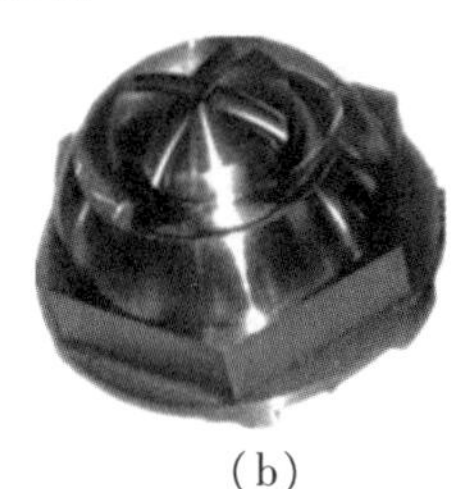

(b)

图 1-45 数控铣床加工的零件

(a)平面铣削;(b)外形轮廓铣削

1)数控铣床的分类

(1)数控铣床是一种用途广泛的数控机床,根据分类方法的不同可分为以下几种。

a. 按机床结构分为立式数控铣床、卧式数控铣床及龙门式数控铣床(如图 1-46)。

b. 按控制坐标轴数分两坐标数控铣床、两坐标半数控铣床、三坐标数控铣床等。

c. 按伺服系统方式分为闭环伺服系统、开环伺服系统、半闭环伺服系统数控铣床等。

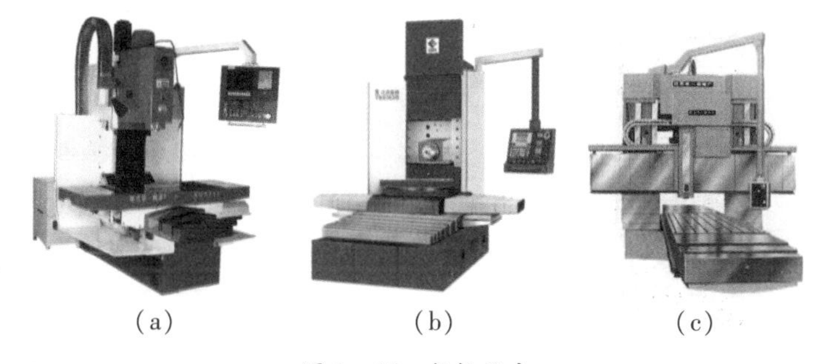

(a) (b) (c)

图 1-46 数控铣床

(a)立式数控铣床;(b)卧式数控铣床;(c)龙门式数控铣床

2)数控铣床的结构

数控铣床主要由机床主体、控制部分、驱动部分及辅助装置组成,如图 1-47 所示为一台立式数控铣床的基本结构。

(1)机床主体。包括床身、床鞍、工作台、立柱、主轴箱、进给系统等。

(2)控制部分。它是数控机床的核心,由数控系统完成对数控机床的控制,数控铣床操作控制面板如图 1-48 所示。

(3)驱动部分。是数控机床执行机构的驱动部件,包括主轴电动机和进给伺服电动机等。

(4)辅助装置。它包括液压、气动、润滑、冷却、排屑、防护等装置。

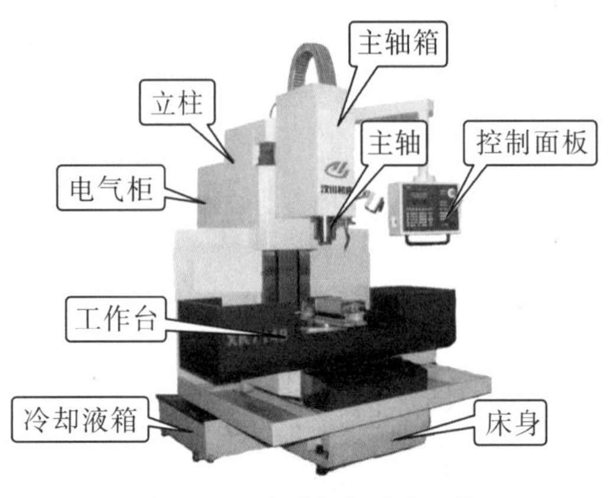

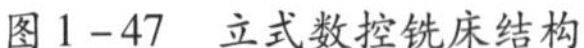
图 1－47　立式数控铣床结构

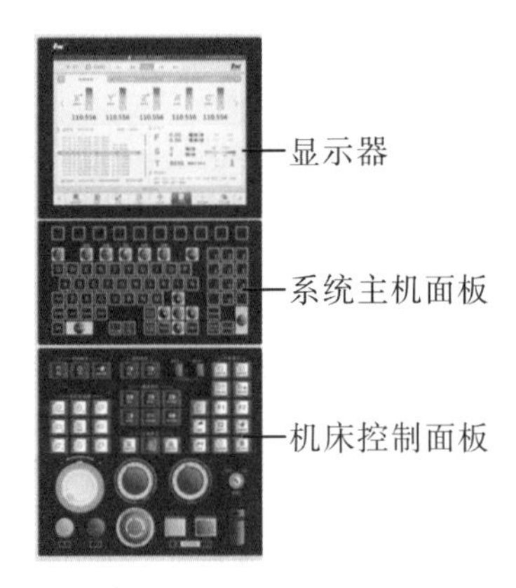

图 1－48　数控机床操作控制面板

3. 数控铣床基本操作（HNC－818 数控系统）

1）数控铣床操作面板的组成与功能

数控面板是数控系统的控制面板，不同数控系统的数控面板是不相同的，但数控面板大多数功能是相同的。数控面板主要由显示器、手动数据输入键盘（MDI 键盘）及机床控制面板组成。HNC－818B－MU 型三轴立式铣床数控系统面板如图 1－49 所示，下面分别予以介绍。

系统操作界面。

a. 数控面板主要由显示器中主要显示 8 项内容，如图 1－50 所示。

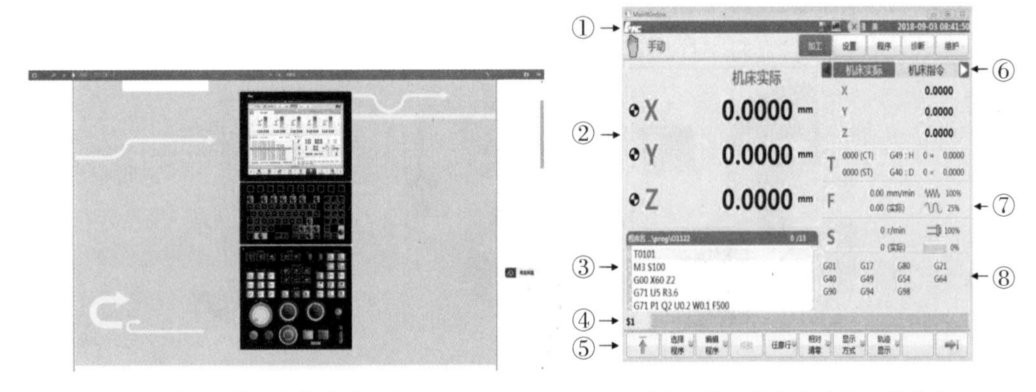

图 1－49　数控系统面板　　　图 1－50　数控系统显示器界面

各部分的显示内容如下：

①——标题栏：显示加工方式，系统工作方式根据机床控制面板上相应按键的状态可在自动（运行）、单段（运行）、手动（运行）、增量（运行）、回零、急停之间切换；显示系统报警信息等。

②——图形显示窗口：这块区域显示的画面，根据所选菜单键的不同而不同。

③——G 代码显示区：预览或显示加工程序的代码。

④——输入框：在该栏键入需要输入的信息。

⑤——菜单命令条：通过菜单命令条中对应的功能键来完成系统功能的操作。

⑥——轴状态显示：显示轴的坐标位置、脉冲值、断点位置、补偿值、负载电流等。

⑦——辅助机能：T/F/S 信息区。

⑧——G 模态及加工信息区：显示加工过程中的 G 模态及加工信息。

b. 主机面板按键

主机面板包括:精简型 MDI 键盘区、功能按键区、软键区。如图 1－51 所示。

通过 MDI 键盘实现命令输入及编辑。其大部分键具有上档键功能,同时按下“上档”键和字母/数字键,输入的是上档键的字母/数字。

功能按键功能有“加工”“设置”“程序”“诊断”“维护”“自定义”6 个功能按键,各功能按键可选择对应的功能集,以及对应的显示界面。

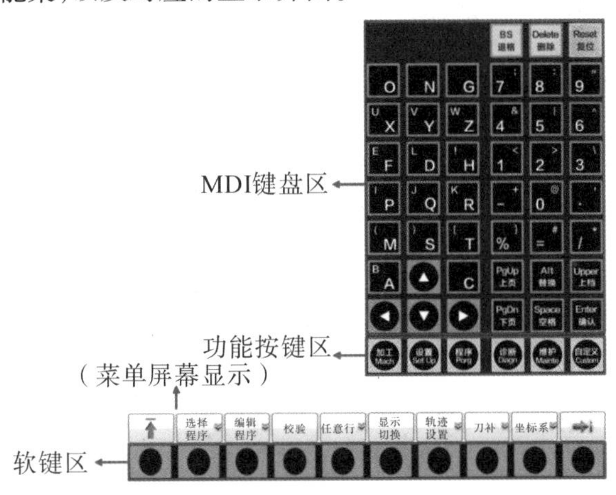

图 1－51 主机面板按键

系统屏幕下方有 10 个软键,该类键上无固定标志。其中左右两端为返回上级或继续下级菜单键,其余为功能软键。各软键功能对应为其上方屏幕的显示菜单,随着菜单变化,其功能也不相同,如图 1－52 所示。

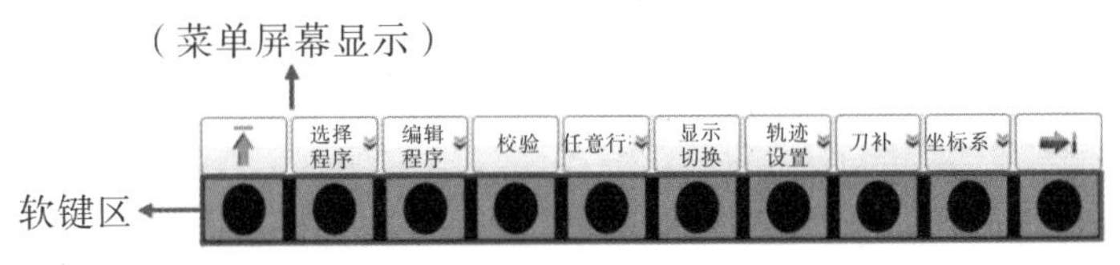

图 1－52 数控系统软功能键

如加工显示界面便于操作者对加工过程的观察,有大字坐标＋程序、联合坐标、图形轨迹＋程序、程序 4 种显示形式。该 4 种界面可通过〖显示切换〗功能软键,实现循环切换,如图 1－53 所示。

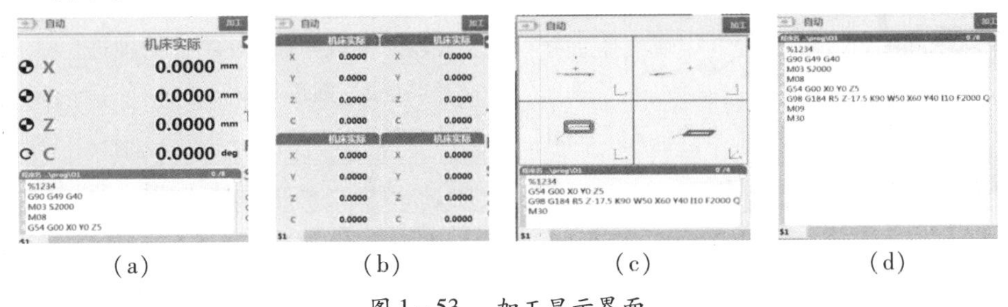

图 1－53 加工显示界面

(a)大字坐标＋程序;(b)联合坐标;(c)图形轨迹＋程序;(d)程序

c. 机床操作面板

数控系统通过工作方式键,对操作机床的动作进行分类。在选定的工作方式下,只能做相应的操作。例如在“手动”工作方式下，只能做手动移动机床轴、手动换刀等工作，不可能做连续自动的工件加工。同样，在“自动”工作方式下，只能连续自动加工工件或模拟加工工件，不可能做手动移动机床轴、手动换刀等工作。各功能键名称与工作范围详见附表3。

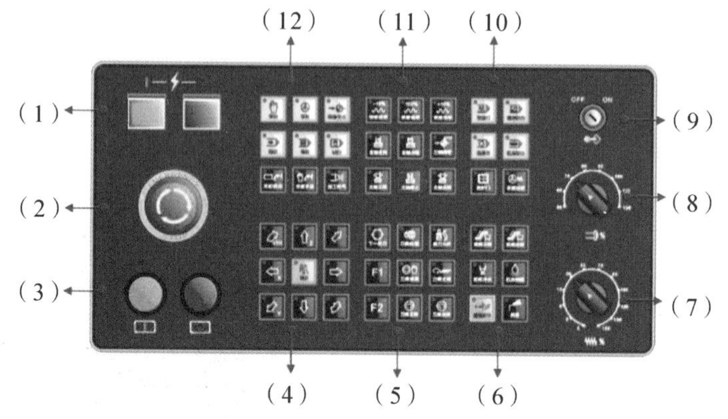

(1)——电源通断开关　(2)——急停按键　(3)——循环启动/进给保持
(4)——进给轴移动控制按键区　(5)——机床控制按键区　(6)——机床控制扩展按键区
(7)——进给速度修调波段开关　(8)——主轴倍率波段开关　(9)——编辑锁开/关
(10)——运行控制按键区　(11)——快移倍率控制按键区　(12)——工作方式选择按键区

d. 手持单元

手持单元由手摇脉冲发生器、坐标轴选择开关、倍率选择开关、手脉使能开关、急停开关组成。结构如图1-54所示。

图1-54　手持单元

表1-5　手持单元功能

按键	名称/符号	功能说明	有效时工作方式
	手轮/[手轮]	控制机床运动（当手轮模拟功能有效时，其还可以控制机床按程序轨迹运行）。	手轮
OFF X Y Z	“手脉使能关”开关/[使能关]	当波段开关旋到“OFF”时，手持单元上除急停外，开关、按键无效。	手轮
OFF X Y Z	轴选择开关/[X]\[Y]\[Z]\[4TH]	当波段开关旋到除“OFF”外的轴选择开关处时，则手持单元上的开关，按键均有效。	手轮
×1 ×10 ×100	手轮倍率开关/[增强倍率]	手轮每转1格或“手动控制轴进给键”每按1次，则机床移动距离对应为0.001mm/0.01mm/0.1mm。	手轮
EMERGENCY STOP	急停键/[急停]	手轮有效时，紧急情况下可使系统和机床立即进入停止状态，所有输出全部关闭。	手轮、增量、手动、回零、自动、MDI

2)数控铣床的基本操作。

(1)数控机床手动操作步骤。

a. 手动返回参考点。控制机床运动的前提是建立机床坐标系,为此,系统接通电源、复位后首先应进行机床各轴回参考点操作。

操作名称	手动返回参考点		工作方式	回参考点
基本要求	以参考点为界,确保机床在"回参考点方向"参数规定的相反方向			
序号	操作步骤	按键		说明
1	按【回参考点】	回参考点		●设定有效的工作方式
2	按[轴进给]	X 或 Y 或 Z		●规定方向的[轴进给]键 *

b. 手动工进移动坐标轴。该方式可按连续方式控制坐标轴的移动。一般用于简单的零件加工。

手动移动机床坐标轴的操作由机床控制面板上的【手动】工作方式键、[轴进给]键、[进给修调]键共同完成。

操作名称	手动工进移动坐标轴		工作方式	手动
基本要求	有连续移动机床的需要			
序号	操作步骤	按键		说明
1	按[手动]	手动		●设定有效的工作方式
2	选择[进给修调]			●默认速度与进给修调的积
3	按[轴进给]	X 或 或 Y 或 或 Z 或		●若松开关键,进给即停止

c. 手动快速移动坐标轴。手动快速移动坐标轴,可快速连续移动坐标轴。该操作由机床控制面板上的【手动】工作方式、[快移倍率]、[快进]+[轴进给]键共同完成。

操作名称	手动快速移动坐标轴	工作方式	手动
基本要求	有快速移动机床的需要		
序号	操作步骤	按键	说明
1	按[手动]	手动	●设定有效的工作方法
2	选[快移倍率]	-10% 快移倍率 或 100% 快移倍率 或 +10% 快移倍率	●默认速度与快移倍率的积
3	按[快移]和[轴进给]	快进 + Z 或 Z 或 X 或 X	●同时按[快进]和[轴进给]键 ●若松开按键,进给即停止

d. 手轮进给移动坐标轴。手轮进给移动坐标轴,可连续定量移动坐标轴。一般用于对刀或刀库调试等操作时,控制机床准确到位。

手轮进给移动机床坐标轴的操作由手持单元和机床控制面板上的【手轮】工作方式、[倍率]、[轴选]旋钮、[手轮]共同完成。

操作名称	手轮进给移动坐标轴	工作方式	手轮
基本要求	连续精确移动机床需要		
序号	操作步骤	按键	说明
1	数控系统选择按[手轮]模式	手轮	●设定有效的工作方式
2	手持单元选[轴选]、[倍率]	OFF X Y Z　X1 X10 X100	●选择 X、Y、Z 轴选或 OFF 无轴选 ●倍率数与 0.001mm 的乘积
3	摇[手轮]		●连续精准移动机床

e. 手动主轴控制。

序号	操作名称	开启操作	终止操作	事项说明	有效工作方式
1	主轴正转	按[主轴正转]	按[主轴停止]或[复位]	1.[主轴正转][主轴反转][主轴停止]三个按键互锁; 2.自动运行需改变主轴控制时,可先切换到手动方式下实现,然后切换回自动工作方式	手轮、增量、手动
2	主轴反转	按[主轴反转]键	按[主轴停止]或[复位]		
3	主轴停	按[主轴停]	按[复位]		
4	主轴速度修调	旋转[主轴倍率]旋钮		修调范围 50°~120°	手轮、增量、手动、自动、MDI

其他手动操作详见附表2。

(2)数控机床常用场景操作步骤。

a. 开机操作。

①检查机床状态是否正常。

②检查电源电压是否符合要求,接线是否正确。

③按下“急停”按钮。

④机床上电。

⑤数控系统上电。

⑥检查面板上的指示灯是否正常。

⑦接通数控装置电源后,系统自动运行系统。此时,工作方式为“急停”。

b. 返回机床零点操作。

控制机床运动的前提是建立机床坐标系,为此,系统接通电源、复位后首先应进行机床各轴回参考点操作。方法如下:

①如果系统显示的当前工作方式不是回零方式,按一下控制面板上面的“回参考点”按键,确保系统处于“回零”方式。

②根据 Z 轴机床参数“回参考点方向”,按一下“Z”以及方向键(“回参考点方向”为“+”),Z 轴回到参考点后,“Z”按键内的指示灯亮。

③用同样的方法使用“Z”按键,使 Z 轴回参考点。

④所有轴回参考点后，即建立了机床坐标系。

注意事项：

①在每次电源接通后，先完成各轴的返回参考点操作，然后再进入其他运行方式，以确保各轴坐标的正确性。

②同时按下轴方向选择按键（X，Y，Z），可使轴（X，Y，Z）同时返回参考点。

③在回参考点前，应确保回零轴位于参考点的“回参考点方向”相反侧（如X轴的回参考点方向为负，则回参考点前，应保证X轴当前位置在参考点的正向侧）；否则应手动移动该轴直到满足此条件。

④在回参考点过程中，若出现超程，请按住控制面板上的“超程解除”按键，向相反方向手动移动该轴使其退出超程状态。

（3）急停操作。

机床运行过程中，在危险或紧急情况下，按下“急停”按钮，数控系统即进入急停状态，伺服进给及主轴运转立即停止工作（控制柜内的进给驱动电源被切断）；松开“急停”按钮（右旋此按钮，自动跳起），系统进入复位状态。

解除急停前，应先确认故障原因是否已经排除，而急停解除后，应重新执行回参考点操作，以确保坐标位置的正确性。在上电和关机之前应按下“急停”按钮以减少设备电冲击。

（4）关机操作步骤。

①按下控制面板上的“急停”按钮，断开伺服电源。

②断开数控电源。

③断开机床电源。

（5）刀具的安装操作。

数控机床在进行加工前，先要将刀具安装至主轴后，才能进行“对刀”及运行程序操作，将刀柄安装至主轴步骤如下。

①确认机床主轴位置适合安装刀具，检查气压，准备好刀柄。

②在操作面板按“手动”—“换刀允许”键，确认该键指示灯亮状态。

③按“刀具松/紧”键，再用手托住铣刀柄，将刀柄拉钉朝上，放入主轴孔内，并将刀柄上的键槽与主轴端面键对齐。

④按下主轴箱上的绿色“刀具松/紧”按钮，此时松开按钮，刀具即安装完成。

注意：如主轴端面键与刀柄键槽未对齐，或刀柄与主轴端面存在很大间隙，需用手托住铣刀柄，再次按下主轴箱上的绿色“　”按钮，卸下刀具重新安装。

能力检测

1. 安全操作规程

良好的安全、文明生产习惯，能为将来走向生产岗位打下良好的基础。对于长期生产活动中得出的教训和实践经验的总结，必须严格执行。请学习“数控铣床安全操作规范”完成下面的填空。

（1）进入车间，必须按要求穿戴好工作服和其他防护用品。大袖口要扎紧，衬衫要系入裤内。女同学要戴________。________等不允许穿戴,否则,不得进入车间。

(2)未经许可,其他任何________等均不得动用。

(3)下班前,必须做好清洁________、________、________等工作,切断电源。

(4)车间内的一切物品均________,出现________应及时报备。

(5)车间6S管理包括:____。

2. 数控铣床基本操作

了解数控机床的结构与基本原理,对操作使用机床有很大的帮助。请学习“数控铣削加工的认识”与“数控铣床基本操作”内容,完成下面表格的填写。

1. 数控铣床的结构

请在下图中指出数控机床各部分结构的名称

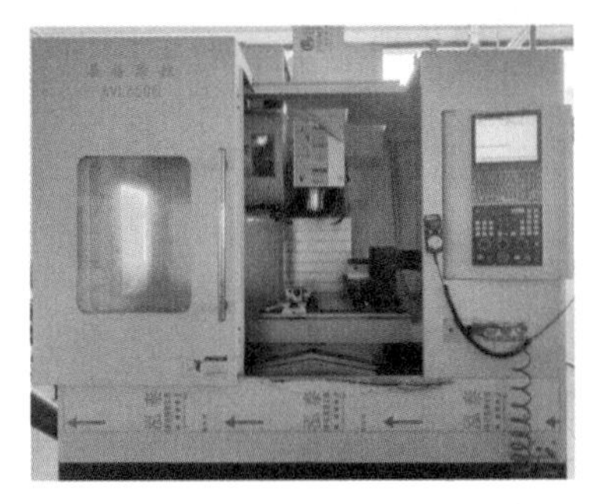

2. 数控铣床参数确认

序号	名称	单位	参数
1	机床型号		
2	机床 X、Y、Z 最大行程	mm	
3	快速进给速度($X/Y/Z$)	m/min	
4	切削进给速度($X/Y/Z$)	mm/min	
5	主轴转速	rpm	
6	定位精度	mm	
7	气压需求	kg/cm^2	
8	刀柄形式		

续表

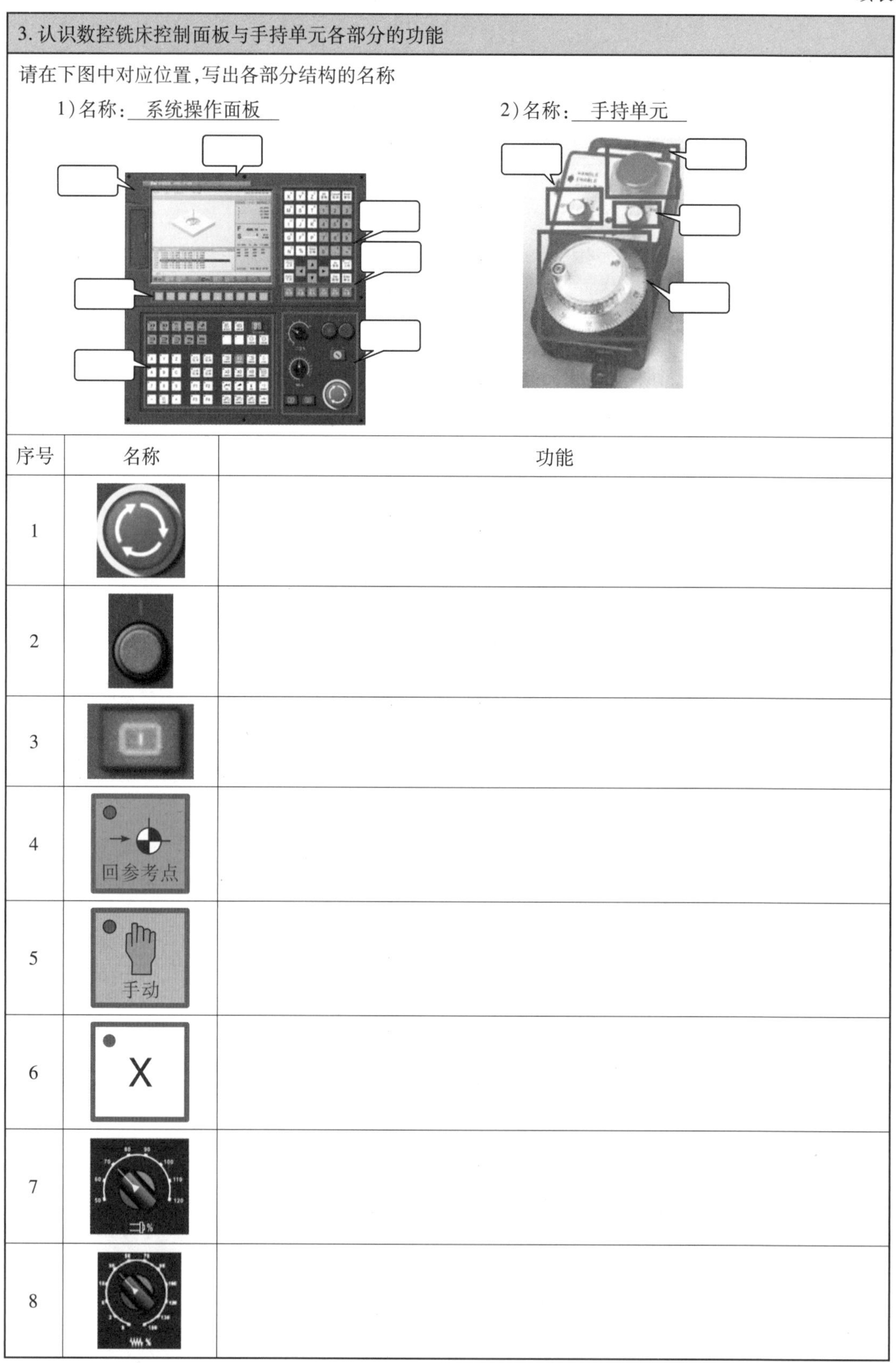

3. 认识数控铣床控制面板与手持单元各部分的功能

请在下图中对应位置，写出各部分结构的名称

1）名称：<u>系统操作面板</u>　　　　2）名称：<u>手持单元</u>

序号	名称	功能
1		
2		
3		
4	回参考点	
5	手动	
6	X	
7		
8		

续表

4. 数控铣床开机步骤
检查机床； 1)打开________电源； 2)打开________电源； 3)待数控系统启动完毕，打开________开关，解除急停报警； 4)检查机床工作区的刀具在回零时有无干涉，确认无干涉后，再操作面板按键，并确认“回零”键处于指示灯亮的状态； 5)先选择________轴回零，即操作面板上的轴选键按 < Z > 键。按下后 Z 轴开始回零。等 Z 轴移动至________时，依次按下 < X >、< Y > 键，可进行多轴同时回零； 6)确认回零结束，当机床坐标值________，操作面板上的轴选按键 < X >、< Y >、< Z > 处于指示灯亮的状态，其对应轴的回零已完成； 7)在操作面板按下________键，并确认该键处于指示灯亮的状态，再依次按轴选键 < X >、< Y >、< Z > 的________向移动至操作区，方便进行安装毛坯与刀具的位置
5. 刀具安装
操作步骤 确认机床主轴位置适合安装刀具； 在操作面板按________键，确认该键指示灯亮状态，再按________键； 用手托住铣刀柄，将刀柄拉钉朝上，放入主轴孔内，并将________与________对齐； 按下主轴箱上的绿色“________”按钮，此时松开按钮，刀具即安装完成。 注意：如主轴端面键与刀柄键槽未对齐，或刀柄与主轴端面存在很大间隙，需用手托住铣刀柄，再次按下主轴箱上的绿色“________”按钮，卸下刀具重新安装
6. MDI 运行
现需要将主轴正转，转速为 500 转/分钟，进行试切对刀，使用 MDI 方式运行控制的操作步骤： 在数控系统面板切换至“MDI”方式； 输入程序________，再按“Enter”键； 在数控系统面板软键区按“________”键； 数控系统面板选择“单段”； 按“________”键，即主轴正转

3.4.2 加工操作

1. 安装毛坯与刀具

毛坯装夹。毛坯装夹稳定性直接影响加工精度，选用合适的夹具并进行正确的定位、夹紧尤为重要。请学习微课“毛坯的装夹”内容，完成下面表格的填写。

(1)毛坯装夹。毛坯装夹稳定性直接影响加工精度，选用合适的夹具并进行正确的定位、夹紧尤为重要。请学习微课“毛坯的装夹”内容，掌握毛坯安装步骤，养成规范可靠的操作习惯。

查检毛坯 → 清洁物品 → 放置工件 → 定位夹紧 → 检查装夹

(2)铣刀的安装。将铣刀正确安装至刀柄是一项基础操作技能，如不能可靠进行安装将会引起不可预知的安全事故。请学习微课“铣刀的安装”内容，掌握刀安装步骤，养成规范可靠的操作习惯。

刀具安装至刀柄。

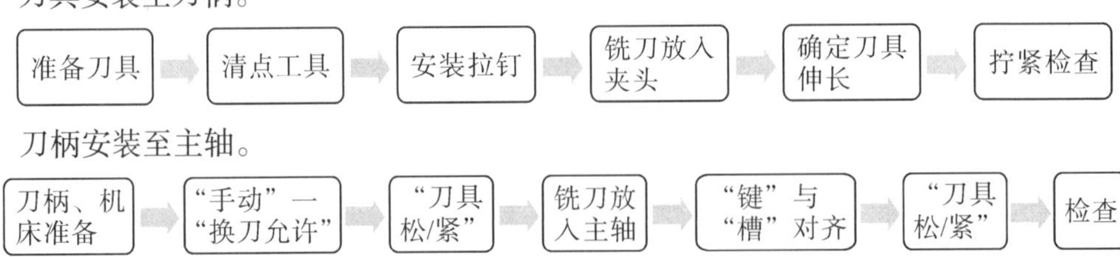

注意：如主轴端面键与刀柄键槽未对齐，或刀柄与主轴端面存在很大间隙，需用手托住铣刀柄，再次按下主轴箱上的绿色“刀具松/紧”按钮，卸下刀具重新安装。

2. 设置工件坐标系

正确设置工件坐标系是在操作实施中非常重要的一个环节，直接影响程序的正确运行与零件加工精度，请学习微课“数控铣对刀操作”内容，写出对刀流程。

能力检测

设置工件坐标系步骤：

3. 编辑程序、校验程序及运行程序

手工编程过程中难免会出现错漏，所以数控程序输入至数控机床后需进行校验，无误后再运行程序进行加工。请在知识园地中学习“数控铣床基本操作”内容，按照下面表格内容进行实践，并完成表格的填写。

知识园地

1. 选择、新建与编程程序

1)选择程序。“选择程序”子界面主要功能有：选择加工程序、选择编辑程序并编辑、创建新程序。其中供选择的程序为系统盘、U 盘、网盘中的已有程序。

编辑程序、创建新程序需通过其下级菜单的“后台编辑”功能实现，且编辑当前加工程序时，机床应处于非运行状态。

按〖加工〗功能键，进入“加工”功能集一级菜单，按〖选择程序〗软键，即可进入该界面，具体界面见下图。

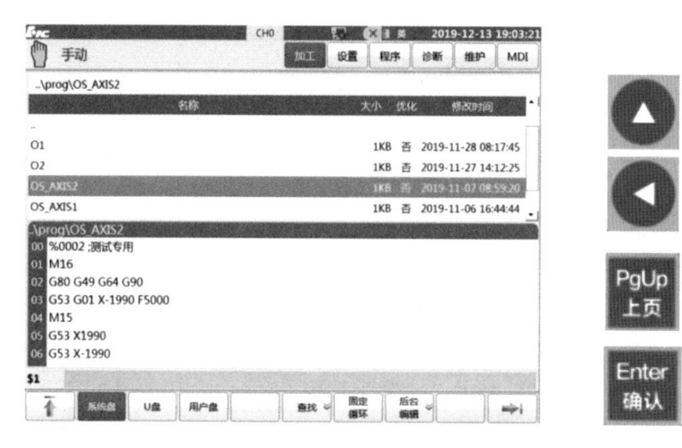

图 1-55 选择程序界面

(1)选择盘中程序加载为当前加工程序。

按〖选择程序〗进入“选择程序”子界面下。

选择程序来源盘软键,即〖系统盘〗〖U 盘〗〖用户盘〗〖网盘〗软键,进入对应程序来源盘。

用〖光标〗或〖翻页〗键选择程序文件,此时可预览程序。

按〖Enter〗键,加载选择程序为当前加工程序,同时,界面退回到上级菜单及界面。此后即可进行零件加工。

注意:若加载程序过程中有错误报警,按〖复位〗键清除即可,再按〖 〗键返回一级界面。

(2)选择目录中程序为当前加工程序。

按〖选择程序〗键,进入“选择程序”子界面。

选择程序来源盘软键,即〖系统盘〗〖U 盘〗〖用户盘〗〖网盘〗软键,进入对应程序来源盘。

按〖光标〗或〖翻页〗键,选择文件目录。

按〖Enter〗键,激活所选目录,进入目录并显示其下程序文件。

按〖光标〗或〖翻页〗键,将光标移到程序文件名上。

按〖Enter〗键,加载选择程序为当前加工程序,同时,界面退回到上级菜单及界面。此后即可进行零件加工。

2)创建新程序。

“加工”功能集下,选择〖编辑程序〗软键,进入“编辑程序”子界面。

在子界面下,选择〖新建〗软键,输入框中提示“请输入文件名:O temp”。(若想退出该界面,可按〖复位〗键。)

通过 MDI 键盘输入新的程序名(数字或字母)。

用〖Enter〗确认新文件名,即可进入程序编辑区域。

编辑或修改完成后,按〖保存文件〗软键,提示保存完成,即可返回上级界面或其他操作。

若没有保存即返回,则提示“是否保存”,按〖Y〗保存,按〖N〗或〖复位〗则不保存。

注:“加工”集下新编程序保存后,即自动加载为当前加工程序。

3)程序运行控制。

(1)自动运行。

操作名称	程序运行		工作方式	自动
基本要求	已完成加工程序加载		显示界面	3.2 章“加工”功能界面
序号	操作步骤	按键	说明	
1	按【自动】	自动	●保持原界面	
2	按【加工】	加工 Mach	●默认界面、主菜单	
3	(加载程序)	…	●参照 7.1.1 加载加工程序	
4	(安全检查)	…	●完成减速、锁住处理等	
5	按[循环启动]		●自动运行程序	

(2)程序校验。

操作名称	程序校验		工作方式	自动、单段
基本要求	已完成加工程序加载		显示界面	3.2.4 章“校验程序”子界面
序号	操作步骤	按键	说明	
1	按【自动】	自动	●保持原界面	
2	按【加工】	加工 Mach	●默认界面,主菜单	
3	(加载程序)	…	●参照 7.1.1 加载加工程序	
4	按【校验】	校验	●工作方式显示处变为“校验” ●【校验】软键处于高亮状态	
5	按【循环启动】		●自动运行完成后,退出校验 ●【复件】键可退出检验	

(3)程序图形仿真。

操作名称	程序图形仿真	工作方式	自动、单段
基本要求	已完成加工程序加载	显示界面	3.2 章“加工”功能集界面
序号	操作步骤	按键	说明
1	按【自动】	 自动	●保持原界面
2	按【加工】	 加工 Mach	●默认界面、主菜单
3	(加载程序)	…	●参照 7.1.1 加载加工程序
4	按【显示切换】	 显示切换	●按一次该键,切换一种界面,并循环切换 ●选择“图形 + 程序”界面
5	按【循环启动】		●自动运行,并实现图形仿真

(4)停止运行。

操作名称	停止运行	工作方式	自动
基本要求	加载程序中,有 M00“停止运行”指令	显示界面	3.2“加工”功能集界面
序号	操作步骤	按键	说明
1	按【自动】	 自动	●保持原界面
2	按【加工】	 加工 Mach	●默认界面、主菜单 ●并正确完成加工程序的加载
3	按【循环启动】	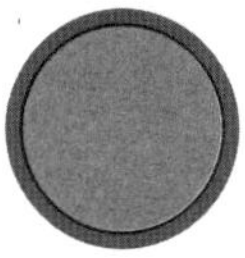	●程序运行中
4	(执行 M00 指令)	…	●程序运行暂停 ●可执行手动换刀等操作
5	按【循环启动】		●继续运行后面的程序

（5）终止运行。

操作名称	终止运行	工作方式	自动
基本要求	连续运行程序中	显示界面	3.2“加工”功能界面
序号	操作步骤	按键	说明
1	按【自动】		●保持原界面
2	按【加工】		●默认界面、主菜单
3	（运行程序）	…	●程序运行中
4	按【进给保持】		●指示灯灭 ●运行暂停
5	按【手动】		●以便手动关闭 MST
6	（关 M、S 功能）	…	●手动关闭 MST
7	按【急停】		●终止运行 ●并复位

能力检测

请输入下面程序，校验无误后再运行程序。

```
%0001
G54 G90 G17
M03 S1000
G00 Z100
X30 Y30
Z10
G01 Z-1 F300（请观察该段与其他程序段区别）
G01 X-30 F500
Y-30
X30
Y30
G00 Z100
M05
M30
```

续表

操作步骤
1. 输入程序： “新建”程序 → 输入以字母______开头文件名 → 输入程序内容 → “保存文件” 2. 校验程序： 1)按机床控制面板上的__________按键进入程序运行方式； 2)按“校验”对应功能键，系统操作界面的工作方式显示改为__________； 3)按机床控制面板上的“__________”按键，程序校验开始； 4)若程序有错，命令行将提示程序__________，接着，按机床控制面板上的__________按键，停止程序校验，再依据提示进行修改程序。 注意：程序校验的速度受进给修调倍率控制，以方便观察刀位轨迹。 3. 程序运行 选择程序 → __________ → “__________” 注意：加工的切削速度过快/慢时，可通过机床控制面板上“__________”旋钮调整切削速度

3.4.3 零件检测

零件加工过程中与加工完成后都需要对零件进行正确的检测，请在知识园地中学习“常用量具的测量与使用”内容，完成“能力检测”部分表格的填写。

知识园地

常用量具的测量与使用－游标卡尺

游标卡尺是工业上常用的测量长度的量具，可直接用来测量精度较高的工件，如工件的长度、内径、外径以及深度等。

(1)游标卡尺的组成。游标卡尺由主尺和附在主尺上能滑动的游标两部分构成。

(2)游标卡尺的类型。游标卡尺的主尺和游标上有两副活动量爪，分别是内测量爪和外测量爪，内测量爪通常用来测量内径，外测量爪通常用来测量长度和外径。主尺一般以毫米为单位，而游标上则有 10、20 或 50 个分格，根据分格的不同，游标卡尺可分为十分度游标卡尺、二十分度游标卡尺、五十分度格游标卡尺等，游标为 10 分度的有 9mm，20 分度的有 19mm，50 分度的有 49mm，精度等级分别是 0.1mm，0.05mm，0.02mm 三种。

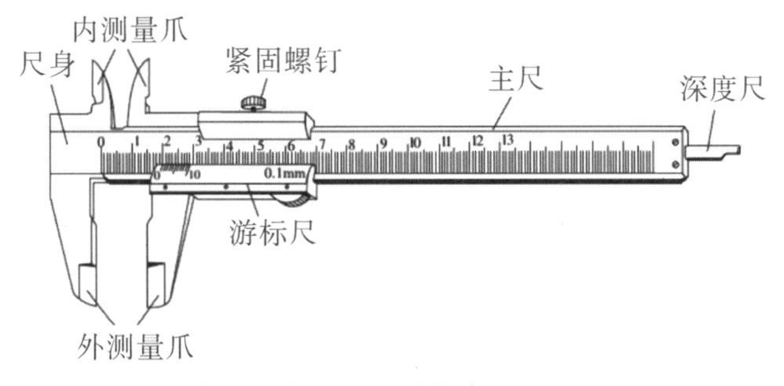

图 1－56 游标卡尺

(3)游标卡尺的刻线原理。以游标读数值 0.02mm 的游标卡尺为例，尺身 1mm，当测量爪并拢时，尺身上的 49mm 正好对准游标上的 50 格，则游标每 1 格的值为：49mm ÷ 50 =

0.98mm，尺身与游标每1格相差的值为：1mm－0.98mm＝0.02mm。

（4）游标卡尺的使用方法。

a. 测量前应将卡尺擦干净，测量爪贴合后，游标零刻线和主尺零刻线应对齐，两测量面接触贴合后，应无透光现象（或有极微弱的均匀透光），若两零刻线未对齐应及时修正测量读数。

b. 测量外尺寸时，应将两测量爪张开到略微大于被测量尺寸，将固定测量爪的测量面贴靠着工件，然后轻轻移动游标，使活动测量爪的测量面也紧靠工件。

c. 测量内径尺寸时，应轻轻摆动，以便找出最大值。

d. 测量时，卡爪测量面必须与工件的表面平行或垂直不得歪斜，且用力不能过大，以免卡脚变形或磨损，影响测量精度。

e. 读数时，要将卡尺水平拿着，在光线充足的地方，视线垂直于刻线表面，避免由于斜视角造成的读数误差。

（5）游标卡尺的读数方法。以刻度值0.02mm的游标卡尺为例，读数方法，可分三步。

a. 根据副尺零线以左的主尺上的最近刻度读出整毫米数。

b. 找出副尺零线以右与主尺上的刻度对齐的刻线，将副尺格数乘上0.02读出小数。

c. 将上面整数和小数两部分加起来，即为总尺寸。

如图1－57所示，副尺0线所对主尺前面的刻度64mm。副尺0线后的第9条线与主尺的一条刻线对齐。副尺0线后的第9条线表示：

$0.02 \times 9 = 0.18(\text{mm})$

所以被测工件的尺寸为：$64 + 0.18 = 64.18(\text{mm})$

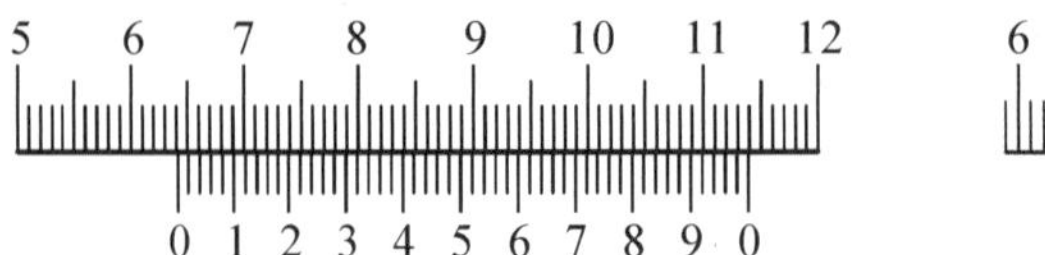

图1－57　游标卡尺的读数示例

（6）游标卡尺的应用。游标卡尺作为一种常用量具，其可具体应用在以下这四个方面：

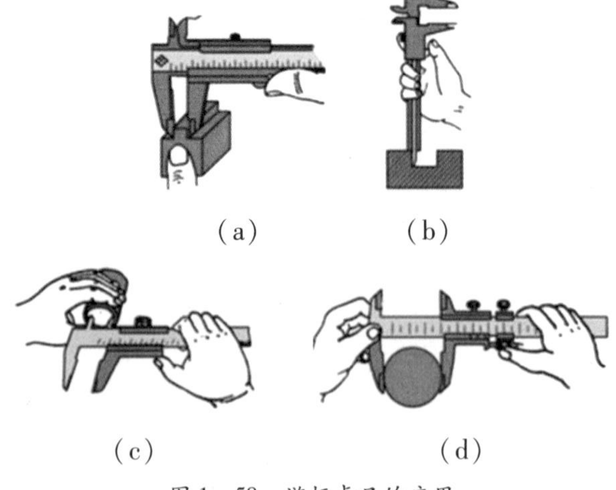

图1－58　游标卡尺的应用

(a)测量工件宽度；(b)测量工件深度；(c)测量工件内径；(d)测量工件外径

(7)使用注意事项及清洁保养。游标卡尺是比较精密的量具,要做好维护保养工作。

1)清洁方法。

a.清洁周期在每次使用完毕后,不做记录。

b.用干净布擦拭游标深度尺外表,并擦拭干净。

2)保养方法:

a.保养周期在每天清洁完毕后,不做记录。

b.必要时以防锈油擦拭游标深度尺之外表,以防止生锈。

3)注意事项:

a.测量时游标卡尺和被测物的测量面应保持干净,以确保量测准确。

b.游标深度尺应防止碰撞,以确保精度。

能力检测

1.游标卡尺的结构

请在下图中对应位置,写出游标卡尺各部分结构的名称。

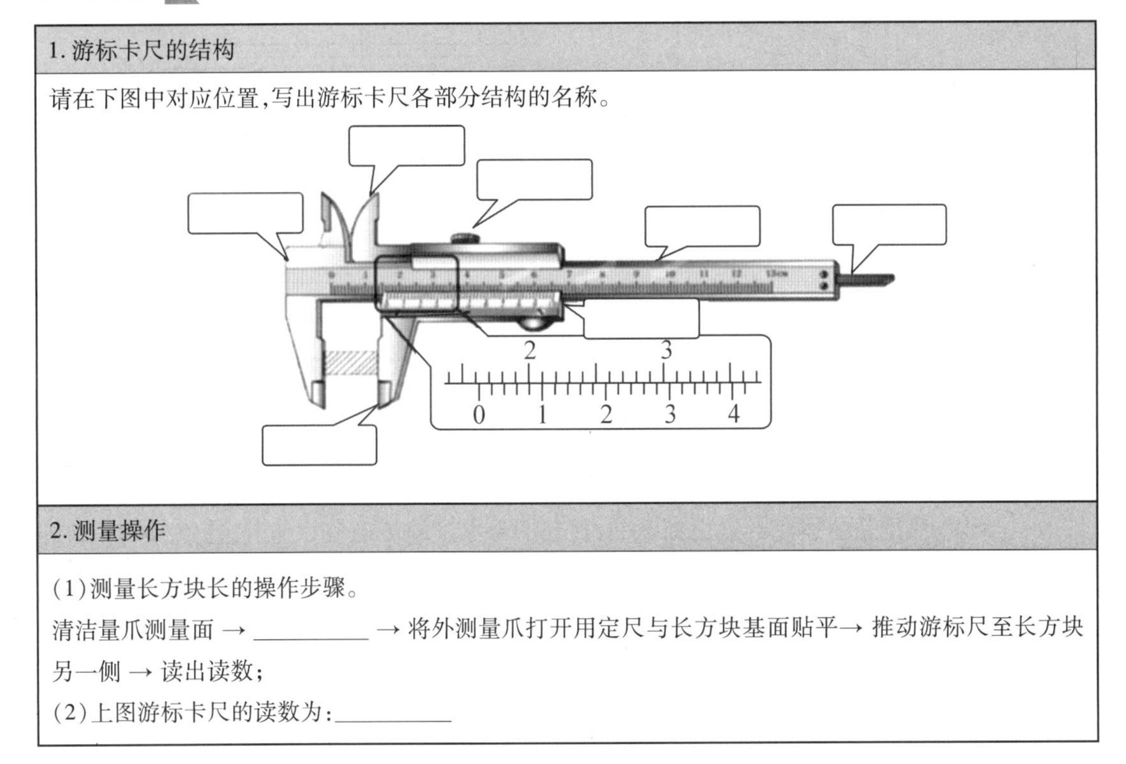

2.测量操作

(1)测量长方块长的操作步骤。

清洁量爪测量面 → __________ → 将外测量爪打开用定尺与长方块基面贴平→ 推动游标尺至长方块另一侧 → 读出读数;

(2)上图游标卡尺的读数为:__________

3.5 评估与总结

在检测评估环节中,请参考检测评分表、活动过程评分表控制在整个任务实施过程中的操作细节。在执行任务过程中的每个环节里出现的问题与解决问题的办法进行记录,及时填写到“鲁班锁-支杆六 加工过程复盘”表格中。

四 组织与实施

确定零件加工计划与决策后,进入加工操作环节,请阅读表格中的内容,并填写划线空白处参数。

4.1 加工准备

序号	操作项目	操作流程	技术难点与处理方案
1	毛坯准备	(1)准备尺寸为20mm×20mm×80mm毛坯 (2)用锉刀修平毛坯凸起部分备用	(1)使用游标卡尺测量毛坯尺寸准确 (2)准备毛坯较光滑面进行定位
2	刀具量具工具准备	(1)依据刀具清单准备相应刀具,并将刀具装夹至刀柄,其操作步骤如下:清点工具→安装弹性夹头→确定刃长→拧紧螺母 (2)依据量具清单与工具清单进行准备,并按规定摆放至机床旁边工具柜	(1)通过零件图纸分析,将选用的$\phi10$立铣刀、$\phi12$立铣刀、对刀棒分别装入刀柄,刀具伸出长度均为________mm左右 (2)量具与工具使用完毕后应放回原处,切勿放置在机床操作区,以免损坏物品或引发危险事故
3	开机准备	依据机床操作规范,开机操作步骤如下: 检查机床状态→打开机床→总电源→打开数控系统电源→解除急停→返回机床参考点→移动工作台与主轴至安装毛坯与刀具状态	开机回零时先回"Z轴",再回"X轴、Y轴"避免发生碰撞

4.2 安装一

序号	操作项目	操作流程	技术难点与处理方案
1	装夹毛坯	将毛坯装夹至平口钳,操作步骤如下: 清洁毛坯、垫块与平口钳→确定基准面→基准与固定钳口、垫块贴实→夹紧工件 *具体装夹过程请参考微课视频	(1)毛坯装夹位置应保证刀具在能确保完成本工序加工前提下,刀具Z向下切深度与钳口上表面保持1mm以上的安全距离 (2)该零件毛坯材料硬度低,夹持量少,对夹紧力要求较高,切勿太过用力,将毛坯夹变形
2	安装刀具	将刀柄安装至主轴,操作步骤如下: 操作面板<手动>→操作面板<允许换刀>→刀柄放入→主轴孔内→主轴箱上按钮<松/紧刀> *具体安装过程请参考微课视频	为减少装刀次数,主轴先安装寻边器,在完成X轴和Y轴工件坐标系设置后,再先后安装$\phi10$立铣刀、$\phi12$立铣刀完成Z轴工件坐标系设置

续表

序号	操作项目	操作流程	技术难点与处理方案
3	工件坐标系的设置	(1)设置 X 轴与 Y 轴工件坐标原点至工件中心操作: 1)装夹对刀棒至主轴; 2)选择设置"G54"坐标系工件测量; 3)选择"中心测量"界面"X"轴位置; 4)用手持单元移动对刀棒接触工件右/左侧,按"读测量值" 记录当前 X 轴机床位置; 5)用手持单元移动对刀棒接触工件对侧,按"读测量值",记录当前 X 轴机床位置,再按"坐标设定"后,X 轴工件中心位置已记录到 G54 工件坐标系; 6)选择"读测量值"界面"Y"轴位置; 7)用手持单元移动对刀棒接触工件前/后侧,按"输入当前" 记录当前 Y 轴机床位置; 8)用手持单元移动偏心棒接触工件对侧,按"读测量值",记录当前 Y 轴机床位置,再按"坐标设定"后,Y 轴工件中心位置已记录到 G54 工件坐标系; 9)在"MDI"方式,输入程序"G54 G90 G00 X0 Y0",在"自动"运行程序后,主轴移至工件中心处,确认位置正确后,选择设置"G55"坐标系,光标分别移到"X""Y"坐标位置按"坐标设定" 记录 G55 坐标系 X 轴、Y 轴机床位置; (2)设置 Z 轴工件坐标原点至工件上表面操作: 1)装夹 $\phi10$ 立铣刀至主轴; 2)将 Z 向对刀仪放置工件上表面; 3)将刀具移至 Z 向对刀仪正上方,再调小移动倍率,向下移动刀具至 Z 向对刀仪表盘指针转动一整圈"对零"位置; 4)选择"G55"坐标系 Z 轴位置,按"当前输入" 记录 G55 坐标系 Z 轴机床位置; 5)按"增量输入",再输入"-50",即 $\phi10$ 立铣刀在 G55 坐标系中 Z 轴坐标原点移至工件表面; 6)装夹 $\phi12$ 立铣刀至主轴; 7)重复上面第三步; 8)选择"G54"坐标系 Z 轴位置,按"当前输入" 记录 G54 坐标系 Z 轴机床位置; 9)按"增量输入",再输入"-50",即 $\phi12$ 立铣刀在 G54 坐标系中 Z 轴坐标原点移至工件表面; *具体设置过程请参考微课视频	(1)使用无磁黄钛寻边器对刀时,主轴速度应设置在 400~500(r/min),转速过快离心力将毁坏寻边器,还可能造成危险事故。 (2)在使用手持单元控制轴移动时,当离工件较远,可转动手摇脉冲发生器快速移动刀具,当快接触到工件时应将倍率调到"×10"或"×1",旋转或拨动手摇脉冲发生器,慢慢接近工件,以免发生碰撞。 (3)当接触到工件一侧,并设置好当前位置后,应将刀具反向移动离开工件表面,再将刀具抬起至工件上方。但当操作时不能确定反向离开工件方向,应先将轴选调至"Z"档,顺时针方向旋转手摇脉冲发生器将刀具抬起至工件上方,以免发生碰撞。 (4)本道工序使用的两把刀具需要使用 G54 和 G55 两个坐标系,当使用对刀棒对刀设置好 G54 坐标系中 X 轴与 Y 轴后,使用 MDI 方式,运行程序"G54G00X0Y0",目测工件原点位置是否正确,再选择 G55 坐标系,将光标分别移至 X 轴与 Y 轴后按下"坐标设定",即当前工件原点位置记录到 G55 坐标系中。 (5)当一把刀具的位置设置好后 此过程由老师操作,学生此时需注意观察对刀棒的结构变化、手持单元操作机床 3 个轴向的移动方向及数控系统中设置工件坐标系的过程,并记录操作过程。 (6)在使用 Z 向对刀仪对刀时,刀具如在其上方,在抬刀离开时切勿在没有确定方向时快速旋转手摇脉冲发生器,确定顺时针方向为抬刀方向后再加速,以免发生碰撞。 注:本任务对刀过程建议由老师进行,学生观察并理解对刀过程

续表

<table>
<tr><th>序号</th><th>操作项目</th><th>操作流程</th><th>技术难点与处理方案</th></tr>
<tr><td>4</td><td>编辑、校验程序</td><td>依次新建粗加工程序%0011、%0012，半精加工与精加工程序%0013、%0014、%0015后进行校验，其操作步骤如下：
“程序”→“新建”→输入文件名→编辑程序→“保存”→“校验”→按机床控制面板上的“自动”或“单段”→按机床控制面板上的“循环启动”

* 具体操作过程请参考微课视频</td><td>(1)新建程序文件的缺省目录为系统盘的 prog 目录；
(2)新建文件名以字母“O”开头，且不能和已存在的文件名相同；
校验运行时，机床不动作，再按启动时一定注意是否在校验状态；
(3)程序中使用不同的刀具其坐标系不同，需确认每个程序工件坐标系的调用代码</td></tr>
<tr><td rowspan="2">5</td><td rowspan="2">程序运行加工</td><td colspan="2">(1)对应下面表格中的内容，确认工件、刀具、工件坐标系及程序正确
<table>
<tr><th>项目</th><th>内容 1</th><th>确认状态</th><th>内容 2</th><th>确认准备</th></tr>
<tr><td>工件</td><td>工件安装位置正确</td><td></td><td>工件安装可靠</td><td></td></tr>
<tr><td>刀具</td><td>刀具型号
粗加工 $\phi12$ 立铣刀
精加工 $\phi10$ 立铣刀</td><td></td><td>刀具伸长合理</td><td></td></tr>
<tr><td>工件坐标系</td><td>X、Y、Z 轴零点位置正确</td><td></td><td>$\phi12$ 立铣刀 - G54 坐标系
$\phi10$ 立铣刀 - G55 坐标系</td><td></td></tr>
<tr><td>程序</td><td>程序校验图形正确</td><td></td><td>程序中 Z 向切深坐标值正确</td><td></td></tr>
</table></td></tr>
<tr><td>(2)机床程序控制运行操作
打开程序→校验无误→控制面板“自动”/“单段”→控制面板“循环启动”
(3)加工完毕后，检测当前加工尺寸在图纸上技术要求范围即可进入“安装二”操作

* 具体操作过程请参考微课视频</td><td>1)机床切削速度受进给修调倍率控制，根据加工情况可进行适当调整；
2)当出现异常情况，可迅速按下“保持进给”按键或拍下“急停”开关，停止机床的运行</td></tr>
</table>

4.3 安装二

<table>
<tr><td>1</td><td>装夹毛坯</td><td>清洁毛坯、垫块与平口钳→确定基准面→基准与固定钳口、垫块贴实→夹紧工件</td><td>该零件毛坯材料硬度低，夹持量少，对夹紧力要求较高，切勿太过用力，将毛坯夹变形</td></tr>
<tr><td>2</td><td>工件坐标系的设置</td><td>“安装二”对刀过程与“安装一”对刀过程一致</td><td>同“安装一”对刀过程一致

注：此过程可以由老师操作机床，学生进行系统坐标系设置</td></tr>
<tr><td>3</td><td>编辑、校验程序</td><td>依次新建粗加工程序%0021，半精加工与精加工程序%0022、%0023后进行校验</td><td>程序中使用不同的刀具其坐标系不同，需确认每个程序工件坐标系的调用代码</td></tr>
<tr><td rowspan="2">4</td><td rowspan="2">程序运行加工</td><td colspan="2">（1）对应下面表格中的内容，确认工件、刀具、工件坐标系及程序正确
<table>
<tr><th>项目</th><th>内容1</th><th>确认状态</th><th>内容2</th><th>确认准备</th></tr>
<tr><td>工件</td><td>工件安装位置正确</td><td></td><td>工件安装可靠</td><td></td></tr>
<tr><td>刀具</td><td>刀具型号
粗加工 $\phi 12$ 立铣刀
精加工 $\phi 10$ 立铣刀</td><td></td><td>刀具伸长合理</td><td></td></tr>
<tr><td>工件坐标系</td><td>X、Y、Z 轴零点位置正确</td><td></td><td>$\phi 12$ 立铣刀 – G54 坐标系
$\phi 10$ 立铣刀 – G55 坐标系</td><td></td></tr>
<tr><td>程序</td><td>程序校验图形正确</td><td></td><td>程序中 Z 向切深坐标值正确</td><td></td></tr>
</table></td></tr>
<tr><td>（2）机床程序控制运行操作
打开程序→校验无误→控制面板“自动”/“单段”→控制面板"循环启动”
（3）加工完毕后，检测当前加工尺寸在图纸上技术要求范围再拆下零件</td><td>1）机床切削速度受进给修调倍率控制，根据加工情况可进行适当调整；
2）当出现异常情况，可迅速按下“保持进给”按键或拍下“急停”开关，停止机床的运行</td></tr>
<tr><td>5</td><td>锐角倒钝，去毛刺</td><td>取下毛坯后，将加工零件的锐角使用毛刺刀倒钝。
*具体操作过程请参考微课视频</td><td>初学者在使用毛刺刀时注意少量多次，操作时速度不要太快，以免刮伤手</td></tr>
<tr><td>6</td><td>零件检测</td><td>清洁零件后，使用量具对照图纸上技术要求检测零件。

*具体操作过程请参考微课视频</td><td>1）零件可以在粗加工后、精加工前后及加工完毕后安排检测；
2）检测时，应先确定测量基准</td></tr>
</table>

五 检测与评估

1. 按下表对加工好的零件进行检测，将结果填入表中。

鲁班锁支杆六检测评分表

序号	考核项目	考核内容	配分	评分标准	自检记录	得分	互检记录
1	外形尺寸	$16^{0}_{-0.04}$（两处）	30	超差0.01扣5分			
2		80±0.1	15	超差0.01扣5分			
3	技术要求	表面粗糙度	5	不合格不得分			
4		垂直度	5	不合格不得分			
5		平行度	5	不合格不得分			
6	其他	锐边倒钝	5	不合格不得分			
		去毛刺	5	不合格不得分			

2. 通过对整个加工过程中对学习态度、解决问题能力、与同伴相处及工作过程心理状态等进行评估。

活动过程评分表

考核项目		考核内容	配分	扣分	得分
加工前准备	安全生产	安全着装；按规程操作，违反一项扣1分，扣完为止	2		
	组织纪律	服从安排；设备场地清扫等，违反一项扣1分，扣完为止	2		
	职业规范	机床预热，按照标准进行设备点检，违反一项扣1分，扣完为止	3		
加工操作过程	撞刀、打刀、撞夹具	出现一次扣2分，扣完为止	4		
	废料	加工废一块坯料扣2分（允许换一次坯料）	2		
	文明生产	工具、量具、刀具摆放整齐，工作台面整洁等，违反一项扣1分，扣完为止	4		
	加工超时	如超过规定时间不停止操作，有超过10分钟扣1分	2		
	违规操作	采用锉刀、砂布修饰工件，锐边没倒钝，或倒钝尺寸太大等，没按规定的操作行为，出现一项扣1分，扣完为止	2		
加工后设备保养	清洁、清扫	清理机床内部铁屑，确保机床工作台和夹具无水渍，确保机床表面各位置的整洁，清扫机床周围卫生，做好设备日常保养，违反一项扣1分，扣完为止	3		
	整理、整顿	工具、量具、刀具、工作台桌面、电脑、板凳的整理，违反一项扣1分，扣完为止	2		
	素养	严格执行设备的日常点检工作，违反一项扣1分，扣完为止	4		

续表

考核项目	考核内容	配分	扣分	得分
出现严重撞机床主轴或工伤	出现严重碰撞机床主轴或造成工伤事故整个测评成绩记 0 分			
合计		30		

六 总结改进

自己亲历的经验，是最好的学习材料。通过下面的复盘总结经验教训，分析成败的原因，从而避免未来犯同样的错误，同时把“精华”提炼出来，总结规律，提升未来解决同类问题的效率。请根据下面的学习目标与技能，完成鲁班锁 - 支杆六加工过程复盘。

鲁班锁 - 支杆六加工过程复盘

内容	复盘过程	内容
加工工艺	学习目标	1. 认识数控铣削加工特点 2. 掌握简单零件的加工工艺流程 3. 能够分析简单的图纸确定装夹方案 4. 了解立铣刀的切削参数对零件加工的影响
	评估结果	
	总结经验	
编写程序	学习目标	1. 掌握数控加工编程的程序结构 2. 认识常用 G 代码和 M 代码：G54 - G59、G00、G01、M03、M05、M30 等 3. 了解刀具切削轨迹与程序之间的关系
	评估结果	
	总结经验	
操作机床	操作技能	1. 能够正确完成开机准备操作 2. 能够说出（设置工件坐标系中心对刀）流程 3. 能够进行新建、编辑和校验程序 4. 能够控制运行程序 5. 能够进行机床基本操作（换刀、主轴的旋转与停止、机床的移动等） 6. 能够判别机床运动的轴向
	评估结果	
	总结经验	

续表

内容	复盘过程	内容
零件质量	质量检测	能够正确使用游标卡尺测量外形尺寸,并正确读数 能够根据图纸检测零件,并判断零件是否合格
	评估结果	
	总结经验	
安全生产	安全操作	1. 了解安全规则,能够保障基本操作安全 2. 能够做到6S管理中清扫、清洁与安全
	评估结果	
	总结经验	

七 能力提升

鲁班锁－支杆六的加工是按单件生产方式设计的加工过程,如果以此方案进行批量生产,每个零件进行调整会影响生产效率,请思考要如何调整加工工艺过程,提高生产效率。(可从零件装夹、切削用量、对刀操作、程序编写几个方面考虑)

内容	方案
零件装夹	
切削用量	
对刀操作	
程序编写	
其他	

八 工匠园地

一、“鲁班锁”的故事

导读

2014 年,我国国务院总理李克强受邀到德国访问并出席“中德经济技术合作论坛”。在与会期间,李克强总理赠送了一份特别的礼物给德国总理默克尔。

2014 年 10 月 10 日,与德国总理默克尔共同出席第七届中德经济技术合作论坛时,李克强在致辞最后提起,这次默克尔总理陪他逛了当地一家超市,买了两张明信片送给他的家人,而他也带来一份礼物,是中国天津中德职业技术学院学生的作品,学生们希望他在公开的场合把这个礼物送给默克尔,以表达对中德制造业深度融合的期待。

总理的这一举动,让天津中德职业技术学院的 3 名 90 后小伙子王明靖、李志仁、张少华格外兴奋。一周之前,这个礼物正是在他们手中完工的。引发全场关注的神秘礼物,被默克尔用左手小心翼翼地托起。这是一把小巧精密的鲁班锁,一种从中国古代流传至今的益智玩具——解开这把锁寓意着解开难题。

3 个小伙子就读的学院,是中德两国政府在职业教育领域最大的合作项目,向国内引入了德国享誉世界的“双元制”职业教育理念和模式。迄今,在该校工作的德方专家中,已有 4 人获得中国国家友谊奖。从入学那一天起,学生们就受益于“中国制造”与“德国制造”的融合中德职业技术学院院长张兴会介绍,10 月 3 日,从外交部发布的消息中得知李克强总理将访问德国,学校的师生们决定亲手制作一把鲁班锁给总理,祝愿“中国制造”和“德国制造”实现更深层次的合作和融合,也希望两国职业教育能够有更深层次的合作。

这并不是李克强总理第一次收到学生作品。今年 5 月,他在内蒙古自治区考察时收到一位职业院校学生参加数控技能大赛的获奖零件作品。他当场高兴地表示要把这件作品摆在自己的办公室里。一个月后,在接见全国职业教育工作会议代表时,他专门谈起过此事。

在中德学院 2014 年毕业典礼上,张兴会也对学生们举过这个例子,勉励他们秉持职业精神,精益求精。这个例子一定程度上也启发了师生,要送一件自己的作品给总理。

为此,10 月 3 日那天,3 名数控专业的学生在学校的实训车间里待了 8 个小时,忙着研究图纸、确定工艺、选择刀具和毛坯、编制加工程序,直至做出成品。他们都是对数控机床痴迷的“数控社团”成员,利用休息时间摆弄机床是常事。

最终由李克强交到默克尔手中的,是一把传统的六根鲁班锁,由环环相扣的 6 个部件组成。与常见的木质鲁班锁不同,它的材质为铝合金。

23 岁的大三学生李志仁说,鲁班是中国古代名匠,他的工艺水平在当时的世界上处于领先位置,今天中国是制造大国,但还不是制造强国。通过这把鲁班锁,他们希望表达一种心情:要从祖师爷那里汲取智慧和动力,练好基本功,推动中国成为制造强国。

与很多正在接受职业教育的中国学生一样,李志仁来自农村,没有考上普通高校,抱着

“有技术就不会挨饿”的朴素想法来到了职业学校。起初他十分忐忑,经过两年多的学习,他说:“现在我很有信心。”

在学校里,老师们总在向他们分析我国作为制造业大国的长处和短板,鼓励他们作为整个国家生产线上的最小单元,要抱定为国家弥补差距的念头。

有趣的是,这把鲁班锁是在一台新款德国品牌机床上完成的,这是他们日常接触学习的“教具”。学生们的指导老师、该校机械与材料学院数控系主任赵新杰说,这是把德国机械加工的技术与中国鲁班锁的智慧结合在了一起。

赵新杰告诉记者,数控专业学生训练基本功的一个方法,就是在机床上动手做出一些小器具,从中锻炼他们对数控机床的编程与操作能力。像鲁班锁这种东西,特别能够激发他们的兴趣。

默克尔并不是第一个收到中德学院鲁班锁的德国人。此前,一位在该校工作的德国专家发现了这些学生作品,爱不释手,带走两个送给了朋友。

李志仁告诉记者,如果一个人做鲁班锁,难度要小得多,多人合作来做,每个人做不同的部件,如果公差配合不好,就会或紧或松。因此,给总理的这把鲁班锁,要保证好每个部件的尺寸精度,才能组装在一起,这考验团队的协作——团队精神也是他们在日后的工作中需要不断锤炼的。

“职业精神也好,职业素养也好,不是讲出来的,必须是他们自己做出来的。”赵新杰说张兴会表示,李克强总理多次强调要提升“中国制造”在国际分工中的地位,让享誉全球的“中国制造”从“合格制造”变成“优质制造”,推动中国经济向全球产业价值链中高端升级,这就需要职业教育的支撑。德国的“双元制”职业教育是世界教育界和工业界的楷模,也是“德国制造”成功的秘密武器。作为中德合作院校,应该跟上总理的步伐,在推动“中国制造”升级中创造经验。在这位校长眼中,鲁班锁承载着一种期许和鞭策,“总理送了这个礼物,我们也应该回答这个问题”。(本文选自中国青年报)

1. 从以上的新闻中,你领悟到了什么呢?

2. 鲁班锁体现了我国古代劳动人民的无穷智慧,还承载着我国先进装备制造业什么样的期望?

3. 结合本教材中的孔明锁项目,请同学们以我国未来工匠身份,思考如何在本次实训中做好当代的“鲁班”。

课外拓展

传说春秋时代，鲁班为了测试儿子是否聪明，用 6 根木条制作了一件可拼可拆的玩具，叫儿子拆开。儿子忙碌了一夜，终于拆开了。这种玩具后人就称作鲁班锁。

图 1－59

鲁班锁亦称孔明锁，民间还有“别闷棍”“六子联方”“莫奈何”“难人木”等叫法。它起源于中国古代建筑中首创的榫卯结构。这种三维的拼插玩具内部的凹凸部分啮合，十分巧妙。

传说三国时期，孔明把鲁班的这种发明制成了一种玩具——孔明锁。原创为木质结构，外观看是严丝合缝的十字立方体。孔明锁类玩具比较多，形状和内部的构造各不相同，一般都是易拆难装。当然，这些都是传说，“鲁班锁”的核心还是源于中国古代建筑中首创的——榫卯结构。不用钉子和绳子，完全靠自身结构的连接支撑，就像一张纸对折能够立得起来，展现了一种看似简单，却凝结着不平凡的智慧。

鲁班锁结构还用在器具上，比如说针线盒和筷子篓。人们一般将这样的筷子篓挂在厨房的墙上，放置洗干净的筷子。这样的器具常装饰着时代气息很强的图文。制作这样的器具时要用还没有干燥的竹子，先用竹子做出鲁班锁结构的架子，再将木板嵌入框架中。竹子干燥后，器具的结构就会很紧密结实，不能再打开。

图 1－60　图 1－61　图 1－62

当代很多建筑设计中由于暗合了鲁班锁榫卯结构意义的内涵，不但外表美观而且结构合理。如上海世博会中国国家馆——东方之冠（斗冠），中国科学技术馆新馆等。

图 1－63

图 1－64

任务二　鲁班锁－支杆一加工

一　任务描述

通过张师傅的指导和帮助，小李顺利完成了鲁班锁支杆六的加工，并且熟悉了简单零件的数控加工基本流程、加工的路线图、数控铣床的基本操作，简单零件的装夹，知道了数控程序的基本结构、基本代码，但是对于简单零件的轮廓编程、平面铣削编程还无法自己独立完成，也对多工序的零件加工流程不熟悉，为了更好地提升自己的数控加工技能，小李主动申请参与鲁班锁其他支杆零件的加工。为了引导小李更好地掌握数控加工的基本技能、张师傅特意准备好了支杆零件的部分加工工艺流程和程序主体，发给小李一系列有关支杆零件加工可能会涉及的知识宝典，请同学们按照下满的流程，帮助小李一起完成支杆零件的加工吧！

鲁班锁－支杆一的结构相对支杆六的结构复杂了很多，如图2－1所示，该零件在支杆六的基础上增加了两个不同方向、不同形状的槽。在有支杆六加工经验的基础上和张师傅的指导，小李需要独立完成零件的装夹和刀具的安装，完成工件坐标系的设置，通过修改部分程序数值，完成程序的调试后，加工出合格的零件。

图2－1　鲁班锁－支杆一

鲁班锁－支杆二、支杆三、支杆四及支杆五的加工工艺与鲁班锁支杆一的加工工艺基本一致，在完成支杆一后，其余四个支杆加工流程参考支杆一完成。

图2－2　鲁班锁－支杆二

图2－3　鲁班锁－支杆三

图2－4　鲁班锁－支杆四

图2－5　鲁班锁－支杆五

二 执行计划

零件加工过程一般包括零件图分析、工艺分析、程序编制、加工操作、评估及总结六个步骤，具体流程如图 2－6 所示。

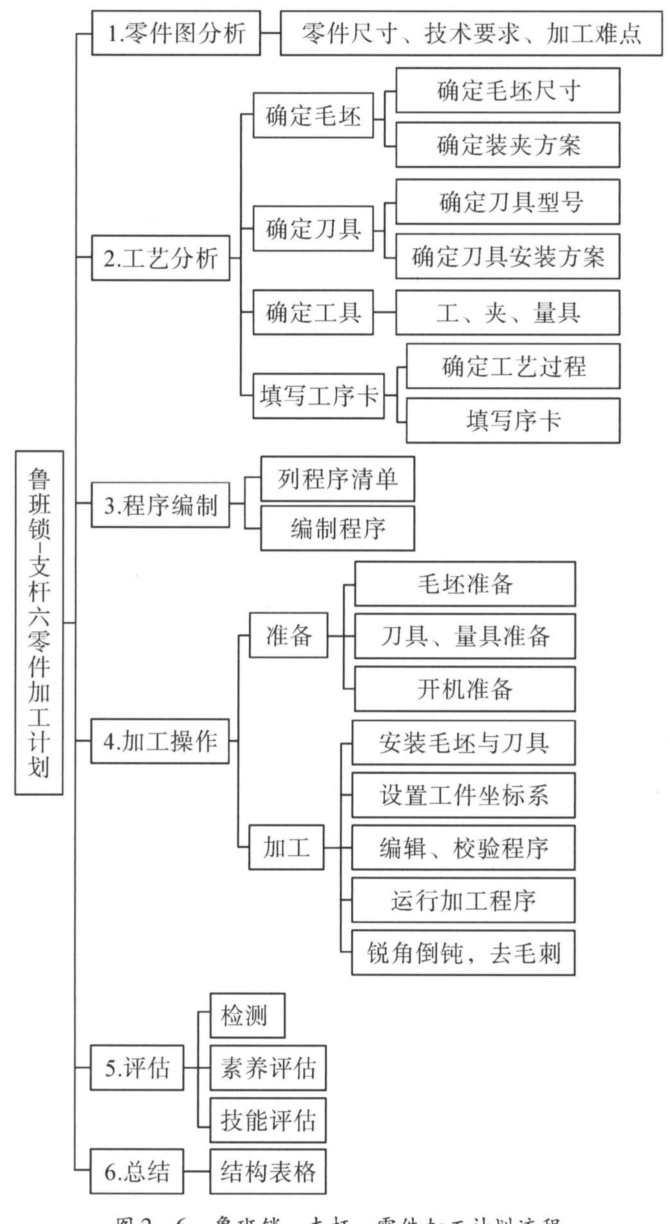

图 2－6　鲁班锁－支杆一零件加工计划流程

三 任务决策

3.1 鲁班锁－支杆一零件图纸分析

加工前要先对零件图纸进行分析，如图 2－7 所示。读懂零件结构后，对精度要求较高的位置进行分析,确定加工难点及解决方案。请阅读鲁班锁－支杆一加工图纸,对照表格2－1中的内容,理解加工重难点与处理方案,并填写划线空白处参数。

表2－1 鲁班锁－支杆一零件图纸分析

序号	项目	要求	影响及处理
1	零件名称	鲁班锁－支杆一	与支杆六相比,增了两个方向不同大小的槽,结构复杂,需多次装夹,加工精度对装配影响较大
2	最大外形尺寸	________	零件整体尺寸小,不易装夹,需选择合适的垫块,控制Z向进刀量,避免产生刀具干涉,且切削用量不能太大
3	尺寸精度	关键精度尺寸: 3)________ 4)________	零件加工精度对初学者有一定难度,在精加工时,即时测量其加工尺寸,控制尺寸精度
4	形状位置精度	形位精度: 3)________ 4)________	尽量减少安装次数,并在一次安装中完成大部分的加工,所以____ ________________ 保证基准重合,以减少定位误差
5	表面粗糙度	Raum	大部分都是外观面,粗加工时,保证加工稳定。精加工时,采用直径______立铣刀,调整切削参数,加工余量为______,切削速度提高,以保证表面加工质量
6	数量	材料:________ 数量:________	数量虽未达到批量生产数量,但每套孔明锁有6个外形一致的零件,装夹时可使用____________方法,以减少多次装后的对刀次数,提高生产效率

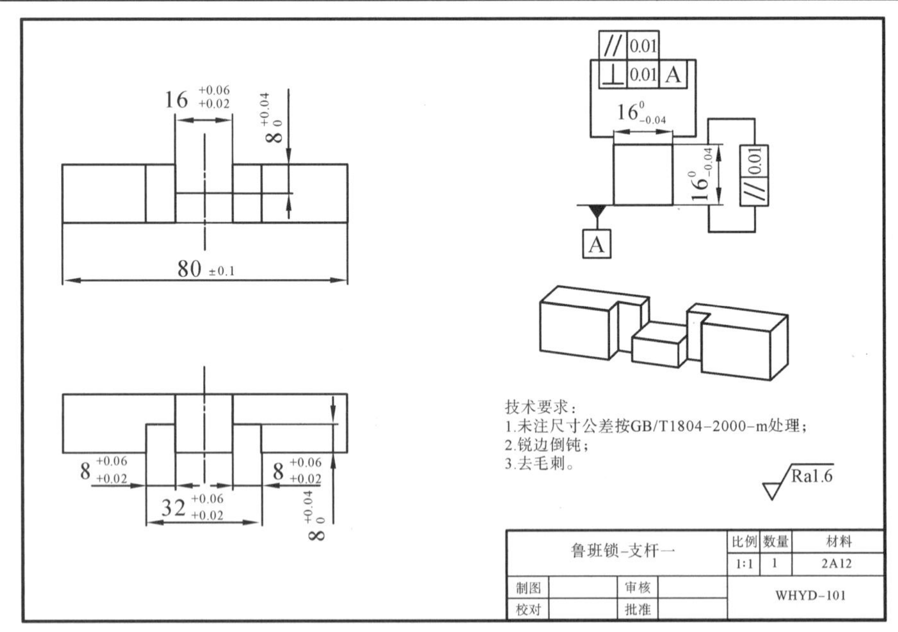

图2－7 鲁班锁－支杆一零件图

3.2 鲁班锁-支杆一 零件工艺分析

3.2.1 确定毛坯与装夹方案

零件的装夹直接影响零件的加工精度、生产效率和生产成本。选用合适的夹具并进行正确的定位、夹紧是保证加工出合格的零件的关键环节。请学习“知识园地”中数控铣削夹具的认识与使用相关内容,完成“能力检测”,最后在“学以致用”环节中结合车间现有条件完成鲁班锁-支杆六“毛坯装夹”表单内容填写。

知识园地

定位基准的选择

精基准的选择应从保证零件加工精度出发,同时考虑装夹方便,夹具结构简单,选择精基准一般应考虑如下原则:

(1)基准重合原则。应尽量选择加工表面的设计基准作为定位基准,这一原则称为基准重合原则。即零件的设计基准和定位基准是同一个表面。用设计基准为定位基准,可以避免因基准不重合而产生的定位误差。

(2)基准统一原则。当零件需要多道工序加工时,应尽可能在多数工序中选择同一组精基准定位,称为基准统一原则。例如:在一般轴类零件加工的工艺过程中,多数工序以轴的中心孔定位;在活塞加工的工艺过程中,多数工序以活塞的止口和端面定位。基准统一有利于保证工件各加工表面的位置精度,避免或减少因基准转换而带来的加工误差。同时可以简化夹具的设计和制造。

基准重合和基准统一原则是选择精基准的两个重要原则,但在实际生产中有时会遇到两者相互矛盾的情况。此时,若采用统一定位基准能够保证加工表面的尺寸精度,则应遵循基准统一原则;若不能保证尺寸精度,则应遵循基准重合原则,以免使工序尺寸的实际公差值减小,增加加工难度。

(3)自为基准原则。有时精加工或光整加工工序要求被加工面的加工余量小而均匀,就应以加工表面本身作为定位基准,称为自为基准原则。采用自为基准原则时,只能提高加表面本身的尺寸精度和形状精度,而不能提高加工表面的位置精度,加工表面的位置精度应由前道工序保证。如拉孔、铰孔、研磨、无心磨等加工都采用自为基准定位。

(4)互为基准原则。某个工件上有两个相互位置精度要求很高的表面,采用工件上的这两个表面互相作为定位基准,反复加工另一表面,称为互为基准。互为基准可使两个加工表面间获得较高的相互位置精度,且加工余量小而均匀。

(5)便于装夹原则。所选精基准应能保证工件定位准确稳定,装夹方便可靠,夹具结构简单适用,操作方便灵活。同时,定位基准应有足够大的接触面积,以承受较大的切削力。

以上精基准选择的几项原则,每项原则只能说明一个方面的问题,理想的情况是使基准既“重合”又“统一”,同时又能使定位稳定、可靠,操作方便,夹具结构简单。但实际运用中往往出现相互矛盾的情况,这就要求从技术和经济两方面进行综合分析,抓住主要矛盾,进行合理选择。

能力检测

1. 基准面的选用

如下面图 2－8 所示零件，精毛坯尺寸为 50mm×35mm×20mm，选用平口钳装夹，加工前面深 16mm 台阶、上方宽 8mm 槽与后面宽 15mm 的通槽加工时，其装夹的基准选用会影响加工的尺寸与形状位置精度。

根据下面的毛坯图 2－9 所示，加工零件前面深 16mm 台阶时，选择毛坯______面与垫块贴实，选择______面与固定钳口贴实。加工零件后面宽 15mm 的通槽加工时，选择毛坯______面与垫块贴实，选择______面与固定钳口贴实，以保证基准重合原则。

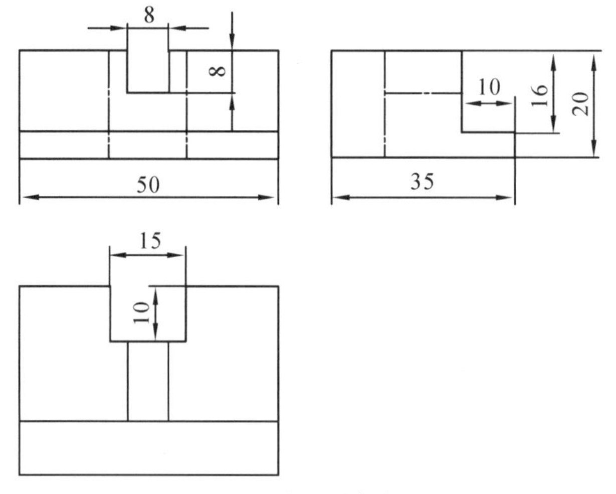

图 2－8　多方向带槽零件

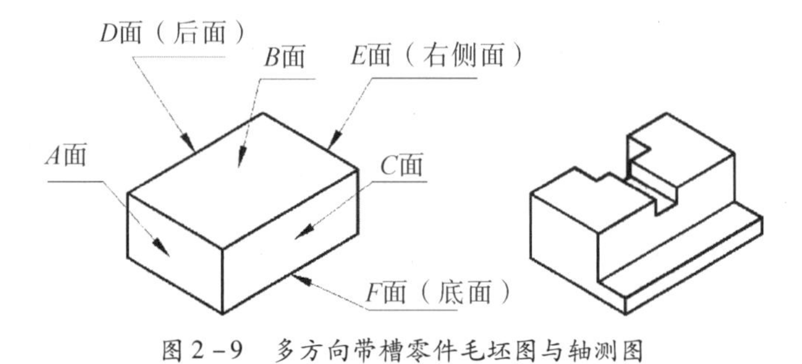

图 2－9　多方向带槽零件毛坯图与轴测图

2. 毛坯装夹顺序

在加工图 2－8 所示零件时，为保证高 16mm 台阶与宽 15mm 通槽垂直关系，应该先加工零件前面高 16mm 台阶，还是先加工零件后面宽 15mm 的通槽，为什么？

学以致用

鲁班锁-支杆一 毛坯的装夹

毛坯材料	2A12	尺寸	84mm×20mm×20mm
毛坯特点	材料硬度低、尺寸小,夹紧力过大易变形		
装夹位置	鲁班锁-支杆1有两个不同方向的槽,需要三次安装,每次安装选择的基准需注意采用基准________原则,避免多次安装累计定位误差。		
装夹方案	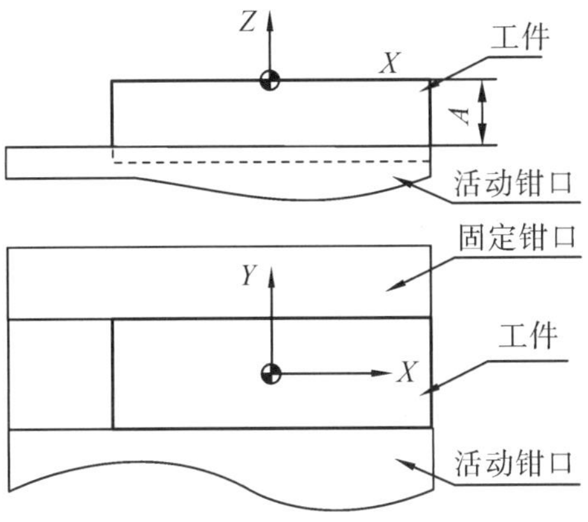 Z、X、A、工件、活动钳口、固定钳口、Y、X、工件、活动钳口	补充说明:	

3.2.2 确定刀具

刀具选择以适用、经济为原则,请学习“知识园地”中“数控铣削刀具与夹具的认识与使用”相关内容,完成“能力检测”,最后在“学以致用”环节中阅读鲁班锁-支杆一“刀具清单”表格中刀具参数,并参考参数根据实际条件选型,并所使用型号填写在备注栏中。

知识园地

数控铣床刀具的选择。

刀具的选择是在数控编程的人机交互状态下进行的。应根据机床的加工能力、工件材料的性能、加工工序切削用量以及其他相关因素正确选用刀具及刀柄。刀具选择总的原则是:安装调整方便、刚性好、耐用度和精度高。在满足加工要求的前提下,尽量选择较短的刀柄,以提高刀具加工的刚性。

1)选取刀具时,要使刀具的尺寸与被加工工件的表面尺寸相适应。生产中,加工较大平面选择面铣刀,标准可转位面铣刀直径在$\phi16-\phi630$,粗铣时直径选小的,精铣时铣刀直径选大些,最好能包容待加工表面的整个宽度多20%;加工凸台、凹槽、平面轮廓选择立铣刀,立铣刀刀具半径R应小于零件内轮廓最小曲率半径,零件的加工高度$H\leqslant(1/4-1/6)$半径R;加工曲面较平坦的部位常采用环形(牛鼻刀)铣刀;曲面加工选择球头铣刀,曲面精加工时采用球头铣刀。球头铣刀的球半径应尽可能选得大一些,以增加刀具刚度,兼顾散热性,降低表面粗糙度值,加工凹圆弧时的铣刀球头半径必须小于被加工曲面的最小曲率半径。

孔加工时，钻孔前先钻中心孔；加工盲孔时，刀刃长度比也深多 5 ~ 10mm；加工空间曲面模具型腔与凸模表面选择模具铣刀；加工封闭键槽选键槽铣刀等等

2）在进行自由曲面（模具）加工时，由于球头刀具的端部切削速度为零，因此，为保证加工精度，切削行距一般采用顶端密距，故球头常用于曲面的精加工。而平头刀具在表面加工质量和切削效率方面都优于球头刀，因此，只要在保证不过切的前提下，无论是曲面的粗加工还是精加工，都应优先选择平头刀。另外，刀具的耐用度和精度与刀具价格关系极大，必须引起注意的是，在大多数情况下，选择好的刀具虽然增加了刀具成本，但由此带来的加工质量和加工效率的提高，则可以使整个加工成本大大降低。

3）在经济型数控机床的加工过程中，由于刀具的刃磨、测量和更换多为人工手动进行，占用辅助时间较长，因此，必须合理安排刀具的排列顺序。一般应遵循以下原则：①尽量减少刀具数量；②一把刀具装夹后，应完成其所能进行的所有加工步骤；③粗精加工的刀具应分开使用，即使是相同尺寸规格的刀具；④先铣后钻；⑤先进行曲面精加工，后进行二维轮廓精加工；⑥在可能的情况下，应尽可能利用数控机床的自动换刀功能，以提高生产效率等。

铣刀常见有两种材料：高速钢，硬质合金。后者相对前者硬度高，切削力强，可提高转速和进给率，提高生产率，让刀不明显，并加工不锈钢钛合金等难加工材料，但是成本更高，而且在切削力快速交变的情况下容易断刀。

能力检测

刀具的选择		
在加工图 2－7 所示零件时，应分别选用哪些刀具进行加工？		
序号	名称	加工特征
示例	ϕ10 立铣刀	粗加工前面深 16mm 台阶
1		
2		
3		

学以致用

鲁班锁－支杆 1 刀具清单

序号	名称	规格	材质	刀柄型号	加工内容
1	立铣刀	ϕ12	高速钢	BT40	粗加工
2	立铣刀	ϕ10	高速钢	BT40	精加工
3	立铣刀	ϕ6	高速钢	BT40	精加工
备 1					
备 2					
备 3					

3.2.3 确定工具

加工前准备好工具，在操作过程中能减少辅助时间，从而提高工作效率，请根据下表中

的名称准备好各项工具,并参考参数尺寸根据实际条件选型,并将所使用型号填写在备注栏。

鲁班锁-支杆一工、量、夹具清单

序号	类型	名称	参考参数	备注
1	工具	平口钳扳手	6寸机用平口钳扳手	
2		刀柄扳手	钢管柄安装锤	
3		等高垫块	160mm×42mm×4mm	
4		锉刀	平板中齿4mm×160mm	
5		橡胶锤	不锈钢柄安装锤30mm	
6		对刀棒	无磁黄钛寻边器 夹持直径:10mm 测头直径:10mm、4mm	
7		Z向对刀仪	带表式-50m高	
8		毛刺刀	笔式款(BS1018)	
9	夹具	精密平口钳	6寸机用平口钳 最大夹持:170mm 钳口宽度:160mm 钳口高度:45mm	
10	量具	游标卡尺	测量范围:0~150mm 分度值0.02mm	
11		外径千分尺	测量范围:0~25mm 精度:0.01mm	
12		杠杆百分表	规格:0~0.8mm 精度:0.01mm	
13		钢直尺	不锈钢尺15cm	

3.2.4 鲁班锁-支杆一零件工序卡填写

零件工艺分析需确定每个工步的加工内容、工艺参数及工艺装备等。请在知识加油站中学习“数控铣削加工工艺”内容后,阅读鲁班锁-支杆一 加工工序卡,并简述加工过程。

知识园地

一、铣削加工阶段的划分

当零件的加工质量要求较高时,往往不可能用一道工序来满足其要求,而要用几道工序逐步达到所要求的加工质量。为保证加工质量并合理地使用设备、人力,零件的加工过程通常按工序性质不同,可分为粗加工、半精加工、精加工和光整加工四个阶段。

a. 粗加工阶段。其任务是切除毛坯上大部分多余的金属,使毛坯在形状和尺寸上接近零件成品. 因此,主要目标是提高生产效率。

b. 半精加工阶段。其任务是使主要表面达到一定的精度,留有一定的精加工余量,为主要表面的精加工(如精车、精磨)做好准备。并可以完成一些次要表面加工,如扩孔、攻螺纹、铣键槽等。

c. 精加工阶段。其任务是保证各主要表面达到规定的尺寸精度和表面粗糙要求。主要目标是全面保证加工质量。

d. 光整加工阶段。对零件上精度和表面粗糙度要求很高(IT6 级以上,表面粗糙度 R。为 O 2 pm 以下)的表面.需进行光整加工,其主要目标是提高尺寸精度、减小表面粗糙度。一般不用来提高位置精度。

划分加工阶段的目的如下:

a. 保证加工质量。工件在粗加工时,切除的金属层较厚,切削力和夹紧力都比较大切削温度也比较高,将会引起较大的变形。如果不划分加工阶段,粗精加工混在一起,将无法避免上述原因引起的加工误差。按加工阶段加工粗加工造成的加工误差可以通过半精加工和精加工来纠正。从而保证零件的加工质量。

b. 合理使用设备。粗加工余量大,切削用量大,可采用功率大、刚度好、效率高而精度低的机床。精加工切削力小,对机床破坏小,可采用高精度机床。这样发挥了设备的各自特点,既能提高生产率.叉能延长精密设备的使用寿命。

便于及时发现毛坯缺赔。对毛坯的各种缺陷,如铸件的气孔、夹砂和余量不足等,在粗加工后即可发现,便于及时修补或央定报废,以免继续加工造成浪费。

便于安排热处理工序。如粗加工后.一般要安排去应力热处理,以消除内应力。精加工前要安排淬火等最终热处理.其变形可以通过精加工予以消除。

加工阶段的划分也不应绝对化,应根据零件的质量要求、结构特点和生产纲领灵活掌握。对加工质量要求不高、工作刚性好、毛坯精度高、加工余量小、生产纲领不大时,可不必划分加工阶段。对刚性好的重型工件,由于装夹及运输很费时,也常在一次装夹下完成全部粗精加工。对于不划分加工阶段的工件,为减少粗加工中产生的各种变形对加工质量的影响在粗加工后,松开夹紧机构,停留一段时间.让工件充分变形,然后再用较小的夹紧力重新夹紧,进行精加工。

二、铣削加工走刀路线的选择

开放槽的铣削走刀路线的选择,一般采用立铣刀铣削,结合槽宽与刀具直径的大小,合理选择走到路线;粗加工的走刀路线通常采用任务一中讲到的单向多次铣削方式、往复铣削方式、环形铣削方式、复合铣削方式等。如果槽的深度较大的,需要分层铣削;精加工的走刀路线通常采用单向多次顺铣方式获得的表面质量更好。

进退刀路线的选择。加工进刀退刀方式一般有两种:法线进退刀和切线进退刀,如图 2-10 所示。由于法线进退刀容易产生刀痕,因此一般只用于粗加工或者表面质量要求不高的工件。法线退进刀的路线较切线进退刀短,因而切削时间也就相应较短。在一些表面质量要求较高的轮廓加工中,通常采用加一条进退刀引线再圆弧切入的方式,使圆弧与加工的第一条轮廓线相切,能有效地避免因法线进退刀而产生刀痕;在切离工件时,也应避免在工件的外轮廓处直接退刀,而应该沿零件轮廓延长线的法向逐渐切离工件。当整圆加工完毕后，不要在切点处直接退刀，而让刀具多运动一段距离，好沿切线方向退出，以免消刀具补偿时，具与工件表面相碰撞，造成工件报废。如图 2－11 所示的两种进退刀路线图。

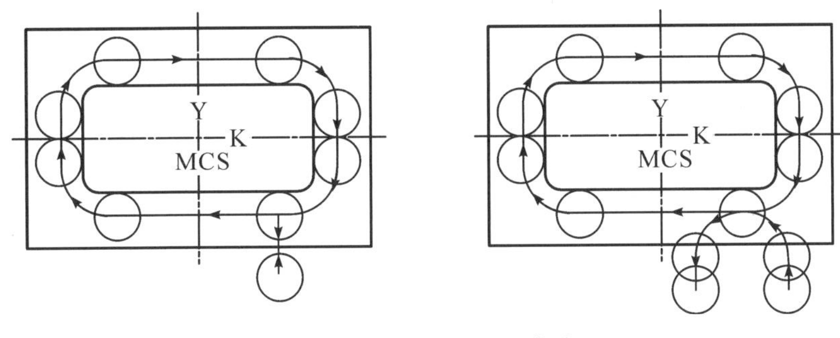

图 2－10　法线进退刀和切线进退刀

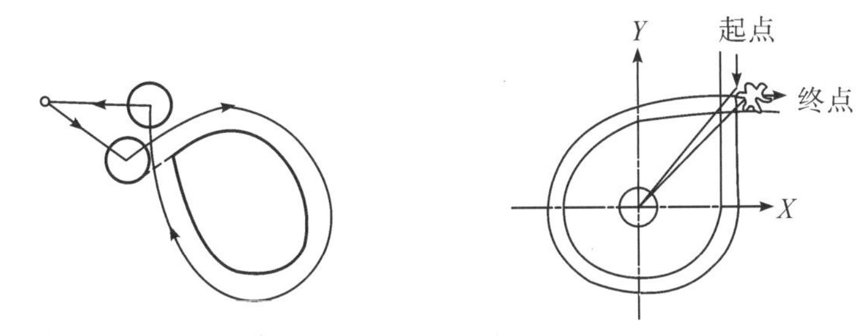

图 2－11　轮廓延长线进退刀路线

学以致用

鲁班锁－支杆一加工工序卡

产品名称	鲁班锁	产品编号		零件加工工序号	02
零件名称	支杆一	零件编号	01	工序加工内容	粗、精铣零件
零件装夹与工件原点示意图：（三次装夹与工件原点一致） Z　X　工件　A　活动钳口 固定钳口　Y　工件　X　活动钳口				零件示意图：	

续表

加工工序				刀具			切削参数						备注
序号	安装	加工方式	加工内容	刀具名称	直径	刃长	步距	XY 余量	Z 向余量	切削深度	主轴转速（r/min）	进给率（mm/min）	
1	安装一	粗铣	上平面、四周外轮廓、16mm 凹槽	立铣刀	$\phi12$	30	10	1	0.5	16.5	1000	100	
2		半精铣	四周外轮廓、16mm 凹槽	立铣刀	$\phi10$	30	3	0.3	0.3	16.5	2000	300	
3		精铣	上平面、四周外轮廓、16mm 凹槽	立铣刀	$\phi10$	30	3	0	0	16.5	2000	300	
4	安装二	粗铣	底部平面	立铣刀	$\phi12$	30	10	0	0.5	2	1000	100	
5		半精铣	底部平面	立铣刀	$\phi10$	30	8	0.2	0.2	0.3	2000	300	
6		精铣	底部平面	立铣刀	$\phi10$	30	8	0	0	0.2	2000	300	
7	安装三	粗铣	侧面两个 8mm 凹槽	立铣刀	$\phi6$	15	0	0.5	0.5	1	2400	100	
8		半精铣	侧面两个 8mm 凹槽	立铣刀	$\phi6$	15	1.4	0.2	0.2	0.3	3000	300	
9		精铣	侧面两个 8mm 凹槽	立铣刀	$\phi6$	15	2	0	0	0.2	3000	300	
编制				审核			批准				日期		

3.3 程序编制

数控铣削加工程序是由使机床运动而给数控装置一系列指令的有序集合所构成，数控机床根据数控程序使刀具按直线或者圆弧及其他曲线运动，控制主轴回转，停止，切削液的开关，自动换刀等动作。请学习“知识园地”中学习“数控铣削加工编程”内容，完成“能力检测”，最后在“学以致用”环节中阅读鲁班锁支杆一加工程序信息表及程序卡，补全程序卡中所缺的内容。

知识园地

1. 刀位点的计算

刀位点是编程时用以确定刀具位置的基准点，即刀具的定位基准点。通常立铣刀、端铣刀的刀位点是刀具轴线与刀具底面的交点，球头铣刀刀位点为球心，钻头是钻尖或钻头底面中心，如图 2 – 12 所示。数控加工程序控制刀具的运动轨迹，实际上是控制刀位点的运动轨迹。

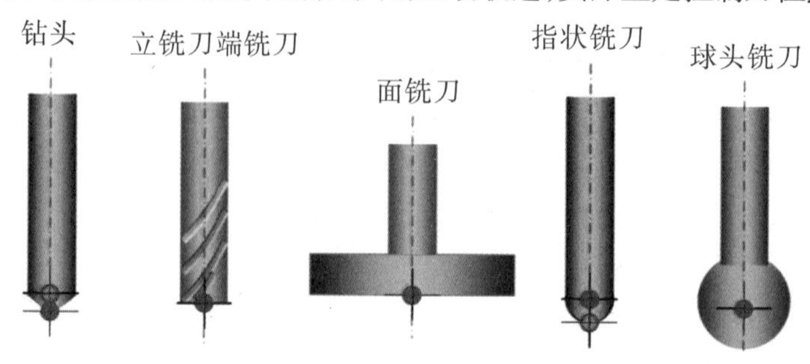

图 2 – 12　数控加工刀具的刀位点

在轮廓加工中，由于刀具总有一定的半径，刀具中心（刀位点）的运动轨迹并不等于所加工零件的实际轨迹。如图 2-13 所示，加工零件是工件外轮廓加工时，刀位轨迹是将轮廓向外偏移刀具半径的路线，加工零件是工件内轮廓加工时，刀位轨迹是将轮廓向里偏移刀具半径的路线，所以在进行编程时，要先算出刀位点的坐标再编程，而不能直接以轮廓尺寸数据编程。

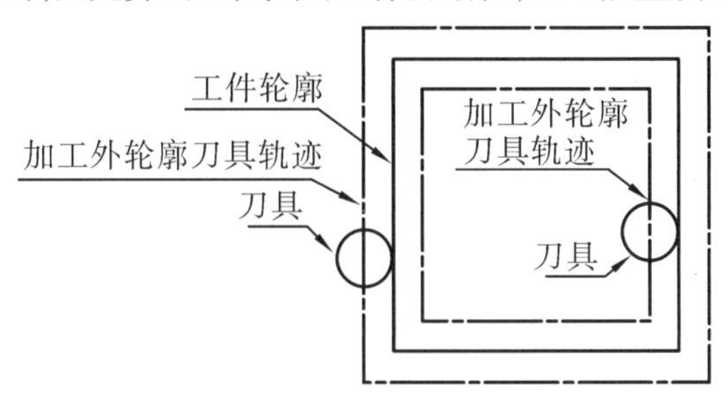

图 2-13　立铣刀位点轨迹

2. M98/M99 **子程序调用功能**

如果程序含有固定的顺序或频繁重复的模式，这样的一个顺序或模式可以在存储器中存储为一个子程序以简化该程序。可以从主程序调用一个子程序。另外，一个被调用的子程序也可以再调用另一个子程序，称为子程序嵌套。

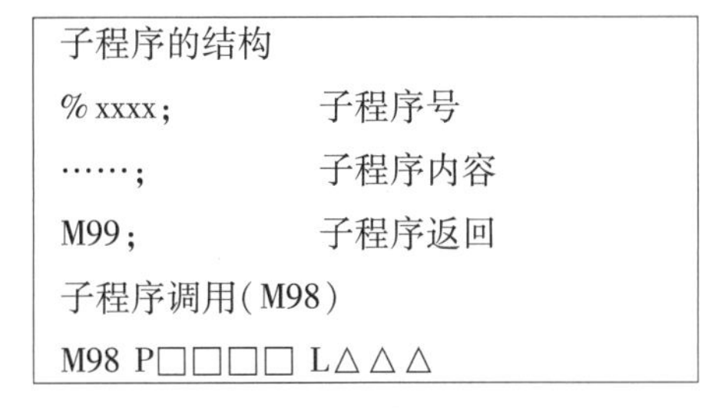

子程序的结构

%xxxx;	子程序号
……;	子程序内容
M99;	子程序返回

子程序调用（M98）

M98 P□□□□ L△△△

子程序嵌套调用

当主程序调用子程序时，被当作一级子程序调用。子程序调用最多可嵌套 8 级，如下所示：

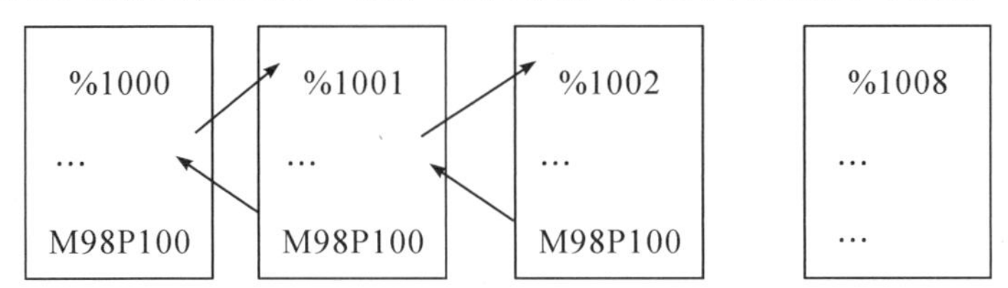

注意事项：

（1）如果在主程序中执行 M99，则控制返回到主程序的开始处，从头开始执行主程序。

（2）子程序被调用次数（L）最大为 10000 次。

（3）M98/M99 需要单独一行使用（避免与其他指令同行）。

3. G **代码编程**（G92）

G92 指令的意义就是通过刀具刀位点在工件坐标系中的坐标值，确立该工件原点的位置。故此工件坐标系的位置随执行该指令时，刀具刀位点位置变化而变化。满足正确加工的前提是，操作者必须通过对刀操作，将刀具刀位点正确设置在设定的坐标值上。

G92 IP（X…Y…Z…）_;

参数	含义
IP	坐标系原点到刀具起点的有向距离

在执行含 G92 指令的程序前,必须进行对刀操作,确保由 G92 指令建立的工件坐标系原点的位置和编程时设定的程序原点的位置一致。

举例:G92 X20 Y10 Z10

其确立的加工原点在距离刀具起始点 $X = -20, Y = -10, Z = -10$ 的位置上,如图 2-14 所示。

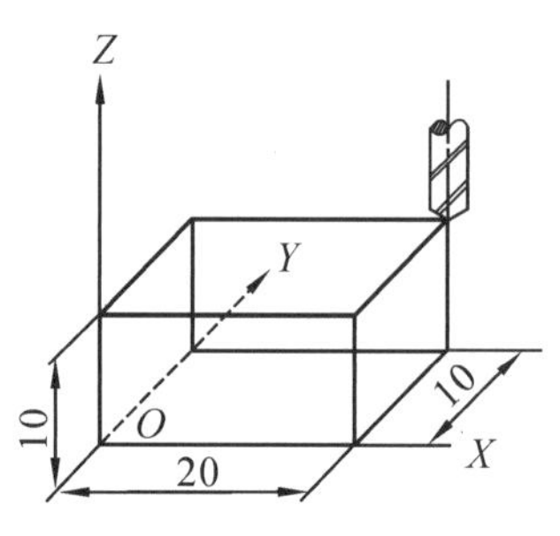

图 2-14 工件坐标系设置

4. **参考点返回(G28/G29)**

1)自动返回参考点 G28。

格式:G28 X_Y_Z_A_。

说明:X、Y、Z、A:回参考点时经过的中间点(非参考点),在 G90 时为中间点在工件坐标系中的坐标;在 G91 时为中间点相对于起点的位移量。

G28 指令首先使所有的编程轴都快速定位到中间点,然后再从中间点返回到参考点。G28 指令仅在其被规定的程序段中有效。

一般,G28 指令用于刀具自动更换或者消除机械误差,在执行该指令之前应取消刀具半径补偿和刀具长度补偿。

在 G28 的程序段中不仅产生坐标轴移动指令,而且记忆了中间点坐标值,以供 G29 使用。

电源接通后,在没有手动返回参考点的状态下,指定 G28 时,从中间点自动返回参考点,与手动返回参考点相同。这时从中间点到参考点的方向就是机床参数"回参考点方向"设定的方向。

2)自动从参考点返回 G29。

格式:G29 X _Y_Z_A_。

说明:

X、Y、Z、A:返回的定位终点,在 G90 时为定位终点在工件坐标系中的坐标;在 G91 时为定位终点相对于 G28 中间点的位移量。

G29 可使所有编程轴以快速进给经过由 G28 指令定义的中间点,然后再到达指定点。通常该指令紧跟在 G28 指令之后。

G29 指令仅在其被规定的程序段中有效。

例 1:用 G28、G29 对图 2-15 所示的路径编程:要求由 A 经过中间点 B 并返回参考点,然后从参考点经由中间点 B 返回,定位到 C。

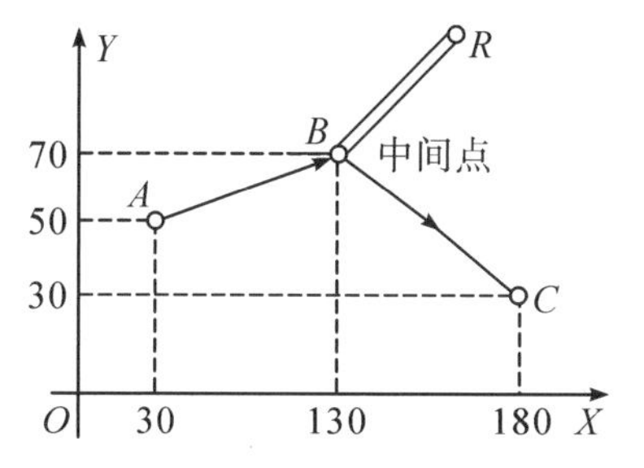

从 A 经过 B 回参考点，
再从参考点经过 B 到 C；

```
…
G91 G28 X100 Y20
G29 X50 Y-40
…
```

图 2-15 G28/G29 编程

能力检测

1. 刀位点计算

在加工图 2-16 中深 16mm 台阶时，其工件原点位置如下图 O 点标记所示，刀位点加工轨迹如直线 AB，采用 $\phi12$ 立铣刀进行粗加工，加工余量为 0.3mm，那么 A 点的坐标为________，B 点的坐标为________。

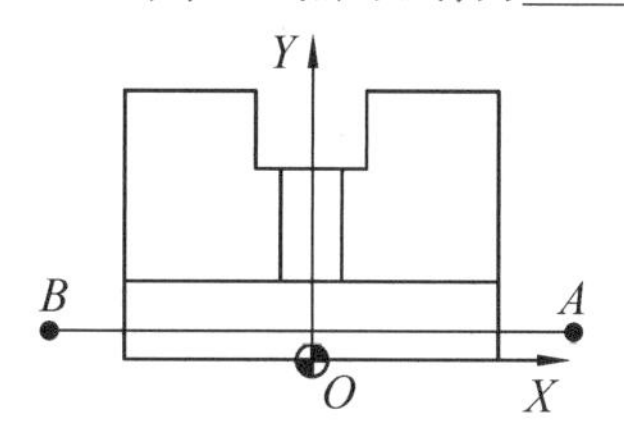

图 2-16

2. 解释下面编程代码的含义

代码	含义	应用及说明
M98		
M99		
G91G01		
G28		

3. 数控编程应用

程序	程序段含义	切削轨迹图
%0001	程序名，由“%”与数字组成	请补全切削轨迹图 (15, 26) Y X
N01 G54 G90 G17;	选择 G54 坐标系、绝对值方式、XOY 平面编程	
N02 M03 S1000;		
N03 G00 Z100;	抬刀至安全高度	
N04 X-15 Y26;		
N05 Z10;	下刀至准备下切高度	
N06 G01 Z-1 F300;		
N07 X0 Y0 F500;		
N08 X15 Y26;		
N10 G00 Z100		
N12 M05;	主轴停止	
N14 M30;	程序结束	

续表

4. 简化编程	
上面程序加工出来的图形切深为1mm，现需切深10mm，每次切深1mm，为简化程序，使用子程序调用指令编写程序。	
%0001　主程序名 N01 G54 G90 G17; N02 M03 S1000; N03 G00 Z100; N04 X－15 Y26; N05 Z10; N06 G01 Z0 F300; N07 M98 N08 G90 G00 Z100　返回主程序抬刀 N10 M05;　主轴停止 N12 M30;　程序结束	% N01 G91 G01 F300;　子程序 每层切深 N02 G01 X0 Y0 F500　轮廓切削 N03 ; N04 G91 G00 Z20; N05 ; N06 ; N07 M99 子程序结束

学以致用

零件的加工通常需要多个程序完成，将程序信息列出，操作过程中更清晰明了，鲁班锁支杆一加工程序信息表如下。

鲁班锁－支杆一加工程序信息表

序号	安装	程序名		加工内容	刀具型号	刀具半径补偿号	刀具长度补偿号
		主程序	子程序				
1	安装一	%0011	\	粗铣上平面	ϕ12 铣刀	\	\
2		%0012	%1012	粗铣四周外轮廓	ϕ12 铣刀	\	\
3		%0013	%1013	粗加工$16_{0}^{+0.04}$凹槽	ϕ12 铣刀	\	\
4		%0014	\	半精铣四周外轮廓	ϕ10 铣刀	\	\
5		%0015	\	半精加工$16_{0}^{+0.04}$凹槽精	ϕ10 铣刀	\	\
6		%0016	\	精铣上平面	ϕ10 铣刀	\	\
7		%0017	\	精铣铣四周外轮廓	ϕ10 铣刀	\	\
8		%0018	\	精加工$16_{0}^{+0.04}$凹槽	ϕ10 铣刀	\	\
9	安装二	%0021	%1021	粗铣底部平面	ϕ12 铣刀	\	\
10		%0022	\	半精铣底部平面	ϕ10 铣刀	\	\
11		%0023	\	精铣底部平面	ϕ10 铣刀	\	\
12	安装三	%0031	%1031	粗加工$8_{0}^{+0.04}$两处凹槽	ϕ6 铣刀	\	\
13		%0032	\	半精加工 $8_{0}^{+0.04}$ 两处凹槽	ϕ6 铣刀	\	\
14		%0033	\	精加工$8_{0}^{+0.04}$两处凹槽	ϕ6 铣刀	\	\

具体程序内容如下，参考下面已有的程序信息，补全加工程序与程序说明中所缺内容。

鲁班锁－支杆一程序卡

序号	加工程序	程序说明	基点与示意图
1	%0011 N01 G90 G54 N02 S1000 M03 N03 G00 ______ N04 X－52 Y－5 N05 Z10 N06 G01 Z－0.1 F100 N07 __________ N08 Y5 N09 __________ N10 G00 Z100 N11 M05 N12 M30	粗铣上平面（ϕ12 立铣刀） 绝对值编程、建立工件坐标系 ____________ ____________ 下刀点（*A* 点） 快速接近工件 切深 0.1mm 往复走刀铣削平面 ____________ ____________ 抬刀至安全高度 ____________ 程序结束	*D*（−52，5） 毛坯轮廓 *C*（52，5） 走刀轨迹 *A*（−52，−5） 零件轮廓 *B*（52，−5） 对照刀位轨迹图，读懂程序，并填空补全程序。 备注：
2	%0012 N01 G54 G90 N02 S1000 M03 N03 G00 Z100 N04 __________ N05 Z10 N06 G01 Z0 F100 N07 M98 ______ N08 G00 Z100 N09 M05 N30 M30 %1012 N20 G91 G ____ N21 __________ N22 __________ N23 __________ N24 __________ N25 __________ N26 __________ N27 M99	粗铣四周外轮廓（ϕ12 立铣刀） 下刀点（*A* 点） 快速接近工件 调用子程序	*C*（52，5） 毛坯轮廓 *D*（47，15） 走刀轨迹 *F*（−52，−15） *A*（−52，−20） *B*（−47，−20） 零件轮廓 *E*（47，−15） 对照刀位轨迹图，补全程序。 备注：

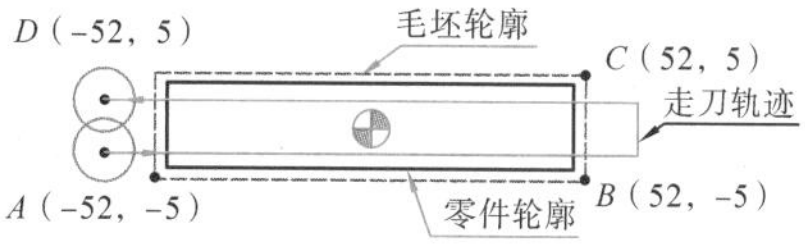

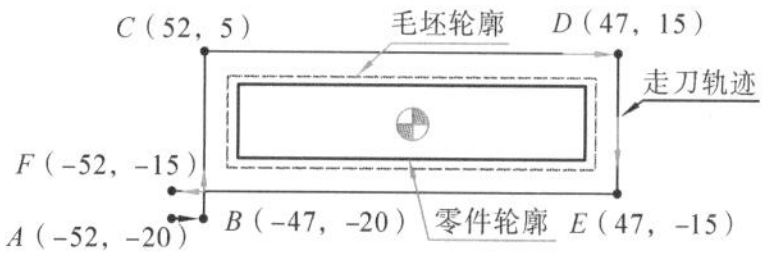

续表

序号	加工程序	程序说明	基点与示意图
3	%0013 N01 G54 G90 N02 S1000 M03 N03 G00 Z100 N04 ________ N05 Z10 N06 G01 Z0 F100 N07 M98 ______ N08 G00 Z100 N09 M05 N30 M30 %1013 N20 G91 G ____ N21 ________ N22 ________ N23 ________ N24 ________ N25 ________ N26 M99	粗铣 16mm 凹槽(φ12 立铣刀) 下刀点(A 点) 快速接近工件 调用子程序	B(-1.5, 9) C(1.5, 9) A(-15, -20) D(-15, -20) 对照刀位轨迹图,补全程序。 备注:
4	%0014 N01 G55 G90 N02 S2000 M03 N03 G00 Z100 N04 X-52 Y-20 N05 Z10 N06 G01 ______ F300 N07 ________ N08 ________ N09 ________ N10 ________ N11 ________ N12 G00 Z100 N13 M05 N14 M30	半精铣四周外轮廓(φ10 立铣刀) 下刀点 A	C(-45.3, 13.3) D(45.3, 13.3) F(-52, -13.3) A(-52, -20) B(-45.3, -20) E(45.3, -13.3) 对照刀位轨迹图,读懂程序,并填空补全程序。 备注:

续表

序号	加工程序	程序说明	基点与示意图
5	%0015 N01 G55 G90 N02 S3000 M03 N03 G00 Z100 N04 ________ N05 Z10 N06 G01 Z-7.8 F200 N07 ________ N08 ________ N09 ________ N12 G00 Z100 N13 M05 N14 M30	半精加工$16_{0}^{+0.04}$直槽(ϕ10 铣刀) (余量0.3mm) 下刀点 切深至 Z-7.8 往复走刀铣削平面 抬刀至安全高度 程序结束	B(-2.7,9) C(2.7,9) A(-2.7,-20) D(2.7,-20) 对照刀位轨迹图,编写半精加工程序 备注:
6	%0016 N01 G55 G90 N02 S2000 M03 N03 G00 Z100 N04 ________ N05 Z10 N06 G01 Z-0.3 F300 N07 ________ N08 ________ N09 ________ N10 G00 Z100 N11 M05 N12 M30	精铣上平面(ϕ10 立铣刀) 下刀点 A 点 切深0.3mm 往复走刀铣削平面 抬刀至安全高度	D(-52,4) C(52,4) A(-52,-4) B(52,-4) 对照刀位轨迹图,读懂程序,并填空补全程序。 备注:

续表

序号	加工程序	程序说明	基点与示意图
7	%0017 N01 G55 G90 N02 S2000 M03 N03 ________ N04 ________ N05 ________ N06 G01 Z-16.5 F300 N07 ________ N08 ________ N09 ________ N10 ________ N11 ________ N12 G00 Z100 N13 M05 N14 M30	精铣四周外轮廓(ϕ10 立铣刀) 下刀点 切深 16.5mm 往复走刀铣削平面 抬刀至安全高度 程序结束	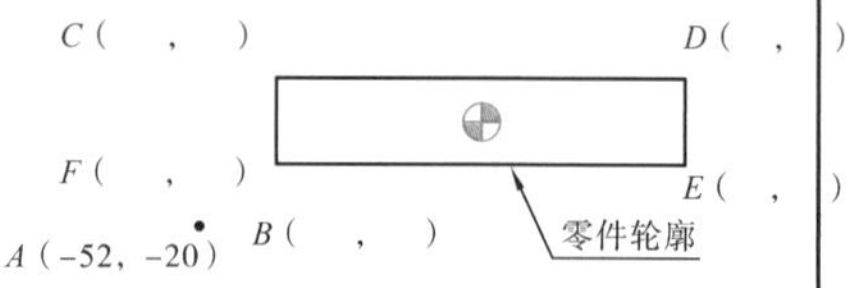 C(,) D(,) F(,) E(,) A(-52, -20) B(,) 零件轮廓 请参考上面已有的程序信息，读懂程序，填空补全程序，并画出刀位轨迹图与刀位点的坐标。 备注：
8	%0017 N01 G55 G90 N02 S3000 M03 N03 G00 Z100 N04 ________ N05 Z10 N06 G01 Z-8 F200 N07 ________ N08 ________ N09 ________ N12 G00 Z100 N13 M05 N14 M30	半精加工$16_{0}^{+0.04}$直槽(ϕ10 铣刀)(余量 0.3mm) 下刀点 切深 8mm 往复走刀铣削平面 抬刀至安全高度 程序结束	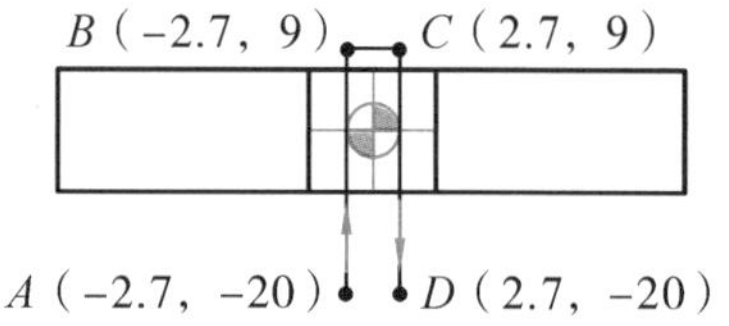 B(-2.7, 9) C(2.7, 9) A(-2.7, -20) D(2.7, -20) 对照刀位轨迹图，编写半精加工程序 备注：

续表

序号	加工程序	程序说明	基点与示意图
9	%0018 N01 G55 G90 N02 S3200 M03 N03 G00 Z100 N04 ________ N05 Z10 N06 G01 Z-8 F150 N07 ________ N08 ________ N09 ________ N12 G00 Z100 N13 M05 N14 M30	精加工$16_{0}^{+0.04}$直槽 $\phi10$ 铣刀 下刀点 切深 8mm 往复走刀铣削平面 抬刀至安全高度 程序结束	B(-3, 9) C(3, 9) A(-3, -20) D(3, -20) 对照刀位轨迹图,补全加工程序 备注:
10	%0021 N01 G54 G90 N02 S1000 M03 N03 G00 Z100 N04 ________ N05 Z10 N06 G01 Z-2 F100 N07 ________ N08 ________ N09 ________ N10 ________ N11 Z-3.5 N12 X52 N13 Y5 N14 X-52 N15 G00 Z100 N16 M05 N17 M30	底面粗加工($\phi12$ 铣刀) 下刀点 切深 -2mm 往复走刀铣削平面 抬刀至安全高度 程序结束	D(-52, 5) C(52, 5) A(-52, -5) B(52, -5) 对照刀位轨迹图,读懂程序,编写加工程序。 注意:依据零件图要求,根据实际测量剩余材料来计算 Z 方向下切深度和次数。 备注:

续表

序号	加工程序	程序说明	基点与示意图
11	%0022 N01 G55 G90 N02 S1000 M03 N03 ________ N04 ________ N05 Z10 N06 G01 Z－3.8 F300 N07 ________ N08 ________ N09 ________ N10 G0 Z100 N11 M05 N12 M30	底面半精加工(ϕ10 铣刀)余量0.2mm 下刀点 切深－3.8mm 往复走刀铣削平面 抬刀至安全高度 程序结束	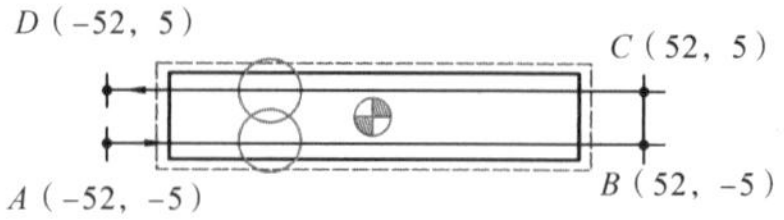 D (−52, 5) C (52, 5) A (−52, −5) B (52, −5) 对照刀位轨迹图,补全加工程序。 备注:
12	%0023 N01 G55 G90 N02 S1000 M03 N03 G00 Z100 N04 X－52 Y－4 N05 Z10 N06 G01 ______ F100 N07 X52 N08 Y4 N09 X－52 N10 G0 Z100 N11 M05 N12 M30	底面精加工(ϕ10 铣刀) 下刀点 抬刀至安全高度 程序结束	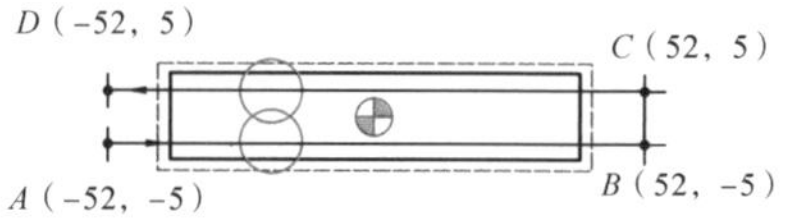 D (−52, 5) C (52, 5) A (−52, −5) B (52, −5) 注:精加工切削深度还需根据半精加工切削余量进行调整 备注:

续表

序号	加工程序	程序说明	基点与示意图
13	%0031 N01 ________ N02 ________ N03 G00 Z100 N04 ________ N05 Z10 N06 G01 ____ F100 N07 M98 ______ N08 G00 Z100 N09 M05 N30 M30 %1031 N20G91G N21 ________ N22 ________ N23 ________ N24 ________ N25 ________ N26 M99	粗加工$8_0^{+0.04}$两处直槽 $\phi 6$ 立铣刀	B(-12, 9) C(12, 9) A(-12, -12) D(12, -12) 对照刀位轨迹图,编写粗加工程序 备注:
14	%0032 N01 ________ N02 ________ N03 ________ N04 ________ N05 ________ N06 ________ N07 ________ N08 ________ N09 ________ N10 ________ N11 ________ N12 ________ N13 ________ N14 ________ N15 ________ N16 ________ N17 ________ N18 ________ N19 ________ N20 ________	半精加工$8_0^{+0.04}$两处直槽 $\phi 6$ 立铣刀	C(-11.3, 9) F(11.3, 9) B(-12.7, 9) G(12.7, 9) A(-12.7, -12) H(12.7, -12) E(-11.3, -12) D(11.3, -12) 对照刀位轨迹图,读懂程序,编写半精加工程序 备注:

续表

序号	加工程序	程序说明	基点与示意图
15	%0033 N01 ________ N02 ________ N03 ________ N04 ________ N05 ________ N06 ________ N07 ________ N08 ________ N09 ________ N10 ________ N11 ________ N12 ________ N13 ________ N14 ________ N15 ________ N16 ________ N17 ________ N18 ________ N19 ________ N20 ________	精加工$8_{0}^{+0.04}$两处直槽 ϕ6 立铣刀	绘制刀位轨迹图，编写精加工程序 备注：

3.4 加工操作

3.4.1 加工准备

进入加工操作阶段时，首先准备要加工的毛坯，按照刀具、工具清单准备好刀具、工具，再将数控铣床调试至加工准备状态，在操作数控铣床前需学习车间安全操作规程，熟练操作数控铣床，解决常见机床报警等。请在知识园地中学习“数控铣床基本操作”内容，完成“能力检测”部分。

知识园地

数控机床常见故障报警 - 超程。

超程保护。在直线轴行程的两端各有一个行程极限开关，作用是防止直线轴机构碰撞而损坏。当机构碰到行程极限开关时，就会出现硬超程保护。当某轴出现硬超程保护（“超程解除”按键内指示灯亮）时，系统视其状况为紧急停止，机床运行停止。

本系统还可通过 100006、100007、101006、101007、102006、102007 等参数，设置软超程保护，即当机床运行超出该参数设置范围时，机床报警并停止运行。

a. 硬超程解除

操作名称	超程解除		工作方式	手动、手轮
基本要求	机床某轴超程,各轴禁止移动或报警。			
序号	操作步骤	按键	说明	
1	按【手动】或【手轮】	手动	●设定有效的工作方法	
2	按【超程解除】和【轴进给】	超程解除 + Z 或 Z 或 X 或 X	●同时按下【超级解除】和【轴进给】两个按键 ●选择超程轴的反向【输进给】键	

b. 软超程解除

操作名称	超程解除		工作方式	手动、手轮
基本要求	机床某轴超程,各轴禁止移动并提示。			
序号	操作步骤	按键	说明	
1	按【手动】或【手轮】	手动	●设定有效的工作方式	
2	按【轴进给】	Z 或 Z 或 X 或 X	●按下超程轴的反向【输进给】按键	
3	按【复位】	Reset 复位	●清除报警	

能力检测

1. 安全操作规程。良好的安全、文明生产习惯,能为将来走向生产岗位打下良好的基础。对于长期生产活动中得出的教训和实践经验的总结,必须严格执行。请学习“数控铣床安全操作规范”完成下面的填空。

(1)因事离开机床时要__________,必要时需关闭电源。

(2)在机床内测量零件加工尺寸时,需停止__________,并按下__________功能。

(3)数控机床在加工过程中__________防护门,遇到紧急情况,需立即按下__________。

(4)地面有__________时,应随时清理,以免摔倒受伤。

(5)加工结束后,应对__________进行保养,严禁使用带有铁屑的脏棉纱擦拭,以免拉伤表面。

2. 数控系统简单故障的排除。

在操作机床三个轴的移动过程中,系统突然出现“急停”,该报警的原因是什么?应如何解除报警?

3.4.2 加工操作

1. 安装毛坯与刀具。

1)毛坯装夹。毛坯装夹稳定性直接影响加工精度,选用合适的夹具并进行正确的定位、夹紧尤为重要。请学习微课“毛坯的装夹”内容,完成下面表格的填写。

(1)毛坯装夹。毛坯装夹稳定性直接影响加工精度,选用合适的夹具并进行正确的定位、夹紧尤为重要。请学习微课“毛坯的装夹”内容,掌握毛坯安装步骤,养成规范可靠的操作习惯。

查检毛坯 → 清洁物品 → 放置工件 → 定位夹紧 → 检查装夹

(2)铣刀的安装。将铣刀正确安装至刀柄是一项基础操作技能,如不能可靠进行安装将会引起不可预知的安全事故。请学习微课“铣刀的安装”内容,掌握刀安装步骤,养成规范可靠的操作习惯。

a. 刀具安装至刀柄。

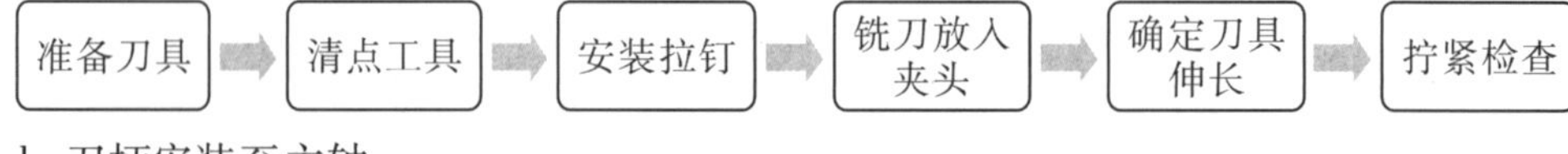

b. 刀柄安装至主轴。

注意:如主轴端面键与刀柄键槽未对齐,或刀柄与主轴端面存在很大间隙,需用手托住铣刀柄,再次按下主轴箱上的绿色“刀具松/紧”按钮,卸下刀具重新安装。

2. 设置工件坐标系。

正确设置工件坐标系是在操作实施中非常重要的一个环节,直接影响程序的正确运行与零件加工精度,请学习“知识园地”中方形毛坯中心对刀机床操作,观看微课“数控铣对刀操作”内容,写出对刀流程。

知识园地

方形毛坯中心对刀机床操作。

当工件坐标系零点设定在工件对称中心位置时,适用该对刀方式。其通过读取同一个轴方向上,刀具接触工件两端边缘时的机床坐标值,计算出工件坐标零点值。

对于立式机床，工件 Z 轴方向不中分，故试切时，将刀具移到工件零点位置(一般为工件上表面)，并在设置界面上 *A*、*B* 两点时，保持刀具位置不变，均按〖读测量值〗，读取此时刀具的机床坐标值，则该点被设定工件零点值。

操作名称	中心测量		工作关系	手动、手轮
基本要求	系统在手动、手轮模式下运行允许		显示界面	见第三章“工作测量”界面
序号	操作步骤	按键	说明	
1	按【设置】	设置 Set Up	●进入“设置”功能键主页面	
2	按【工件测量】	工件测量	●进入“工件测量”功能界面	
3	按【中心测量】	中心测量	●切换至中心测量工作界面	
4	按【G54－G59】	G54 ~G59 或 G54.1 P	●选择坐标系类型	
5	按【G55】	G55	●选择坐标系。	
6	按左、右【光标】		●选对刀设置点位 *A* 位	
7	按上、下【光标】		●选择坐标轴 *X* 轴	
8	手摇刀具到工件左侧		●刀具刚接触工件毛坯左边缘(试切方式)； ●此时选择 *A* 点对应工作左侧 ● A X 15.5996 Y －28.8000 Z －8.8000	
9	按【度测量值】	读测量值	●光标自动跳转到 *B* 点，相应 *X* 轴处	
10	手摇刀具到工作右侧		●避开工件后，刀具刚接触工作毛坯右边缘； ●试切位置值误差，不可大于余量值。 ● B X 19.1997 Y －111.6000 Z －8.8000	
11	按【读测量值】	读测量值	●光标自动返回 *A* 点，坐标轴选择此时不变	

续表

操作名称	中心测量	工作关系	手动、手轮
基本要求	系统在手动、手轮模式下运行允许	显示界面	见第三章“工作测量”界面
序号	操作步骤	按键	说明
12	按上、下【光标】		●选择坐标轴 *Y* 轴；
13	手摇刀具到工件后侧		●刀具接触工件毛坯后边缘(试切方式)； ●此时选择 *A* 点对应工件后侧 ●A X 15.5996 Y -28.8000 Z -8.8000
14	按【读测量值】	读测量值	●光标自动跳转到 *B* 点，相应 *Y* 轴处
15	手摇刀具到工件前侧		●避开工件后，刀具刚接触工件毛坯前边缘； ●试切位置值误差，不可大于余量值 ●B X 19.1997 Y -111.6000 Z -8.8000
16	按【读测量值】	读测量值	●光标自动返回 A 点，坐标轴此时不变
17	按上、下【光标】		●选择坐标轴 Z 轴
18	手摇刀具		●刀具刚接触工件毛坯表面(试切方式)； ●此时工件上表面为工作 *Z* 轴零点
19	按【读测量值】	读测量值	●光标自动跳转到 *B* 点，相应轴(Z 处)； ●并保持刀具位置不变，执行后续操作 ●A X 15.5996 Y -28.8000 Z -8.8000
20	按【读测量值】	读测量值	●光标自动返回到 *A* 点，坐标轴此时不变 ●B X 19.1997 Y -111.6000 Z -8.8000
21	按【坐标设定】	坐标设定	●系统计算测量结果，并赋值到选定坐标系 ●G55 X 17.3997 Y -70.2000 Z -8.8000

能力检测

<table>
<tr><td>结合下图，写出设置工件坐标系原点的对刀过程。</td></tr>
<tr><td>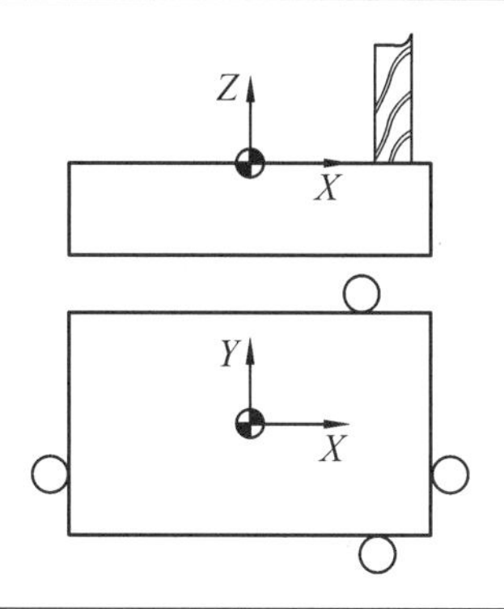
</td></tr>
<tr><td>（1）对刀准备
确认工件尺寸与装夹、确认对刀仪尺寸与安装、确认设置原点位置、确认主轴停转对刀 / 旋转 500r/min
（2）X 轴对刀过程

（3）Y 轴对刀过程

（4）Z 轴对刀过程</td></tr>
</table>

3. 编辑程序、校验程序及运行程序。

程序编辑、程序校验及运行程序是操作人员应熟练掌握的基本技能，请根据前面的学习，写出编辑程序、校验程序及运行程序的操作流程图。

1. 编辑程序
请写出新建、保存、删除程序的操作步骤：

续表

2. 程序校验
请写出校验程序的操作步骤:
3. 运行程序
请写出安全运行的操作步骤:(需考虑程序首次运行要控制运行程序时的速度)

3.4.3 零件检测

零件加工过程中与加工完成后都需要对零件进行正确的检测,请在知识园地中学习“常用量具的测量与使用”内容,完成“能力检测”部分表格的填写。

知识园地

常用量具的测量与使用 – 深度游标卡尺。

深度游标卡尺用于测量工件上沟槽和孔的深度尺寸。

1. 深度游标卡尺的组成。

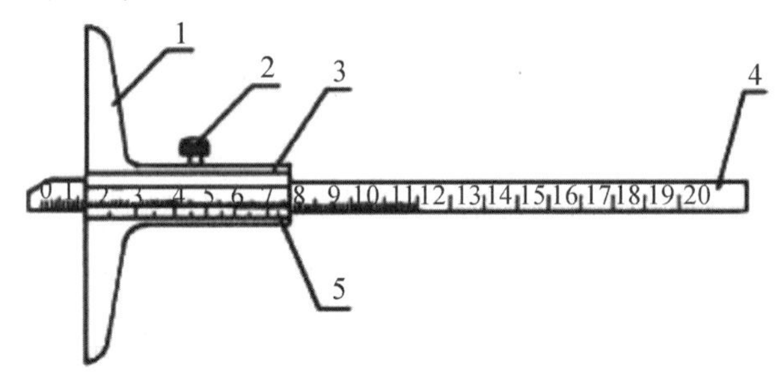

1 – 测量机座 2 – 紧固螺钉 3 – 尺框 4 – 尺身 5 – 游标

图 2 – 18 深度游标卡尺

2. 深度游标卡尺使用方法。

深度游标卡尺用于测量零件的深度尺寸或台阶高低和槽的深度。它的结构特点是尺框的两个量爪连成一起成为一个带游标测量基座,基座的端面和尺身的端面就是它的两个测量面。测量时,先把测量基座轻轻压在工件的基准面上,两个端面必须接触工件的基准面。

1)测量内孔深度时应把基座的端面紧靠在被测孔的端面上,使尺身与被测孔的中心线平行,伸入尺身,则尺身端面至基座端面之间的距离,就是被测零件的深度尺寸,如图 2 – 18 所示。

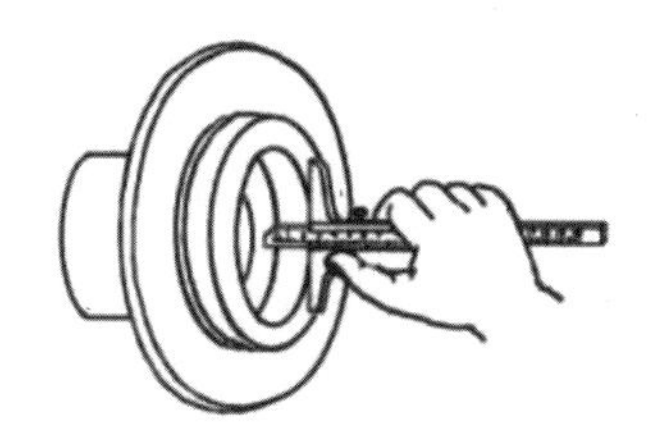

图 2－18　测量孔的深度

2)测量轴类等台阶时,测量基座的端面一－定要压紧在基准面,再移动尺身,直到尺身的端面接触到工件的量面(台阶面)上,然后用紧固螺钉固定尺框,提起卡尺,读出深度尺寸,如图 2－19 所示。

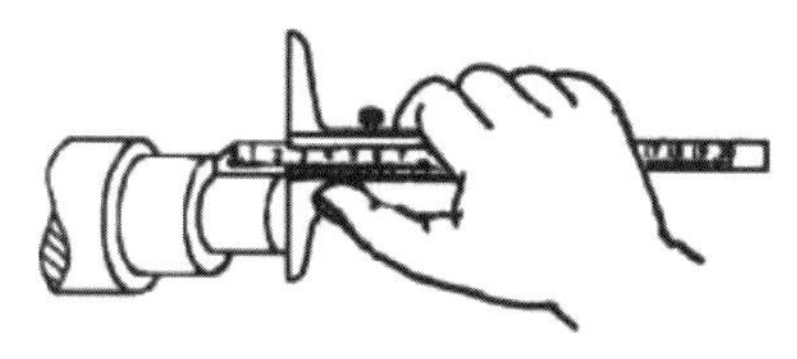

图 2－19　测量台阶的深度

3)多台阶小直径的内孔深度测量,要注意尺身的端面是否在要测量的台阶上,如图 2－20 所示。

4)当基准面是曲线时,测量基座的端面必须放在曲线的最高点上,测量出的深度尺寸才是工件的实际尺寸,否则会出现测量误差,如图 2－21 所示。

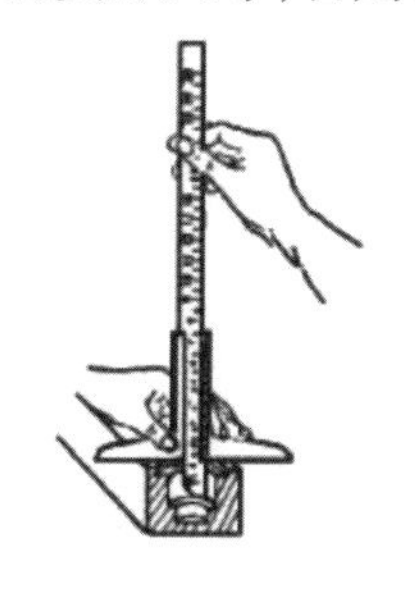

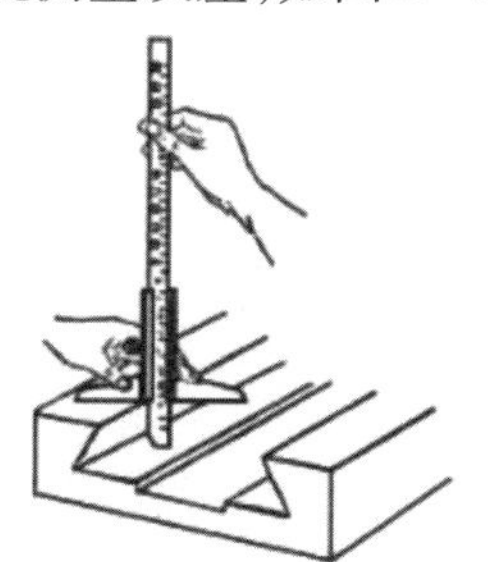

图 2－20　测量多台阶面的深度

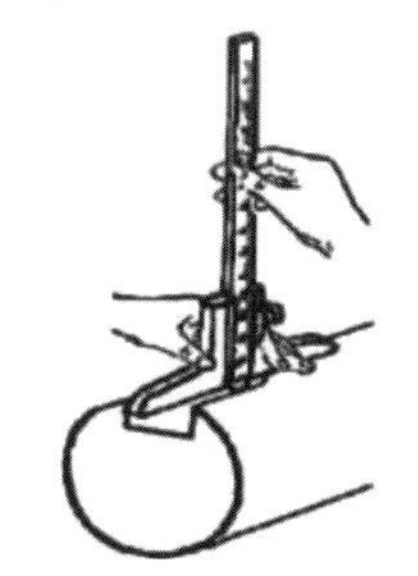

图 2－21　测量圆轴上槽的深度

3. 深度游标卡尺读数方法。

深度游标卡尺的读数方法与游标卡尺完全一样,参考任务一中的知识点。

4. 清洁保养。

深度游标卡尺是比较精密的量具,要做好维护保养工作。

1)清洁方法:

a. 清洁周期在每次使用完毕后,不做记录。

b. 用干净布擦拭游标深度尺外表,并擦拭干净。

2)保养方法:

a. 保养周期在每天清洁完毕后,不做记录。

b. 必要时以防锈油擦拭游标深度尺之外表,以防止生锈。

3)注意事项:

a. 测量时,深度卡尺和被测物的测量面应保持干净,以确保量测准确。

b. 游标深度尺应防止碰撞,以确保精度。

能力检测

1. 深度游标卡尺的结构
请在下图中对应位置,写出深度尺各部分结构的名称。 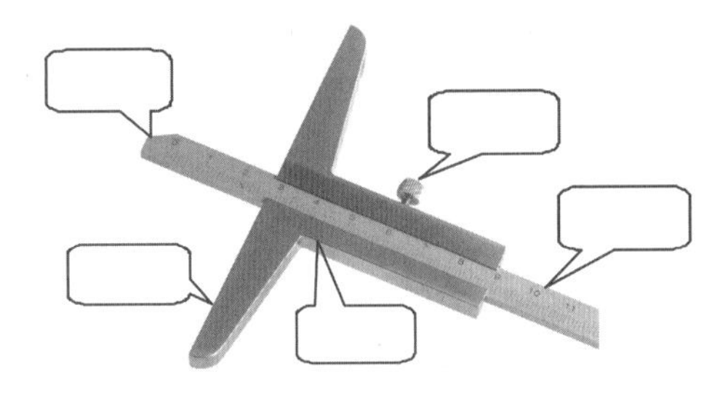
2. 测量操作
(1)请写出使用深度卡尺测量上图中深 16mm 槽的操作步骤:
(2)请说出游标卡尺与深度尺的区别与应用场合

3.5 评估与总结

在检测评估环节中,请参考检测评分表、活动过程评分表控制在整个任务实施过程中的操作细节。在执行任务过程中的每个环节里出现的问题与解决问题的办法进行记录,及时填写到"鲁班锁－支杆一加工过程复盘"表格中

四 组织与实施

确定零件加工决策与计划后,进入加工操作环节,请阅读表格中的内容,并填写划线空白处参数。

4.1 加工准备

序号	操作项目	操作流程	技术难点与处理方案
1	毛坯准备	(1)准备尺寸为20mm×20mm×80mm毛坯; (2)用锉刀修平毛坯凸起部分备用;	(1)使用游标卡尺测量毛坯尺寸准确 (2)准备毛坯较光滑面进行定位
2	刀具量具工具准备	(1)依据刀具清单准备相应刀具,并将刀具装夹至刀柄,其操作步骤如下: 清点工具→安装弹性夹头→确定刃长→拧紧螺母 (2)依据量具清单与工具清单进行准备,并按规定摆放至机床旁边工具柜	(1)通过零件图纸分析,将选用的 $\phi10$ 立铣刀、$\phi12$ 立铣刀、$\phi6$ 立铣刀、对刀棒分别装入刀柄,刀具伸出长度均为______mm左右。 (2)量具与工具使用完毕后应放回原处,切勿放置在机床操作区,以免损坏物品或引发危险事故
3	开机准备	依据机床操作规范,开机操作步骤如下: 检查机床状态→打开机床→总电源→打开数控系统电源→解除急停→返回机床参考点→移动工作台与主轴至安装毛坯与刀具状态	开机回零时先回“Z 轴”,再回“X 轴、Y 轴”避免发生碰撞

4.2 安装一

序号	操作项目	操作流程	注意事项
1	装夹毛坯	简述毛坯装夹至平口钳操作步骤: *具体装夹过程请参考微课视频	简述安装注意事项与处理方法:
2	安装刀具	简述刀柄安装至主轴操作步骤: *具体安装过程请参考微课视频	简述安装注意事项与处理方法:
3	工件坐标系的设置	简述工件坐标系设置操作流程: 1.确定工件坐标系位置,工件坐标系位于毛坯______________ 2.采用________对刀方法确定工件坐标系; 3.对刀流程: 4.校验对刀步骤: *具体操作过程请参考微课视频	简述工件坐标系设置注意事项与处理方法:

续表

<table>
<tr><th>序号</th><th>操作项目</th><th>操作流程</th><th>注意事项</th></tr>
<tr><td>4</td><td>编辑、校验程序</td><td>新建、编辑、校验程序操作步骤：
“程序”→“新建”→输入文件名→编辑程序→“保存”→“校验”→按机床控制面板上的“自动”或“单段”→按机床控制面板上的“循环启动”

*具体操作过程请参考微课视频</td><td>新建、编辑、校验程序注意事项和处理方法：</td></tr>
<tr><td rowspan="2">5</td><td rowspan="2">程序运行加工</td><td colspan="2">(1)对应下面表格中的内容,确认工件、刀具、工件坐标系及程序正确
<table>
<tr><th>项目</th><th>内容1</th><th>确认状态</th><th>内容2</th><th>确认准备</th></tr>
<tr><td>工件</td><td>工件安装位置正确</td><td></td><td>工件安装可靠</td><td></td></tr>
<tr><td>刀具</td><td>刀具型号
粗加工 $\phi12$ 立铣刀
精加工 $\phi10$ 立铣刀</td><td></td><td>刀具伸长合理</td><td></td></tr>
<tr><td>工件坐标系</td><td>X、Y、Z 轴零点位置正确</td><td></td><td>$\phi12$ 立铣刀－G54 坐标系
$\phi10$ 立铣刀－G55 坐标系</td><td></td></tr>
<tr><td>程序</td><td>程序校验图形正确</td><td></td><td>程序中 Z 向切深坐标值正确</td><td></td></tr>
</table></td></tr>
<tr><td>(2)机床程序控制运行操作
打开程序→校验无误→控制面板“自动”/“单段”→控制面板“循环启动”
(3)加工完毕后,检测当前加工尺寸在图纸上技术要求范围即可进入“安装二”操作

*具体操作过程请参考微课视频</td><td>1)机床切削速度受进给修调倍率控制,根据加工情况可进行适当调整;
2)当出现异常情况,可迅速按下“保持进给”按键或拍下“急停”开关,停止机床的运行</td></tr>
</table>

4.3 安装二

序号	操作项目	操作流程	注意事项
1	装夹毛坯	简述毛坯二次装夹流程： *具体操作过程请参考微课视频	简述安装注意事项与处理方法：

续表

<table>
<tr><th>序号</th><th>操作项目</th><th>操作流程</th><th>注意事项</th></tr>
<tr><td>2</td><td>工件坐标系的设置</td><td>简述工件坐标系设置流程：

*具体操作过程请参考微课视频</td><td>简述工件坐标系设置注意事项与处理方法：</td></tr>
<tr><td>3</td><td>编辑、校验程序</td><td>依次新建粗加工程序%0021，半精加工与精加工程序%0022、%0023后进行校验

*具体操作过程请参考微课视频</td><td>新建、编辑、校验程序注意事项和处理方法：</td></tr>
<tr><td rowspan="2">4</td><td rowspan="2">程序运行加工</td><td colspan="2">(1)对应下面表格中的内容，确认工件、刀具、工件坐标系及程序正确
<table>
<tr><th>项目</th><th>内容1</th><th>确认状态</th><th>内容2</th><th>确认准备</th></tr>
<tr><td>工件</td><td>工件安装位置正确</td><td></td><td>工件安装可靠</td><td></td></tr>
<tr><td>刀具</td><td>刀具型号
粗加工 $\phi12$ 立铣刀
精加工 $\phi10$ 立铣刀</td><td></td><td>刀具伸长合理</td><td></td></tr>
<tr><td>工件坐标系</td><td>X、Y、Z 轴零点位置正确</td><td></td><td>$\phi12$ 立铣刀 - G54 坐标系
$\phi10$ 立铣刀 - G55 坐标系</td><td></td></tr>
<tr><td>程序</td><td>程序校验图形正确</td><td></td><td>程序中 Z 向切深坐标值正确</td><td></td></tr>
</table></td></tr>
<tr><td>(2)机床程序控制运行操作
打开程序→校验无误→控制面板“自动”/“单段”→控制面板“循环启动”
(3)加工完毕后，检测当前加工尺寸在图纸上技术要求范围再拆下零件

*具体操作过程请参考微课视频</td><td>1)机床切削速度受进给修调倍率控制，根据________情况可进行适当调整；
2)当出现异常情况，可迅速按下按键或拍下________开关，停止机床的运行</td></tr>
</table>

4.4 安装三

<table>
<tr><th>序号</th><th>操作项目</th><th>操作流程</th><th>注意事项</th></tr>
<tr><td>1</td><td>装夹毛坯</td><td>简述毛坯二次装夹流程：</td><td>简述安装注意事项与处理方法：</td></tr>
<tr><td>2</td><td>工件坐标系的设置</td><td>简述工件坐标系设置流程：</td><td>简述工件坐标系设置注意事项与处理方法：</td></tr>
<tr><td>3</td><td>编辑、校验程序</td><td>依次新建粗加工程序%0031，半精加工与精加工程序%0032、%0033后进行校验</td><td>新建、编辑、校验程序注意事项和处理方法：</td></tr>
<tr><td rowspan="2">4</td><td rowspan="2">程序运行加工</td><td colspan="2">(1)对应下面表格中的内容，确认工件、刀具、工件坐标系及程序正确
<table>
<tr><th>项目</th><th>内容1</th><th>确认状态</th><th>内容2</th><th>确认准备</th></tr>
<tr><td>工件</td><td>工件安装位置正确</td><td></td><td>工件安装可靠</td><td></td></tr>
<tr><td>刀具</td><td>刀具型号
粗加工 $\phi12$ 立铣刀
精加工 $\phi10$ 立铣刀</td><td></td><td>刀具伸长合理</td><td></td></tr>
<tr><td>工件坐标系</td><td>X、Y、Z 轴零点位置正确</td><td></td><td>$\phi12$ 立铣刀 - G54 坐标系
$\phi10$ 立铣刀 - G55 坐标系</td><td></td></tr>
<tr><td>程序</td><td>程序校验图形正确</td><td></td><td>程序中 Z 向切深坐标值正确</td><td></td></tr>
</table>
</td></tr>
<tr><td>(2)机床程序控制运行操作
打开程序→校验无误→控制面板“自动”/“单段”→控制面板"循环启动”
(3)加工完毕后，检测当前加工尺寸在图纸上技术要求范围再拆下零件</td><td>1) 机床切削速度受进给修调倍率控制，根据________情况可进行适当调整；
2) 当出现异常情况，可迅速按下“________”按键或拍下“________”开关，停止机床的运行</td></tr>
</table>

续表

序号	操作项目	操作流程	注意事项
5	锐角倒钝,去毛刺	取下毛坯后,将加工零件的锐角使用毛刺刀倒钝。 * 具体操作过程请参考微课视频	初学者在使用毛刺刀时注意少量多次,操作时速度不宜过快,以免刮伤手。
6	零件检测	清洁零件后,使用量具对照图纸上技术要求检测零件。 * 具体操作过程请参考微课视频	1)零件可以在粗加工后、精加工前后及加工完毕后安排检测; 2)检测时,应先确定测量基准。

五 检测与评估

1. 按下表对加工好的零件进行检测,将结果填入表中。

鲁班锁支杆一检测评分表

序号	考核项目	考核内容	配分	评分标准	自检记录	得分	互检记录
1	外形尺寸	$16^{0}_{-0.04}$(两处)	10	超差 0.01 扣 5 分			
2		80 ±0.1	10	超差 0.01 扣 5 分			
3	凹槽尺寸	$8_{0}^{+0.04}$(两处)	15	超差 0.01 扣 5 分			
		$16_{0}^{+0.04}$	10	超差 0.01 扣 5 分			
4	技术要求	表面粗糙度	5	不合格不得分			
5		垂直度	5	不合格不得分			
		平行度	5	不合格不得分			
6	其他	锐边倒钝	5	不合格不得分			
		去毛刺	5	不合格不得分			

2. 通过对整个加工过程中对学习态度、解决问题能力、与同伴相处及工作过程心理状态等进行评估。

活动过程评分表

考核项目		考核内容	配分	扣分	得分
加工前准备	安全生产	安全着装;按规程操作,违反一项扣 1 分,扣完为止	2		
	组织纪律	服从安排;设备场地清扫等,违反一项扣 1 分,扣完为止	2		
	职业规范	机床预热,按照标准进行设备点检,违反一项扣 1 分,扣完为止	3		

续表

考核项目		考核内容	配分	扣分	得分
加工操作过程	撞刀、打刀、撞夹具	出现一次扣2分,扣完为止	4		
	废料	加工废一块坯料扣2分(允许换一次坯料)	2		
	文明生产	工具、量具、刀具摆放整齐、工作台面整洁等,违反一项扣1分,扣完为止	4		
	加工超时	如超过规定时间不停止操作,第超过10分钟扣1分	2		
	违规操作	采用锉刀、砂布修饰工件,锐边没倒钝,或倒钝尺寸太在等,没按规定的操作行为,出现一项扣1分,扣完为止	2		
加工后设备保养	清洁、清扫	清理机床内部铁屑,确保机床工作台和夹具无水渍,确保机床表面各位置的整洁,清扫机床周围卫生,做好设备日常保养,违反一项扣1分,扣完为止	3		
	整理、整顿	工具、量具、刀具、工作台桌面、电脑、板凳的整理,违反一项扣1分,扣完为止	2		
	素养	严格执行设备的日常点检工作,违反一项扣1分,扣完为止	4		
出现严重撞机床主轴或工伤		出现严重碰撞机床主轴或造成工伤事故整个测评成绩记0分			
合计			30		

六 总结改进

自己亲历的经验,是最好的学习材料。通过下面的复盘总结经验教训,分析成败的原因。从而避免未来犯同样的错误,同时把"精华"提炼出来,总结规律,提升未来解决同类问题的效率。请根据下面的学习目标与技能,完成鲁班锁－支杆一加工过程复盘。

鲁班锁－支杆六加工过程复盘

内容	复盘过程	内容
加工工艺	学习目标	1. 掌握多工序零件的加工流程 2. 能够设计简单零件的加工路线
	评估结果	
	总结经验	

续表

内容	复盘过程	内容
编写程序	学习目标	1. 能够运用常用 G 代码和 M 代码进行编程:G54 - G59、G00、G01、M05、M30、M98、M99 等; 2. 能够进行平面铣削、轮廓铣削及开放槽铣削加工编程;
	评估结果	
	总结经验	
操作机床	操作技能	1. 能够悉练完成开机准备操作; 2. 能够正确设置工件坐标系位置; 3. 能够熟练新建、编辑和校验程序; 4. 能够熟练控制运行程序; 5. 能够进行机床基本操作(长方块对刀);
	评估结果	
	总结经验	
零件质量	质量检测	能 - 够正确使用游标卡尺测量外形尺寸、深度尺寸,并正确读数;
	评估结果	
	总结经验	
安全生产	安全操作	1. 熟悉安全规则,能够保障基本操作安全; 2. 能够做到 6S 管理中清扫、清洁、素养与安全;
	评估结果	
	总结经验	

七 能力提升

经过前面两个项目的学习，已经对鲁班锁支杆加工过程和工艺过程有了直观的认识，对于加工设备的操作也逐渐娴熟。请借鉴前面两个项目的加工经验，填写鲁班锁支杆二到支杆五工序卡与程序卡，完成零件加工后对照检测表进行自检。加工过程中思考如果以批量生产的方式完成鲁班锁的加工，如何改进加工工艺以提高生产效率。

内容	加工方案
鲁班锁－支杆 2	
鲁班锁－支杆 3	
鲁班锁－支杆 4	
鲁班锁－支杆 5	

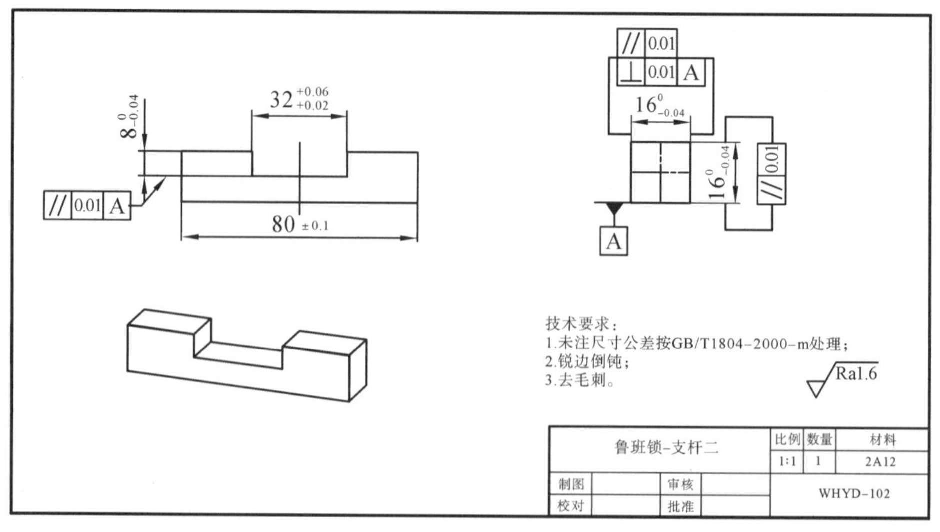

鲁班锁－支杆二　工序卡

产品名称	鲁班锁	产品编号		零件加工工序号	1
零件名称	支杆二	零件编号	02	工序加工内容	

装夹与工件原点示意图：

零件示意图

加工工序				刀具			切削参数						备注
工步序号	程序名称	加工方式	加工内容	刃号	刀具名称	刃长	步距	*XY* 余量	*Z* 向余量	切削深度	主轴转速（r/min）	进给率（mm/min）	
1													
2													
3													
4													
5													
6													
7													
8													
9													
10													
编制			审核				批准			日期			

鲁班锁－支杆二加工程序信息表

序号	安装	程序名		加工内容	刀具型号	刀具半径补偿号	刀具长度补偿号
		主程序	子程序				
1		%0011		\	粗铣上平面	ϕ12 铣刀	\
2		%0012		\	粗铣四周外轮廓	ϕ12 铣刀	\
3		%0013		\	精铣上平面	ϕ10 铣刀	\
4							
5							

续表

序号	安装	程序名		加工内容	刀具型号	刀具半径补偿号	刀具长度补偿号
		主程序	子程序				
6							
7							
8							
9							
10							
11							
12							
13							
14							
15							

鲁班锁－支杆二　程序卡

序号	加工程序	程序说明	基点与示意图

鲁班锁-支杆二 程序卡

序号	加工程序	程序说明	基点与示意图

鲁班锁-支杆二 程序卡

序号	加工程序	程序说明	基点与示意图

鲁班锁－支杆二　检测评分表							
序号	考核项目	考核内容	配分	评分标准	自测记录	得分	互测记录
1	外形尺寸	16mm	20	超差 1 处扣 4 分			
2		80mm	6	超差 0.01 扣 1 分			
3	宽 32mm 槽	32mm	10	超差 0.01 扣 2 分			
4		8mm	6	超差 0.01 扣 2 分			
5	技术要求	表面粗糙度	8	超差全扣			
6		垂直度	10	超差全扣			
7		平行度	10	超差全扣			
8	机床操作	零件装夹	5	出错一次扣 5 分			
9		刀具安装	5	出错一次扣 5 分			
10		机床操作规范	10	出错一次扣 5 分			
11	安全文明生产	6S 管理	5	安全文明生产			
12		安全操作	5				
13		机床加工过程违规	－15	安全事故停止操作或酌扣 5～30 分			
14		其他事故	－15				

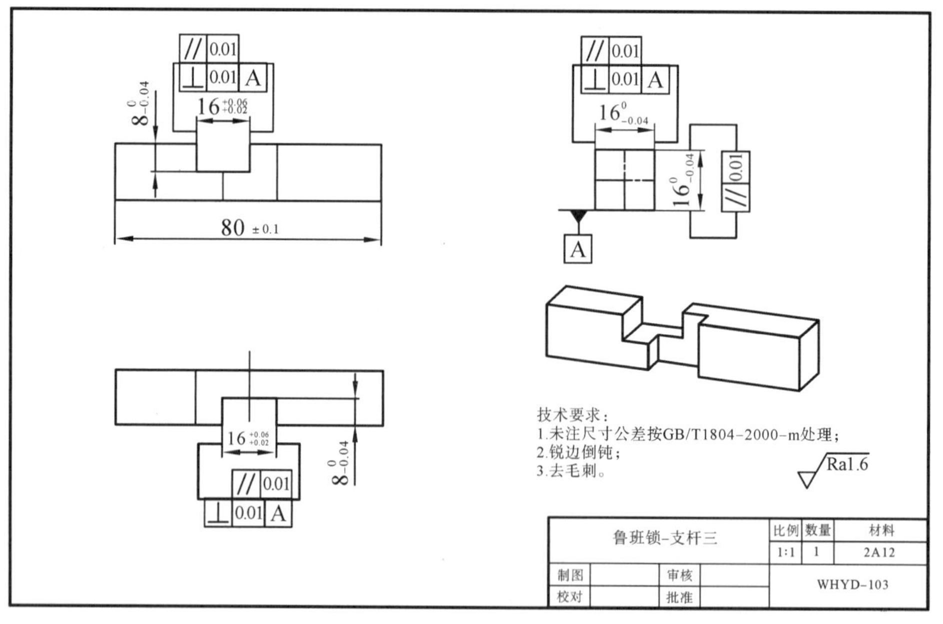

鲁班锁-支杆三 工序卡

产品名称	鲁班锁	产品编号		零件加工工序号	3
零件名称	支杆三	零件编号	03	工序加工内容	
装夹与工件原点示意图：			零件示意图		

夹持区

固定钳口

Z

X

固定钳口

Y

X

活动钳口

加工工序				刀具			切削参数						备注
工步序号	程序名称	加工方式	加工内容	刀号	刀具名称	刃长	步距	*XY* 余量	*Z* 向余量	切削深度	主轴转速（r/min）	进给率（mm/min）	
1													
2													
3													
4													
5													
6													
7													
8													
9													
10													
编制			审核				批准			日期			

鲁班锁-支杆三加工程序信息表

序号	安装	程序名		加工内容	刀具型号	刀具半径补偿号	刀具长度补偿号
		主程序	子程序				
1		%0011		\	粗铣上平面	ϕ12 铣刀	\
2		%0012		\	粗铣四周外轮廓	ϕ12 铣刀	\
3		%0013		\	精铣上平面	ϕ10 铣刀	\
4							
5							

续表

序号	安装	程序名		加工内容	刀具型号	刀具半径补偿号	刀具长度补偿号
		主程序	子程序				
6							
7							
8							
9							
10							
11							
12							
13							
14							
15							

鲁班锁－支杆三　程序卡

序号	加工程序	程序说明	基点与示意图

鲁班锁-支杆三　程序卡

序号	加工程序	程序说明	基点与示意图

鲁班锁-支杆三　程序卡

序号	加工程序	程序说明	基点与示意图

鲁班锁－支杆三　检测评分表

序号	考核项目	考核内容	配分	评分标准	自测记录	得分	互测记录
1	外形尺寸	16mm	16	超差 1 处扣 4 分			
2		80mm	6	超差 0.01 扣 1 分			
3	宽 16mm 槽	16mm	16	超差 0.01 扣 2 分			
4		8mm	12	超差 0.01 扣 2 分			
5	技术要求	表面粗糙度	5	超差全扣			
6		垂直度	8	超差全扣			
7		平行度	7	超差全扣			
8	机床操作	零件装夹	5	出错一次扣 5 分			
9		刀具安装	5	出错一次扣 5 分			
10		机床操作规范	10	出错一次扣 5 分			
11	安全文明生产	6S 管理	5	安全文明生产			
12		安全操作	5				
13		机床加工过程违规	－15	安全事故停止操作或酌扣 5～30 分			
14		其他事故	－15				

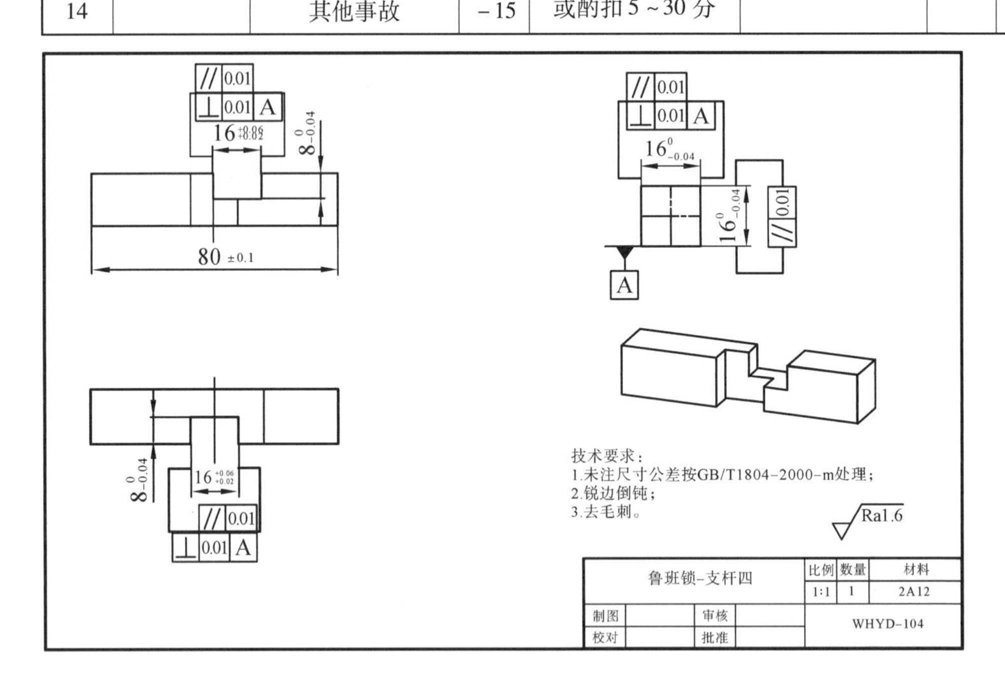

鲁班锁-支杆四 工序卡

产品名称	鲁班锁	产品编号		零件加工工序号	4
零件名称	支杆四	零件编号	04	工序加工内容	
装夹与工件原点示意图： 夹持区 固定钳口 Z X 固定钳口 Y X 活动钳口			零件示意图		

加工工序				刀具			切削参数						备注
工步序号	程序名称	加工方式	加工内容	刀号	刀具名称	刃长	步距	*XY* 余量	*Z* 向余量	切削深度	主轴转速（r/min）	进给率（mm/min）	
1													
2													
3													
4													
5													
6													
7													
8													
9													
10													

编制		审核		批准		日期	

鲁班锁-支杆四加工程序信息表

序号	安装	程序名		加工内容	刀具型号	刀具半径补偿号	刀具长度补偿号
		主程序	子程序				
1		%0011		\	粗铣上平面	ϕ12 铣刀	\
2		%0012		\	粗铣四周外轮廓	ϕ12 铣刀	\
3		%0013		\	精铣上平面	ϕ10 铣刀	\
4							
5							

续表

序号	安装	程序名		加工内容	刀具型号	刀具半径补偿号	刀具长度补偿号
		主程序	子程序				
6							
7							
8							
9							
10							
11							
12							
13							
14							
15							

鲁班锁－支杆四　程序卡

序号	加工程序	程序说明	基点与示意图

鲁班锁 – 支杆四　程序卡

序号	加工程序	程序说明	基点与示意图

鲁班锁 – 支杆四　程序卡

序号	加工程序	程序说明	基点与示意图

鲁班锁－支杆四 检测评分表

序号	考核项目	考核内容	配分	评分标准	自测记录	得分	互测记录
1	外形尺寸	16mm	16	超差 1 处扣 4 分			
2		80mm	6	超差 0.01 扣 1 分			
3	宽 16mm 槽	16mm(两处)	16	超差 0.01 扣 2 分			
4		8mm(两处)	12	超差 0.01 扣 2 分			
5	技术要求	表面粗糙度	5	超差全扣			
6		垂直度	8	超差全扣			
7		平行度	7	超差全扣			
8	机床操作	零件装夹	5	出错一次扣 5 分			
9		刀具安装	5	出错一次扣 5 分			
10		机床操作规范	10	出错一次扣 5 分			
11	安全文明生产	6S 管理	5	安全文明生产			
12		安全操作	5				
13		机床加工过程违规	－15	安全事故停止操作或酌扣 5～30 分			
14		其他事故	－15				

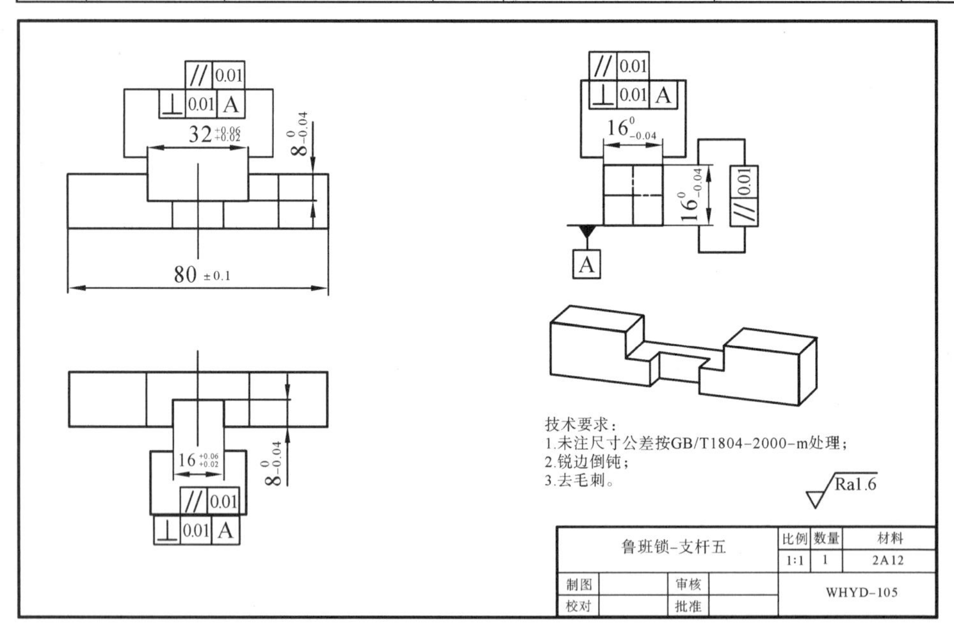

鲁班锁-支杆五　工序卡

产品名称	鲁班锁	产品编号		零件加工工序号	5
零件名称	支杆五	零件编号	05	工序加工内容	

装夹与工件原点示意图：

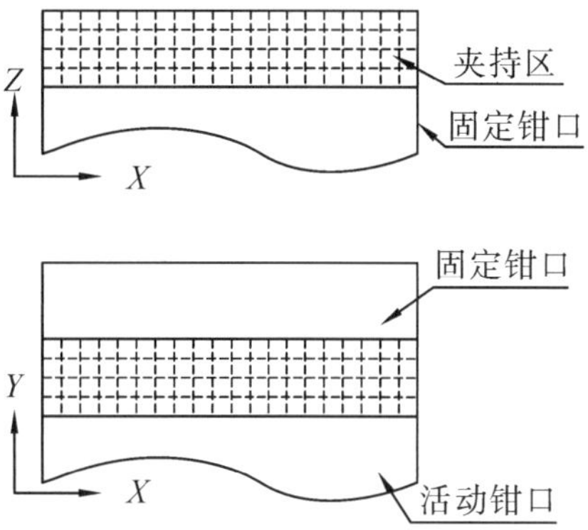

夹持区
固定钳口
Z
X

固定钳口
Y
X
活动钳口

零件示意图

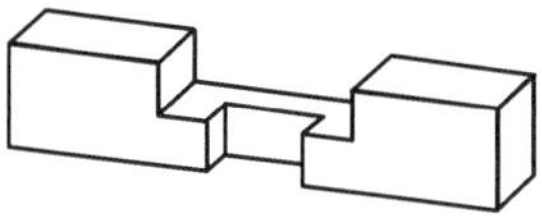

加工工序				刀具			切削参数						备注
工步序号	程序名称	加工方式	加工内容	刃号	刀具名称	刃长	步距	*XY* 余量	*Z* 向余量	切削深度	主轴转速（r/min）	进给率（mm/min）	
1													
2													
3													
4													
5													
6													
7													
8													
9													
10													

编制		审核		批准		日期	

鲁班锁-支杆五加工程序信息表

序号	安装	程序名		加工内容	刀具型号	刀具半径补偿号	刀具长度补偿号
		主程序	子程序				
1		%0011		\	粗铣上平面	ϕ12 铣刀	\
2		%0012		\	粗铣四周外轮廓	ϕ12 铣刀	\
3		%0013		\	精铣上平面	ϕ10 铣刀	\
4							
5							

续表

序号	安装	程序名		加工内容	刀具型号	刀具半径补偿号	刀具长度补偿号
		主程序	子程序				
6							
7							
8							
9							
10							
11							
12							
13							
14							
15							

鲁班锁－支杆五　程序卡

序号	加工程序	程序说明	基点与示意图

鲁班锁－支杆五　程序卡

序号	加工程序	程序说明	基点与示意图

鲁班锁－支杆五　程序卡

序号	加工程序	程序说明	基点与示意图

鲁班锁－支杆五　检测评分表							
序号	考核项目	考核内容	配分	评分标准	自测记录	得分	互测记录
1	外形尺寸	16mm	16	超差1处扣4分			
2		80mm	6	超差0.01扣1分			
3	宽32mm槽	32mm	8	超差0.01扣2分			
4		8mm	6	超差0.01扣2分			
5	宽16mm槽	16mm	8	超差0.01扣2分			
6		8mm	6	超差0.01扣2分			
7	技术要求	表面粗糙度	5	超差全扣			
8		垂直度	8	超差全扣			
9		平行度	7	超差全扣			
10	机床操作	零件装夹	5	出错一次扣5分			
11		刀具安装	5	出错一次扣5分			
12		机床操作规范	10	出错一次扣5分			
13	安全文明生产	6S管理	5	安全文明生产			
14		安全操作	5				
15		机床加工过程违规	－15	安全事故停止操作或酌扣5～30分			
16		其他事故	－15				

八　工匠园地

二、"华中数控"的故事

导读

1987年5月27日，位于日本东京的东芝公司的大楼前警灯闪闪，警报大作，

由此揭开了震惊世界的"东芝事件"。事件的具体原因是数年前，日本东芝公司通过狸猫换太子的方式，避开了以美国为首的西方多个国家眼线，偷偷地为苏联进口了4台高精度五轴联动的数控加工机床，使得苏联在核潜艇螺旋桨的制造工艺上突飞猛进，运行噪声大大降低，对美国造成了威胁。美国借此原因，强力施压日本政府，对东芝公司高层进行逮捕，并对公司进行了一系列制裁。

通过这个事件，反映了一个事实——高精尖的数控机床作为"工业母机"，事关一个国家

的装备制造业、国防工业的先进水平，所以数控机床对于任何一个国家都是重要的战略物资！而数控系统是数控机床的“大脑”和先进制造业的“芯片”，但是长期以来，以美国为首的西方发达国家，一直将数控系统核心技术对中国实行封锁禁运，还对进口的数控设备进行定位追踪，限制其使用的基本功能，如果不能将高端数控系统的核心技术掌握在自己手中，就会如同现在高端芯片产业一样，受制于人，届时连国家安全都会受到威胁。

就是在这样的背景和历史使命下，一支以华中理工大学（现为华中科技大学）机械系骨干为主的团队，在前无古人的道路上，怀揣着研发民族自主的高端数控系统，打破西方发达国家的垄断和封锁的初心，开始了艰苦卓绝的奋战。

功夫不负有心人，在第一代华中数控人的努力下，1993 年，华中理工大学科研团队研制成功九轴联动华中Ⅰ型数控系统问世，标志着我国高档数控系统实现了“从 0 到 1”的突破。1994 年，为了推动科技成果转化，克服大学校园“重论文、轻工艺，重技术、轻市场”的思想观念，华中理工大学（现为华中科技大学）成立华中数控公司，并于 1996 年迎来了一位改变了中国自主数控系统研发历程的重量级人物——陈吉红。

陈吉红出身于湖南攸县农村，1978 年，13 岁初中毕业的他考上了中专。16 岁参加工作后，成为国防科技大学的一名普通实验员。22 岁时，他靠自学，以优异的成绩考取了国防科技大学硕士，开始科研创新之路。后来到华中科技大学攻读博士学位，毕业后参加了博士后流动站研究工作，当选了 2000 年度中国优秀博士后。30 岁破格晋升为教授，31 岁被点将“下海”，担任华中数控公司总经理。成为公司掌舵人后，华中数控在他的领导下，整个研发团队坚持践行“学研产用”深度融合的战略，通过与华中科技大学产学研的紧密合作，把高校科研和企业产业化凝聚在一起，带领教师和研究生把论文写在车间，用市场检验成果，成功实现高科技成果产业化，并将埋头苦干，精益求精，追求卓越的工匠精神充分的融入技术攻关、质量提升的实际行动中，在 20 多年时间里，取得了一个又一个辉煌的成绩，越过了数控系统研发中的一个又一个“珠峰”：

1998 年研制模拟脉冲式华中Ⅱ型，实现产业化；

2008 年研制数字总线式华中 8 型，实现技术跨越；

2009 年华中数控发起 200 多日的封闭式冲关，在 100 多名数控领域技术人才全身心、高强度投入下，完整的华中 8 型数控系统诞生，让我国自主研发的数控技术开始与国外先进企业站在了同一起跑线上。

为攀登高档数控系统这个制造业中的“珠穆朗玛峰”，2019 年起，华中数控再次开启了八个百日攻关。经过 100 多名科研工作者，800 个日夜的集中攻关，“华中 9 型智能数控系统”问世，并于 2021 年北京第十七届国际机床展开幕当天正式发布。搭载人工智能芯片的华中 9 型，可实现对机床动态行为的自学习和认知理解，并预测加工效果，根据预测结果，自动进行多轮优化迭代和自主决策，最终实现数控加工精度和效率的提升。至此，我们民族的数控系统历经多年的奋勇追赶，终于从数字化时代的跟跑，到智能化时代并跑、到现在局部实现了领跑，打破了发达国家对我国的长期技术封锁。华中数控的研发成果在沈飞、成飞、航天一院/八院、核九院、普什宁江、宝鸡机床、大连机床等 2000 多家企业应用近 10 万台套，实现了航空航天、能源动力、汽车及其零部件、机床等领域高档数控装备和特种装备的批量应用，打破国外技术封锁，实现了国产高档数控系统在航空、航天制造领域“零”的突破。

在智能制造高速发展的今天，华中数控更是积极布局工业机器人、智能生产线、人工智能技术和新能源汽车制造相关领域，与宁德时代、比亚迪、小鹏汽车、蔚来等新能源企业开展战略合作，推动自主品牌的新能源汽车产业蓬勃发展。在数字化、网络化和智能化转型的大趋势下，当代的华中数控人继承着前辈们传承下来的精神和愿景，持续推动着数控系统、工业机器人、智能制造等领域关键核心技术的突破，完善“数控一代”，发展“智能一代”，用中国“大脑”装备中国制造，助力中国的装备制造业转型升级，为我国迈向制造强国，实现民族的伟大复兴贡献着属于自己的一分力量。（本文部分选自潇湘晨报、荆楚新闻、百度百科、知乎、华中数控官网）

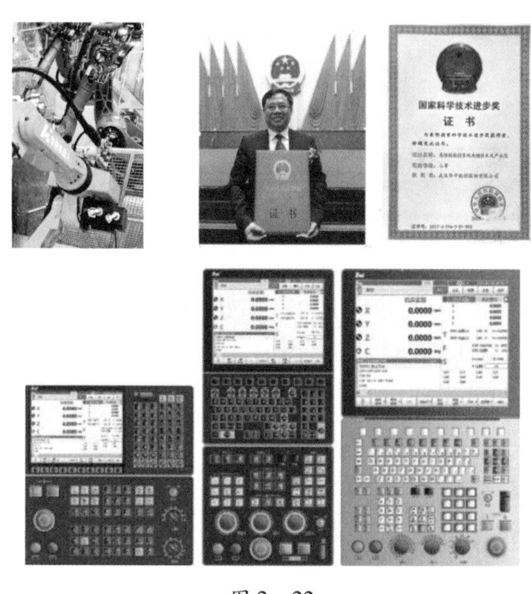

图 2－22

1. 本教材选用的是华中数控 818 系列的数控系统作为整本教材的数控编程参考系统，请同学们结合上面的文章内容，想一想，我们为什么要学习国产数控系统？

2. 先进的数控系统为高精度加工提供了软件和设备保障，除此之外，影响加工精度的因素还有哪些呢？请同学们结合在“鲁班锁”零件一加工中的体验，列举 3 ~5 个其他因素。

3. 除了华中数控之外，还有哪些有名的国产数控系统和相关企业，他们又有什么样的故事？请同学们在课下通过互联网收集一下，制作一张国产数控名企业汇总表。

课外拓展

对于数控机床来说，数控系统就相当于是机床的大脑。由于开发数控系统的技术性很强，能做出好的数控系统的企业，在全世界也只有少数，现在我们来盘点全球十大主流数控系统品牌，来看看你知道哪些？

1. 日本法兰克。

FANUC 是当今世界上数控系统科研、设计、制造、销售实力最强大的企业，在规格系列上是当今世界上最完整的，并基于其强大的科研实力和严密步骤，努力不断开发高端商品，牢牢占据了国内中端数控机床市场的绝大多数的份额。

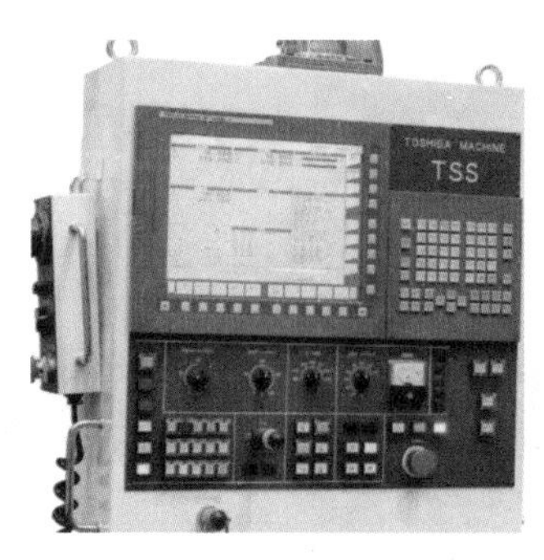

图 2－23

2. 德国西门子。

多年以来,西门子一直致力于数控制造领域的仿真、虚拟机床以及工厂 IT 系统的集成。全系列的 SINUMERIK 数控系统,全面覆盖从普及型机床和标准机床控制方案、模块化高级解决方案、高端工件生产的智能解决方案。

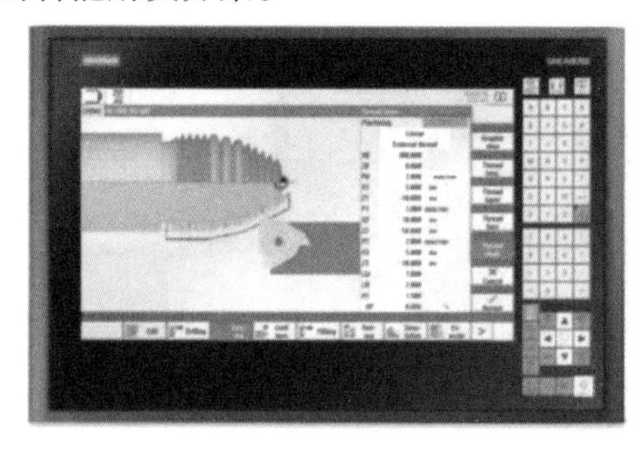

图 2－24

3. 德国海德汉。

海德汉可谓是德国百年老店、世界测量行业的鼻祖。海德汉数控系统充分体现了高速度、高精度、高可靠性三高特点,TNC 数控系统的智联制造功能提供全数字的生产任务管理功能。

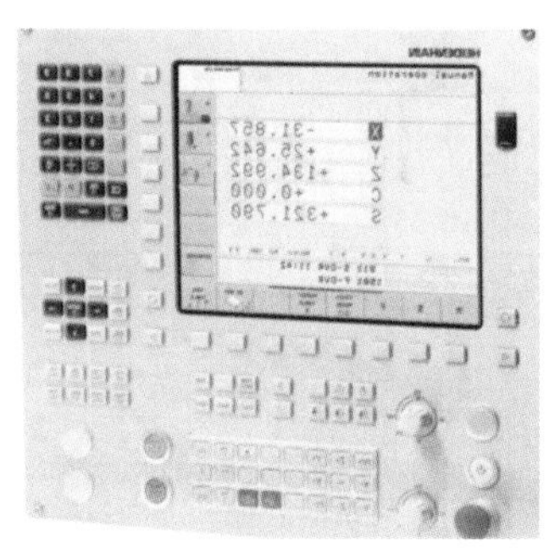

图 2－25

4. 日本马扎克。

马扎克集 30 多年自主研发的第七代数控系统 MAZATROLSmoothX,成为马扎克未来革新的核心技术。主要特色是革新性的人机界面,具有无与伦比的操作体验,可以极大地提高加工效率,应对物联网时代的智能化平台,轻松实现智能化工厂。

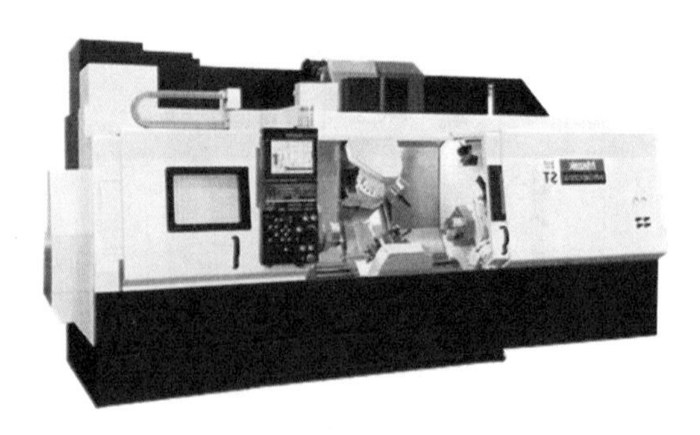

图 2-26

5. 日本三菱。

三菱电机于1956年就开始了数控系统的研发,已经有50多年的开发历史。工业中常用的三菱数控系统有M系列、E系列、C系列,其中M700V系列属于高端产品,高精度高品位加工,支持5轴联动,可加工复杂表面形状的工件。

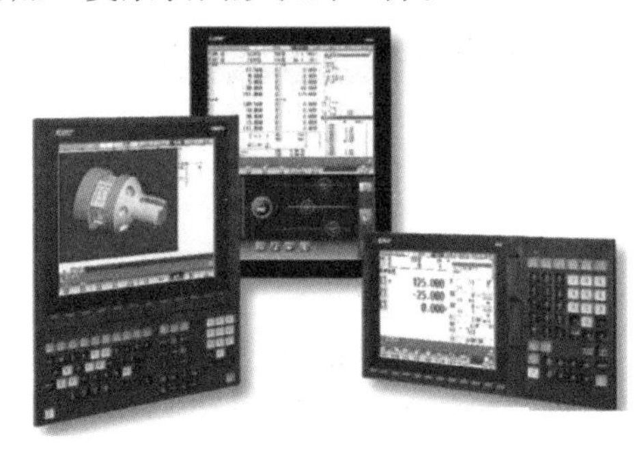

图 2-27

6. 美国哈斯。

哈斯数控系统专为哈斯机床量身订制且不断优化,不依靠第三方NC供应商。操作起来得心应手,特别配备了其他品牌机床所不具备的直观功能,能够更方便地进行工作加工和编程。

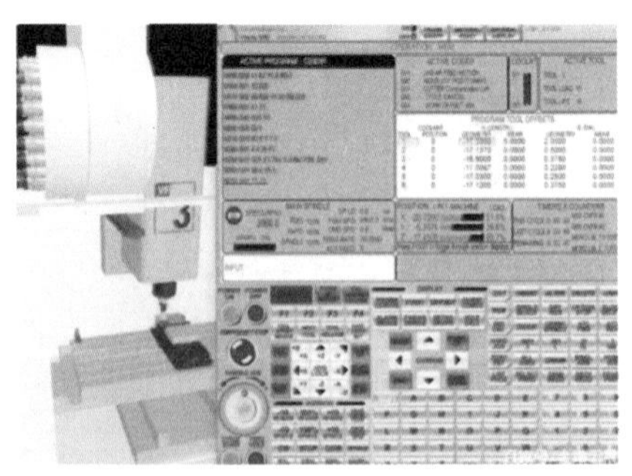

图 2-28

7. 西班牙发格。

FAGOR是世界著名的数控系统、数显表和光栅测量系统的专业制造商,成立于1972年。CNC 8070高档数控系统可以控制多达28个进给轴(联动)、4个主轴、4个刀库及4个执行通道。

图 2－29

8. 法国 NUM。

1961 年，NUM 开发了第一台 CNC 控制器，成为全球首批 CNC 供应商之一。NUM 的 Flexium + 数控系统可以控制多达 200 个 CNC 轴和主轴，每个通道最大可 9 轴插补。该系统拥有 40 个加工通道，具有多个 NCK 功能，可以多种方式轻松创建 HMI 或自定义标准 HMI。

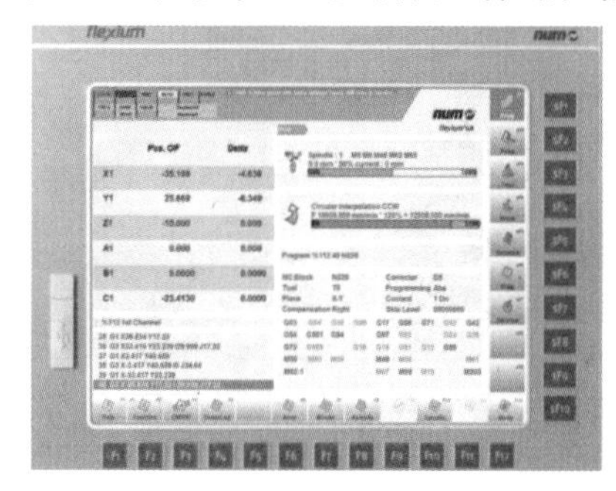

图 2－30

9. Bosch Rexroth—德国。

力士乐（Bosch Rexroth）是 2001 年由原博世自动化技术部与原力士乐公司合并而成，由博世集团全资拥有。博世力士乐是世界知名的传动和控制公司。它在工业液压、电子动力和控制、线性传动和装配技术、气动和液压传动服务，甚至移动机械液压方面处于世界领先地位。

图 2－31

任务三　鲁班锁－转台加工

一　任务描述

在张师傅的指导下，小李顺利完成了鲁班锁六个支杆的加工，熟悉了数控铣削加工的基本流程、能够完成简单、多工序零件的程序编写，对刀具选用、装夹方式的选择、机床的操作已经比较熟练了。为了进一步锻炼小李独立自主的数控加工技能，张师傅将"转台"加工的任务也交给了小李，如下图 3－1 所示。

图 3－1　转台

"转台"整体外形为回转体，可采用车削加工完成外形轮廓，但考虑其轴径比值较大，零件尺寸小，及减少加工工序和材料环保等因素，整个零件加工都使用数控铣削加工。张师傅给出了工件装夹的建议(采用三爪卡盘装夹)和部分编程指令模块、加工路线，发送了相关知识的资料，要求小李按照前面加工工艺计划流程，自主完成"转台"零件的工艺方案制定，选用合适刀具，完成零件程序编写，经过程序校验调试后，操作机床加工出合格工件。

二　执行计划

零件加工过程一般包括零件图分析、工艺分析、程序编制、加工操作、评估及总结六个步骤，具体流程如图 3－2 所示。

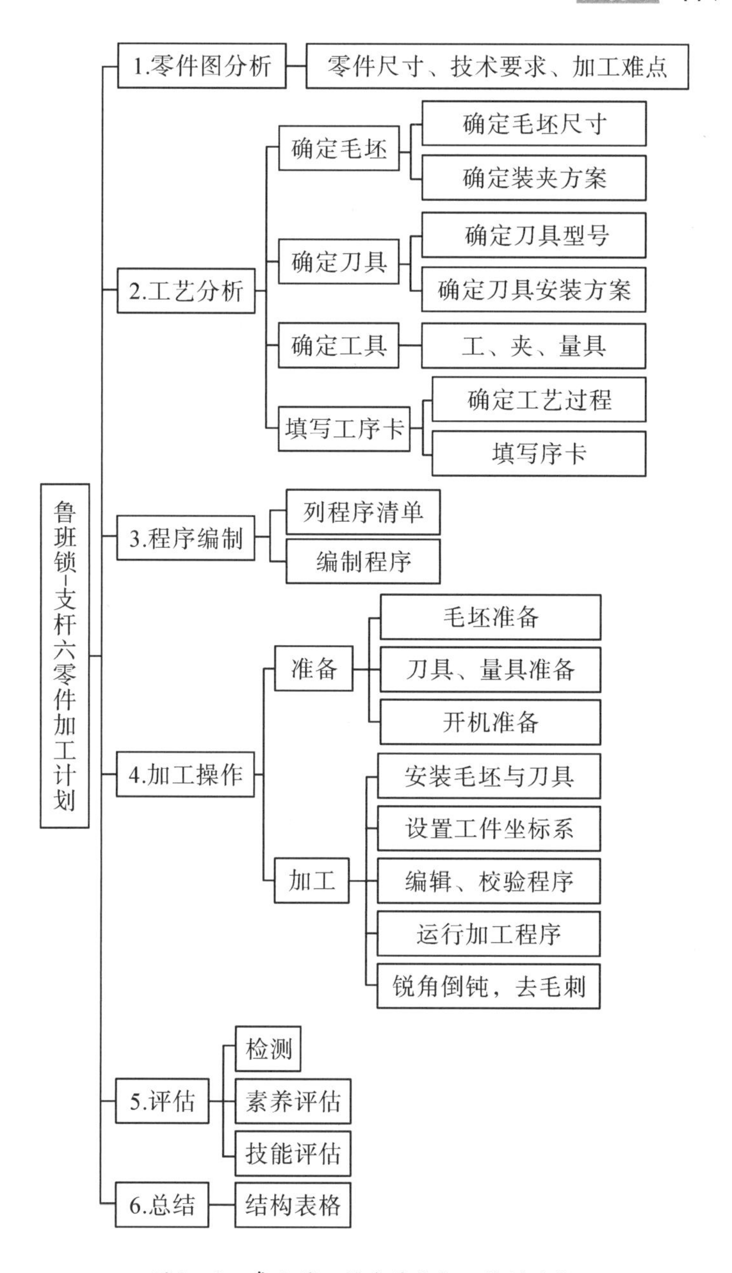

图 3-2　鲁班锁-转台零件加工计划流程

三　任务决策

3.1　转台零件图纸分析

加工前要先对零件图纸进行分析,如图 3-3 所示。读懂零件结构后,对精度要求较高的位置进行分析,确定加工难点及解决方案。请对照表格 3-1 中的内容,填写加工重难点与处理方案。

表 3-1 转台零件图纸分析

序号	项目	要求	影响及处理
1	零件名称	转台	
2	最大回转尺寸		
3	尺寸精度	关键精度尺寸： 3）__________ 4）__________	
4	形状位置精度	形位精度： 3）__________ 4）__________	
5	表面粗糙度	Ra ______ μm	
6	数量	材料：________ 数量：________	

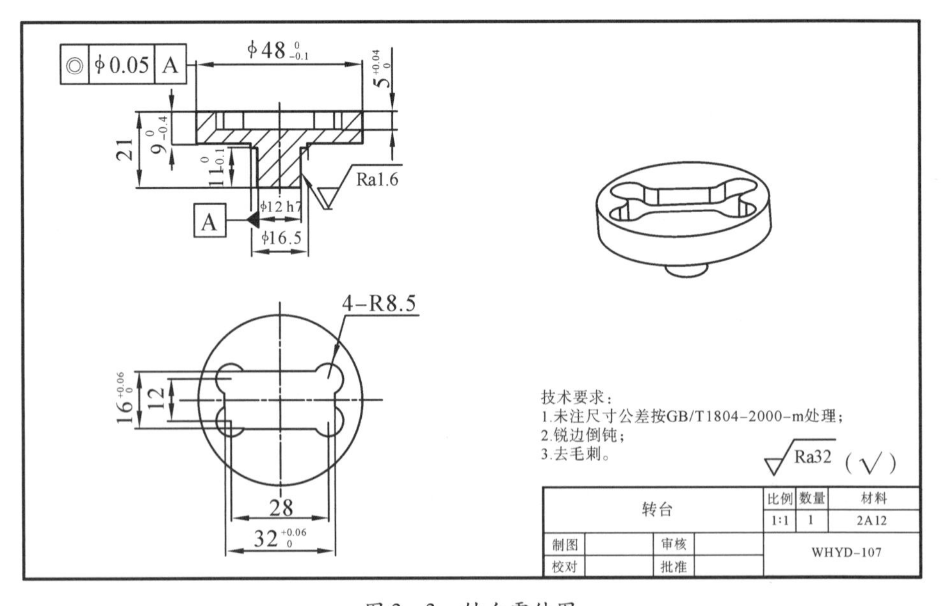

图 3-3 转台零件图

3.2 转台零件工艺分析

3.2.1 确定毛坯与装夹方案

零件的装夹直接影响零件的加工精度、生产效率和生产成本。选用合适的夹具并进行正确的定位、夹紧是保证加工出合格的零件的关键环节。请学习“知识园地”中数控铣削夹具的认识与使用相关内容,完成“能力检测”,最后在“学以致用“环节中结合车间现有条件完成转台“毛坯装夹”表单内容填写。

知识园地

夹具的种类与使用 - 三爪卡。

1)三爪卡盘的使用。在需要夹紧圆柱表面时,使用安装在机床工作台上的三爪卡盘可能最为适合。如果已经完成圆柱表面的加工,应在卡盘上安装一套软卡爪,使用端铣刀加工卡爪,直至达到希望夹紧的表面的准确直径。应记住在加工卡爪时,必须夹紧卡盘。最好使用一块棒料或六角螺母 - 只要保证卡爪紧固,并给刀具留有空间,以便切削至所需深度。如图 3 -4 所示,在工作台安放三爪卡盘,并用卡盘定位、夹紧圆柱工件。

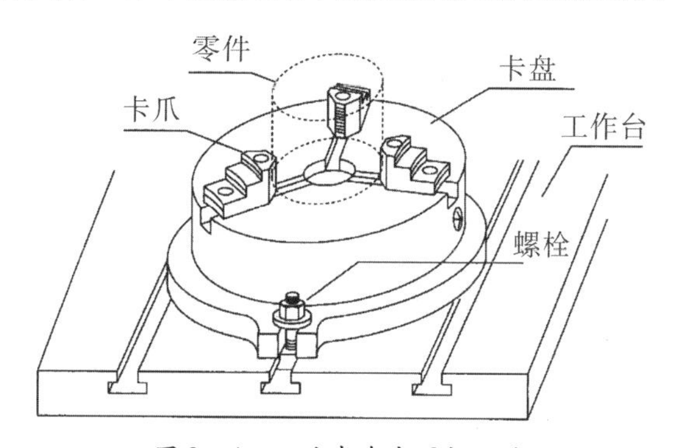

图 3 -4 三爪卡盘夹圆柱工件

2)V 型块的使用。V 型块是用得最广泛的外圆表面定位元件。在 V 型块上定位时,工件具有自动对中的作用。V 型块的结构尺寸已经标准化,其两斜面的夹角有 60、90、120 三种。与平口钳配套的 V 型块可通过 V 型槽定位,安装在虎钳上,操作简单,比较容易保证加工精度要求,适合大批量生产。如图 3 -5 所示圆柱形零件的装夹。

图 3 -5 V 型块的使用

能力检测

夹具的认识基础知识。

1. V 型槽钳口板的认识与使用

规格：__________

夹持直径范围：__________

标注下图中 A、B 的尺寸

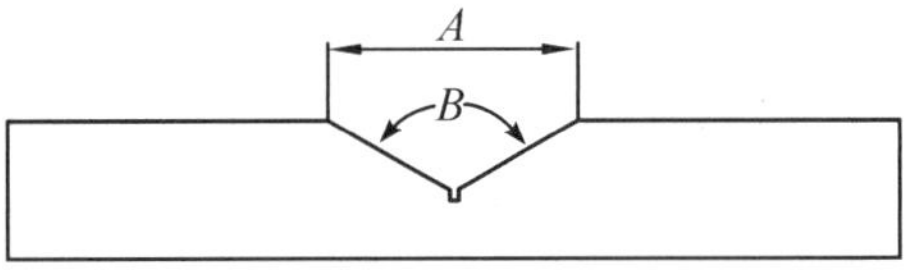

A

B

V 型槽钳口板

2. 零件的装夹分析

如下面图 3－6 所示零件，其毛坯为直径 55mm，长 23mm 的铝棒，在铣削加工中常采用为 V 型块或三爪卡盘进行装夹。现选用平口钳固定钳口安装 V 型槽钳口板完成零件的装夹。该零件需要两次装夹完成加工，选择先加工________，且毛坯上表面应高出钳口________ mm，再翻面装夹后加工________，且毛坯上表面高出钳口________ mm，以保证基准重合原则。

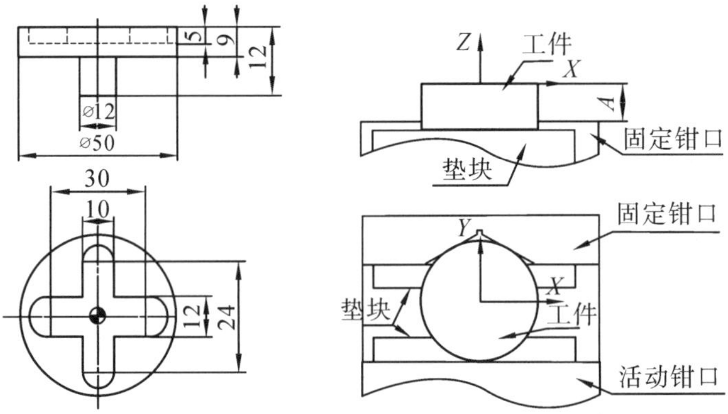

5
9
12
ø12
ø50
30
10
12
24
Z
工件
X
A
固定钳口
垫块
固定钳口
Y
X
垫块
工件
活动钳口

图 3－6

学以致用

转台　毛坯的装夹

毛坯材料	2A12	尺寸	ϕ55mm × 23mm
毛坯特点	材料硬度低、尺寸小，夹紧力过大易变形		
装夹位置	零件采用带 V 形槽固定闭口平口钳装夹，“安装一”需要完成零件四周面加工，其加工深度为 10mm，装夹时应保证下图 A 所示尺寸大于最大加工深度________ mm，以免出现过切		

续表

装夹方案	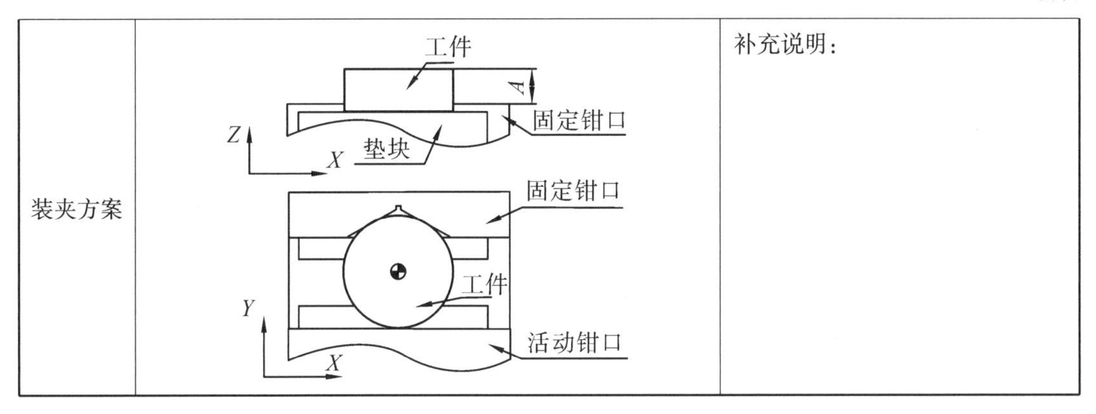	补充说明：

3.2.2 确定刀具

刀具选择以适用、经济为原则，请学习“知识园地”中“数控铣削刀具的认识与使用”相关内容，完成“能力检测”，最后在“学以致用”环节中阅读转台“刀具清单”表格中刀具参数，并参考参数根据实际条件选型，并所使用型号填写在备注栏中。

知识园地

1. 切削用量的影响。

在数控机床上加工零件时，切削用量都预先编入程序中，在正常加工情况下，人工不予改变。只有在试加工或出现异常情况时. 才通过速率调节旋钮或电手轮调整切削用量。因此程序中选用的切削用量应是最佳的、合理的切削用量，才能提高数控机床的加工精度、刀具寿命和生产率，降低加工成本。切削加工过程中机床、刀具、工件与冷却液对切削用量都有不同程度的影响。

1）机床。切削用量的选择必须在机床主传动功率、进给传动功率以及主轴转速范围、进给速度范围之内。机床—刀具—工件系统的刚性是限制切削用量的重要因素。切削用量的选择应使机床—刀具—工件系统不发生较大的“振颤”。如果机床的热稳定性好，热变形小，可适当加大切削用量。

2）刀具。刀具材料是影响切削用量的重要因素。表 3－2 是常用刀具材料的性能比较。数控机床所用的刀具多采用可转位刀片（机夹刀片）并具有一定的寿命。机夹刀片的材料和形状尺寸必须与程序中的切削速度和进给量相适应并存入刀具参数中去。标准刀片的参数请参阅有关手册及产品样本。

表 3－2　常用刀具材料的性能比较

刀具材料	切削速度	耐磨性	硬度	硬度随温度变化
高速钢	最低	最差	最低	最大
硬质合金	低	差	低	大
陶瓷刀片	中	中	中	中
金刚石	高	好	高	小

3）工件。不同的工件材料要采用与之适应的刀具材料、刀片类型，要注意到可切削性。

可切削性良好的标志是,在高速切削下有效地形成切屑,同时具有较小的刀具磨损和较好的表面加工质量。较高的切削速度、较小的背吃刀量和进给量,可以获得较好的表面粗糙度。合理的恒切削速度、较小的背吃刀量和进给量可以得到较高的加工精度。

4)冷却液。冷却液同时具有冷却和润滑作用。带走切削过程产生的切削热,降低工件、刀具、夹具和机床的温升,减少刀具与工件的摩擦和磨损,提高刀具寿命和工件表面加工质量。使用冷却液后,通常可以提高切削用量。冷却液必须定期更换,以防因其老化而腐蚀机床导轨或其他零件,特别是水溶性冷却液。

以上讲述了机床、刀具、工件、冷却液对切削用量的影响。对切削用量的合理选择,是在加工时保证零件的质量,充分发挥刀具切削的性能与所用机床的性能从而来减小加工的成本,提高切削的效率。切削用量有三大要素:切削速度、进给量、背吃刀量或侧吃刀量。我们对其进行分析,通过刀具的耐用度公式可以看出在三要素中背吃刀量或侧吃刀量、进给量对刀具的耐磨性影响相对较小,切削速度对其影响最大。切削用量的合理选择原则是:精加工时,要在保证加工质量的前提下,也要注意其加工的成本,经济性和切削效率。粗加工时,以提高生产效率为主,应尽量保证刀具的耐磨性。优先选择背吃刀量或侧吃刀量,其次选择进给速度,最后确定切削速度。

2. 切削用量的选择

1)背吃刀量或侧吃刀量。

(1)背吃刀量 背吃刀量是指铣刀在一次削切进给中切掉的表层的深度,也就是在与铣刀平行的轴线方向所测铣削层的尺寸。背吃刀量的选择其决定因素有很多,比如所用机床、刀具、夹具及工件的刚度等。

(2)侧吃刀量 侧吃刀量是指铣刀在进行一次削切中切掉的表层的宽度,也就是在与铣刀轴线方向垂直方向上所测铣削层尺寸。一般情况下侧吃刀量与所用道具的直径成正比,与背吃刀量成反比。

背吃刀量或侧吃刀量的选取主要由加工余量和对表面质量的要求决定:

a. 当工件表面粗糙度值要求为 Ra = 12.5 ~ 25μm 时,如果圆周铣削加工余量小于 5mm,端面铣削加工余量小于 6mm,粗铣一次进给就可以达到要求。但是在余量较大,工艺系统刚性较差或机床动力不足时,可分为两次进给完成。

b. 当工件表面粗糙度值要求为 Ra = 3.2 ~ 12.5μm 时,应分为粗铣和半精铣两步进行。粗铣时背吃刀量或侧吃刀量选取同前。粗铣后留 0.5 ~ 1.0mm 余量,在半精铣时切除。

c. 当工件表面粗糙度值要求为 Ra = 0.8 ~ 3.2μm 时,应分为粗铣、半精铣、精铣三步进行。半精铣时背吃刀量或侧吃刀量取 1.5 ~ 2mm;精铣时,圆周铣侧吃刀量取 0.3 ~ 0.5mm,面铣刀背吃刀量取 0.5 ~ 1mm。

2)进给量 f 与进给速度 Vf 的选择。铣削加工的进给量 f(mm/r)是指刀具转一周,工件与刀具沿进给运动方向的相对位移量;进给速度 Vf(mm/min)是单位时间内工件与铣刀沿进给方向的相对位移量。进给速度与进给量的关系为 Vf = nf(n 为铣刀转速,单位 r/min)。进给量与进给速度是数控铣床加工切削用量中的重要参数,根据零件的表面粗糙度、加工精度要求、刀具及工件材料等因素,参考切削用量手册选取或通过选取每齿进给量 fz,再根据

公式 $f = Zfz$（Z 为铣刀齿数）计算。

每齿进给量 fz 的选取主要依据工件材料的力学性能、刀具材料、工件表面粗糙度等因素。工件材料强度和硬度越高，fz 越小；反之则越大。硬质合金铣刀的每齿进给量高于同类高速钢铣刀。工件表面粗糙度要求越高，fz 就越小。每齿进给量的确定可参考表 3－3 选取。工件刚性差或刀具强度低时，应取较小值。

表 3－3　铣刀每齿进给量参考值

<table>
<tr><th rowspan="3">工作材料</th><th colspan="4">fz/mm</th></tr>
<tr><th colspan="2">粗铣</th><th colspan="2">精铣</th></tr>
<tr><th>高速钢铣刀</th><th>硬质合金铣刀</th><th>高速钢铣刀</th><th>硬质合金铣刀</th></tr>
<tr><td>钢</td><td>0.10～0.15</td><td>0.10～0.25</td><td rowspan="2">0.02～0.05</td><td rowspan="2">0.10～0.15</td></tr>
<tr><td>铸铁</td><td>0.12～0.20</td><td>0.15～0.30</td></tr>
</table>

3）切削速度 Vc。铣削的切削速度 Vc 与刀具的耐用度、每齿进给量、背吃刀量、侧吃刀量以及铣刀齿数成反比，而与铣刀直径成正比。其原因是当 fz、ap、ae 和 Z 增大时，刀刃负荷增加，而且同时工作的齿数也增多，使切削热增加，刀具磨损加快，从而限制了切削速度的提高。为提高刀具耐用度允许使用较低的切削速度。但是加大铣刀直径则可改善散热条件，可以提高切削速度。

铣削加工的切削速度 Vc 可参考表 3－4 选取，也可参考有关切削用量手册中的经验公式通过计算选取。

表 3－4　铣削加工的切削速度参考值

<table>
<tr><th rowspan="2">工作材料</th><th rowspan="2">硬度（HBS）</th><th colspan="2">Vc/（m/min）</th></tr>
<tr><th>高速钢铣刀</th><th>硬质合金铣刀</th></tr>
<tr><td rowspan="3">钢</td><td><225</td><td>18～42</td><td>66～150</td></tr>
<tr><td>225～325</td><td>12～36</td><td>54～120</td></tr>
<tr><td>325～425</td><td>6～21</td><td>36～75</td></tr>
<tr><td rowspan="3">铸铁</td><td><190</td><td>21～36</td><td>66～150</td></tr>
<tr><td>190～260</td><td>9～18</td><td>45～90</td></tr>
<tr><td>260～320</td><td>4.5～10</td><td>21～30</td></tr>
</table>

4）主轴转速 n。主轴转速 n（r/min）要根据允许的切削速度 Vc（m/min）来确定：

$$n = 1000Vc/(3.14 \times d)$$

式中：d—铣刀直径。

从理论上讲，Vc 的值越大越好，但实际上由于机床、刀具等的限制，常用的机床、刀具所允许的切削速度只能在 90～150m/min 范围内选取。但对于材质较软的铝、镁合金等，Vc 可提高近一倍左右。

学以致用

转台刀具清单

序号	名称	规格	材质	加工内容	切削深度	主轴转速(r/min)	进给率(mm/min)
1	立铣刀	ϕ8	高速钢	粗加工			
2							
3							
4							
5							

3.2.3 确定工具

加工前准备好工具,在操作过程中能减少很多辅助时间,从而提高工作效率,请根据零件需求填写工、夹、量清单,根据实际条件选型填写参数。

转台工、量、夹具清单

序号	类型	名称	参考参数	备注
1	工具			
2				
3				
4				
5				
6				
7				
8				
9	夹具			
10				
11	量具			
12				
13				
14				
15				

3.2.4 转台零件工序卡填写

零件工艺分析需确定每个工步的加工内容、工艺参数及工艺装备等。请学习“知识园地”中“数控铣削加工工艺”内容后,在“学以致用”环节中填写转台加工工序卡。

知识园地

数控铣削加工工艺。

1. 铣削加工走刀路线的选择 - 封闭槽铣削。

铣削加工中,铣削封闭槽常用3种加工路线:图3-7(a)为用行切法加工封闭槽,其加工路线最短,但表面粗糙度差,适用于对表面粗糙度要求不太高的粗加工或半精加工。图3-7(b)为环切法加工封闭槽,其表面粗糙度最好,但加工路线最长。图3-7(c)为采用综合法加工封闭槽,即先采用行切法粗加工,最终轮廓用环切法再沿轮廓切削一周进行精加工,使封闭槽轮廓表面光整,易保证凹槽侧面达到所要求的表面质量。而其加工路线介于前两者之间,所以图3-7(c)的加工路线方案最为合理。

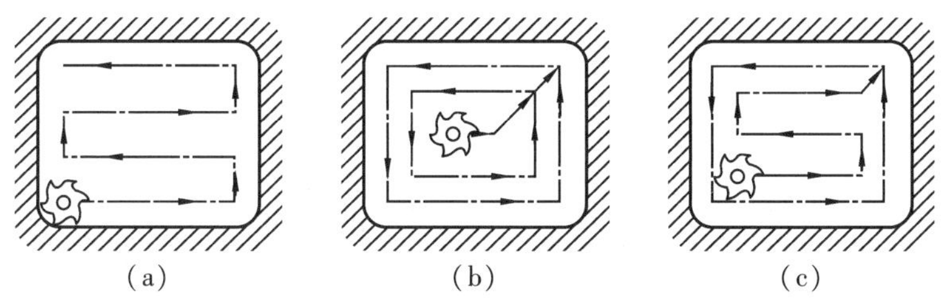

图3-7 封闭槽铣削的3种加工路线

(a)行切法;(b)环切法;(c)综合法

2. 进退刀路线、下刀方式。

铣削封闭轮廓零件时,要注意刀具切入和切出时的运动轨迹。为了提高加工精度和减少表面粗糙度,在铣削封闭的内轮廓侧面时,一般较难从轮廓曲线的切线方向切入、切出,应在区域相对较大的地方,用切弧切向切入和切向切出,如图3-8所示中A-B-C-B-D的方法进行。

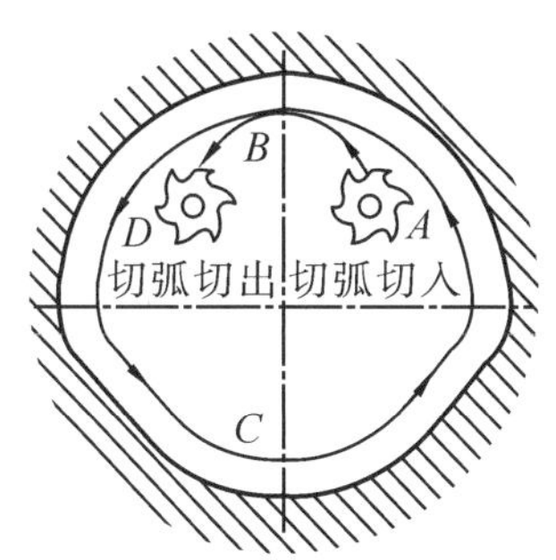

图3-8 内轮廓切弧切入切出

铣削封闭的内轮廓表面时,若内轮廓曲线允许外延,则应沿切线方向切入切出。若内轮廓曲线不允许外延,如图3-9所示,则刀具只能沿内轮廓曲线的法向切入切出,并将其切入、切出点选在零件轮廓两几何元素的交点处。当内部几何元素相切无交点时,为防止刀补取消时在轮廓拐角处留下凹口,刀具切入、切出点应远离拐角,如图3-10所示。

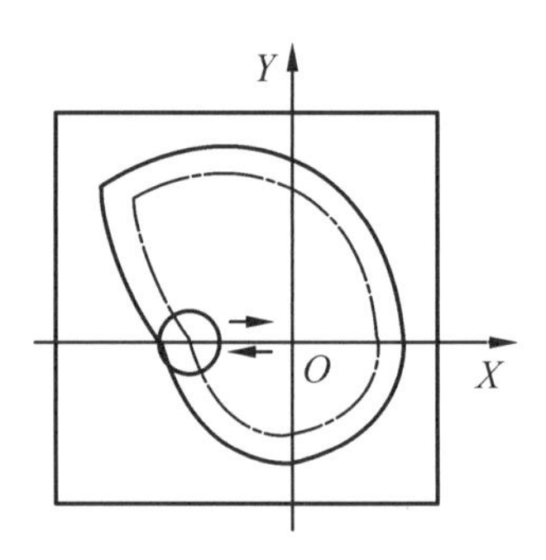

图 3-9　内轮廓切入切出方式

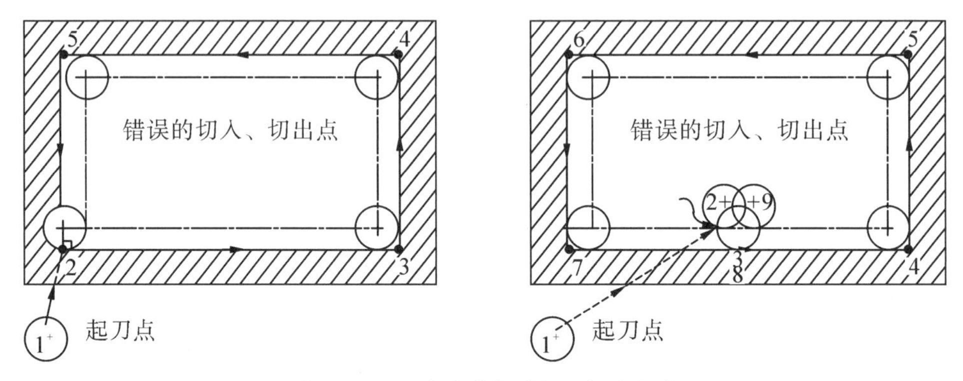

图 3-10　无交点内轮廓切入切出方式

3. 顺铣与逆铣。

在铣削零件轮廓时，将刀具旋转切入工件的方向与工件进给方向的不同分为顺铣与逆铣，两种加工方式对加工表面质量、刀具的磨损及切削力等都有不同的影响。

1)顺铣。铣刀旋转切入工件的方向与工件的进给方向相同称为顺铣。切削厚度从最大到0，刀具使用寿命高，已加工表面质量好，产生垂直向下的铣削分力，有助于工件的定位夹紧，但不可铣带硬皮的工件，当工作台进给丝杆螺母机构有间隙时，工作台可能会窜动。

2)逆铣。铣刀旋转切入工件的方向与工件的进给方向相反称为逆铣。切削厚度从0到最大，刀具使用寿命低，已加工表面质量差，产生垂直向上的铣削分力，有挑起工件破坏定位的趋势，但可铣带硬皮的工件，当工作台进给丝杆螺母机构有间隙时，工作台也不会窜动。见图 3-11 的顺逆铣示意图。

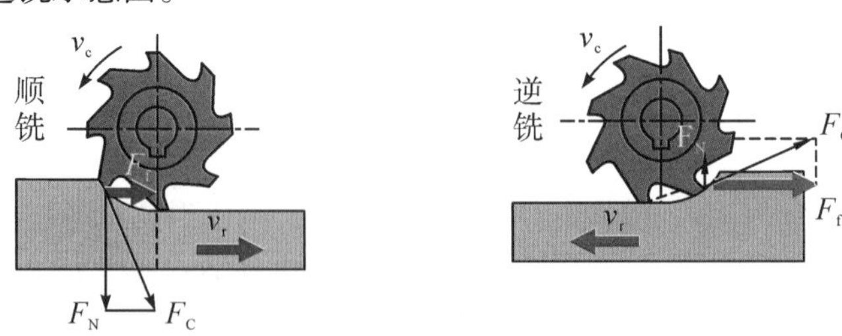

图 3-11　顺逆铣示意图

编程序时如何判别顺铣逆铣：当铣削工件外轮廓时，沿工件外轮廓顺时针方向进给，编程即为顺铣，沿工件外轮廓逆时针方向进给，编程即为逆铣，当铣削工件内轮廓时，沿工件内轮廓逆时针方向进给，编程即为顺铣，沿工件内轮廓顺时针方向进给，编程即为逆铣，铣削加工顺铣和逆铣路线选择技巧。

(1)尽可能多使用顺铣。因为数控铣床的结构特点,丝杠和螺母的间隙很小,若采用滚珠丝杠副,基本可消除间隙,因而不存在间隙引起工作台窜动问题同时,数控铣削加工应尽可能采用顺铣,以便提高铣刀寿命和加工表面的质量

(2)当工件表而有硬皮,应采用逆铣。因为逆铣时,刀齿是从已加工表而切入,不会崩刀;若工件表面没有硬皮,采用顺铣加工。

(3)粗加工多用逆铣,而精加工采用顺铣。

能力检测

顺铣与逆铣
(1)什么叫顺铣?什么叫逆铣?如何判断顺铣与逆铣?
(2)顺铣与逆铣对切削加工有什么影响?
(3)在加工上图图3-6零件中 $\phi50$ 圆柱的轮廓时,应如何选择顺铣与逆铣?

学以致用

转台加工工序卡

产品名称	鲁班锁	产品编号		零件加工工序号	07
零件名称	转台	零件编号	07	工序加工内容	粗、精铣零件

零件装夹与工件原点示意图:(安装一与安装二一致)

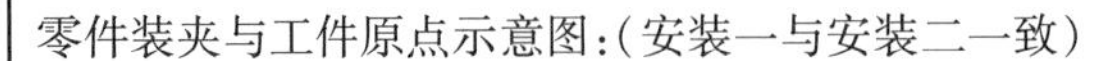

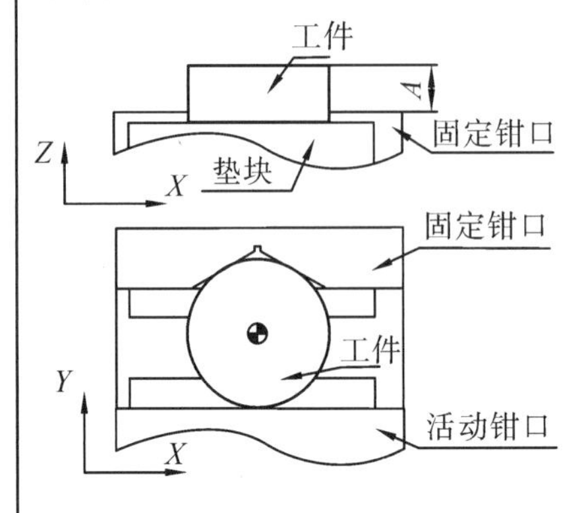

零件示意图:

加工工序				刀具			切削参数						备注
序号	安装	加工方式	加工内容	刀具名称	直径	刃长	步距	XY余量	Z向余量	切削深度	主轴转速(r/min)	进给率(mm/min)	
1	安装一	粗铣	粗加工圆台平面与轮廓										
			粗加工凹槽										
2		半精铣	半精铣圆台外轮廓										
			半精加工凹槽										
3		精铣	精铣圆台平面外轮廓										
			精铣凹槽										
4	安装二	粗铣	粗铣底座平面										
			粗铣凸轴轮廓										
5		半精铣	半精铣凸轴轮廓										
6		精铣	精铣底座平面与凸轴										

编制		审核		批准		日期	

3.3 程序编制

数控铣削零件复杂多样，加工内容一般包括外形铣削、内腔铣削、曲面铣削及孔类加工。不同加工内容程序编制的工艺过程和方法有区别。

本任务为转台零件的加工，是集外形和内腔铣削于一体的典型零件，在“知识园地”中将重点介绍程序编制中圆弧指令、刀具半径补偿及子程序调用等指令的应用。经过“能力检测”，最后在“学以致用”环节中阅读转台加工程序信息表及程序卡，补全程序卡中所缺的内容。

知识园地

数控铣削加工编程。

1. 辅助功能(M00)。

M00 程序暂停。

当 CNC 执行到 M00 指令时，将暂停执行当前程序，以方便操作者进行刀具和工件的尺寸测量、工件调头、手动变速等操作。

暂停时，机床进给保持，而全部现存的模态信息保持不变，欲继续执行后续程序，重按操作面板上的“循环启动”键。

M00 为当前程序执行有效，为后置 M 功能，且不允许修改前、后置属性。

2. G 代码编程(G02、G03、G40、G41、G42)。

圆弧插补(G02/G03)。

通过该指令，刀具在指定平面(G17、G18、G19)内，沿指定圆弧方向运行到终点。

$$\mathrm{G17}\ \begin{matrix}\mathrm{G02}\\ \mathrm{G03}\end{matrix}\ \mathrm{X\_Y\_}\ \begin{matrix}\mathrm{I\_J\_}\\ \mathrm{R\_}\end{matrix}\ \mathrm{F\_XY}\quad \text{平面圆弧插补}$$

$$\mathrm{G18}\ \begin{matrix}\mathrm{G02}\\ \mathrm{G03}\end{matrix}\ \mathrm{X\_Z\_}\ \begin{matrix}\mathrm{I\_K\_}\\ \mathrm{R\_}\end{matrix}\ \mathrm{F\_XZ}\quad \text{平面圆弧插补}$$

$$\mathrm{G19}\ \begin{matrix}\mathrm{G02}\\ \mathrm{G03}\end{matrix}\ \mathrm{Y\_Z\_}\ \begin{matrix}\mathrm{J\_K\_}\\ \mathrm{R\_}\end{matrix}\ \mathrm{F\_YZ}\quad \text{平面圆弧插补}$$

参数	含义
G02	顺时针圆弧插补
G03	逆时针圆弧插补
G17	指定 *XY* 平面上进行圆弧插补
G18	指定 *ZX* 平面上进行圆弧插补
G19	指定 *YZ* 平面上进行圆弧插补
X	圆弧插补 *X* 轴的移动量或圆弧终点 *X* 轴坐标
Y	圆弧插补 *Y* 轴的移动量或圆弧终点 *Y* 轴坐标
Z	圆弧插补 *Z* 轴的移动量或圆弧终点 *Z* 轴坐标

续表

参数	含义
R	圆弧半径(带符号,"+"劣弧,"-"优弧)
I	圆弧起始点 X 轴距离圆弧圆心的距离(带符号)
J	圆弧起始点 Y 轴距离圆弧圆心的距离(带符号)
K	圆弧起始点 Z 轴距离圆弧圆心的距离(带符号)
F	进给速度,模态有效

详细说明:

1)圆弧指令说明。G02/G03 为模态指令,是 G 代码中的 01 组指令,G02/G03 指令编程时可缩写为 G2/G3。

2)圆弧插补方向。各平面中圆弧插补方向的定义:在直角坐标系中,从第 3 轴的正向往负向看,圆弧运动方向与顺时针方向一致时为顺圆插补方向,圆弧运动方向与逆时针方向一致时为逆圆插补方向。

XY 平面第 3 轴为 Z 轴,ZX 平面第 3 轴为 Y 轴, YZ 平面第 3 轴为 X 轴,顺时针与逆时针方向的定义如图 3-12 所示:

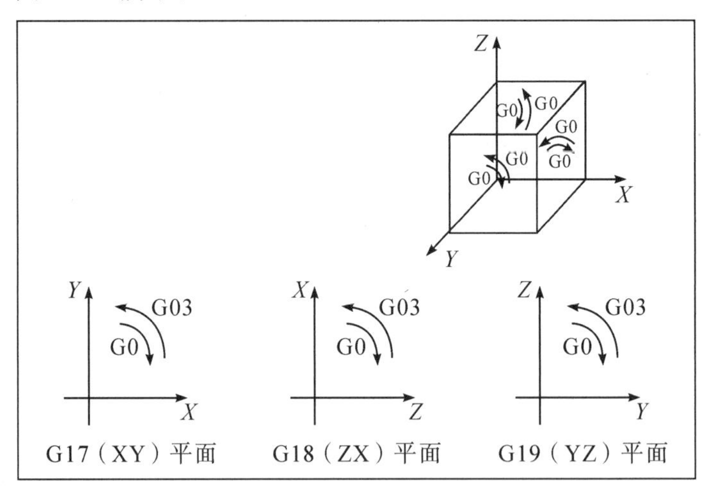

图 3-12 顺时针与逆时针方向的定义

3)圆弧终点。用位置指令(X,Y,Z)指定圆弧的终点。

若为绝对值(G90)方式,(X,Y,Z)指定的是圆弧终点的绝对位置,若为增量值(G91)方式,则(X,Y,Z)指定的是从圆弧起点到终点的距离。如图 3-13 所示。

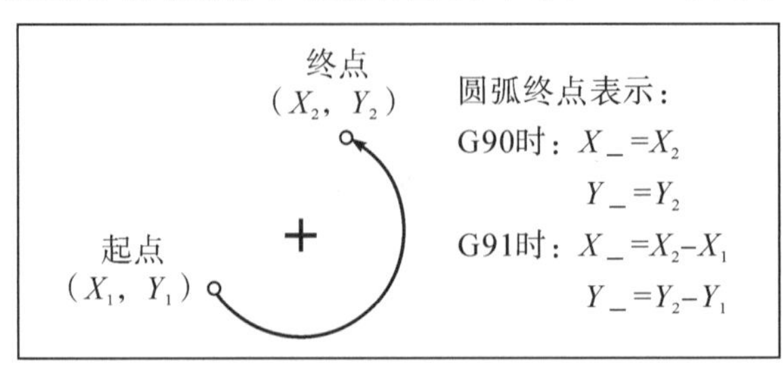

图 3-13 圆弧终点表达方式

4)圆弧中心 IJK 定义。用指令(I, J,K)指定圆弧中心的位置。

(I,J,K)指令的参数是从起点向圆弧中心看的矢量分量,并且不管是 G90 还是 G91 总是增量值。(I,J,K)的指令参数必须根据方向指定其符号正或负,如图 3-14 所示。

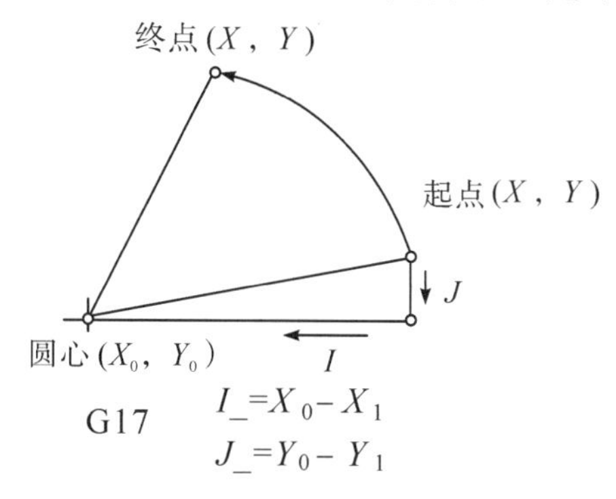

图 3-14 圆弧圆心表达方式

5)整圆编程。若编程时位置指令(X,Y,Z)全部省略,则表示起点和终点重合,此时用(I,J,K)编程指定的是一个整圆。如用 R 指定,则成为 0 度的弧,此时系统报警。

6)半圆编程。圆弧中心除了可以由上面所说的(I,J,K)指定外,还可以用圆弧的半径指定。当用圆弧半径指定圆心时,包括两种情况。

a)中心角小于 180°的圆弧;b)中心角大于 180°的圆弧。

因此,在编程时应明确指定的是哪一个圆弧。这由圆弧半径 R 的正负号来确定。当 R 为正时,指定的是①圆弧;当 R 为负时,指定的是②圆弧。如图 3-15 所示。

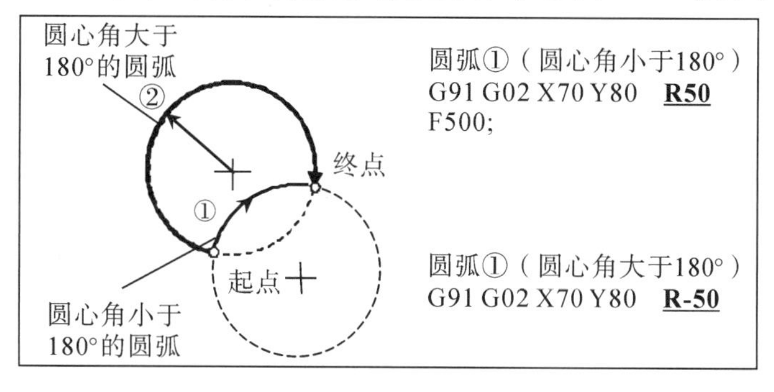

图 3-15 圆弧半径表达方式

注意:

(1)同时指定 I/J/K 和 R 时,如果在非整圆圆弧插补指令中同时指定 I、J、K 和 R,则以 R 指定的圆弧有效。

(2)指定在非指定平面内的轴,如果指定不在平面内的轴就会产生报警。

(3)用 R 指定一个半圆,如半圆或中心角接近 180 度的圆弧用 R 指定,中心位置的计算会产生误差。这种情况用 I,J,K 来指定圆弧中心。

(4)圆柱螺旋线插补。G02、G03 除了可以指定圆弧插补外,通过指定第三轴的移动距离还可以实现螺旋线插补。

$G17\begin{matrix}G02\\G03\end{matrix}X\_Y\_Z\begin{matrix}I\_J\_\\L\_\end{matrix}F\_XY$　平面圆弧插补

$G18\begin{matrix}G02\\G03\end{matrix}X\_Z\_Y\begin{matrix}I\_K\_\\L\_\end{matrix}F\_XZ$　平面圆弧插补

$G19\begin{matrix}G02\\G03\end{matrix}Y\_Z\_X\begin{matrix}J\_K\_\\L\_\end{matrix}F\_YZ$　平面圆弧插补

参数说明：

参数	说明
G17	指定 XY 平面上进行圆弧插补
G18	指定 ZX 平面上进行圆弧插补
G19	指定 YZ 平面上进行圆弧插补
G02	顺时针圆弧插补
G03	逆时针圆弧插补
X	圆弧插补 *X* 轴的移动量或圆弧终点 *X* 轴坐标
Y	圆弧插补 *Y* 轴的移动量或圆弧终点 *Y* 轴坐标
Z	圆弧插补 *Z* 轴的移动量或圆弧终点 *Z* 轴坐标
R	圆弧半径(带符号,“ + ”劣弧,“ - ”优弧)
I	圆弧起始点 *X* 轴距离圆弧圆心的距离(带符号) 圆锥线插补选择 YZ 平面时为螺旋一周的高度增减量
J	圆弧起始点 *Y* 轴距离圆弧圆心的距离(带符号)
K	圆弧起始点 *Z* 轴距离圆弧圆心的距离(带符号)
F	进给速度,模态有效
L	螺旋线旋转圈数(不带小数点的正数)

旋转方向:螺旋线插补的旋转方向参考其投影到二维平面的圆弧方向

整圈螺纹线插补时,位置指令(X、Y、Z)全部省略,则表示起点和终点重合,此时用(I,J,K)编程指定的是一个整圆。如用 R 指定,则成为 0 度的弧,此时系统报警。

加工如图 3 - 16 所示螺旋线:

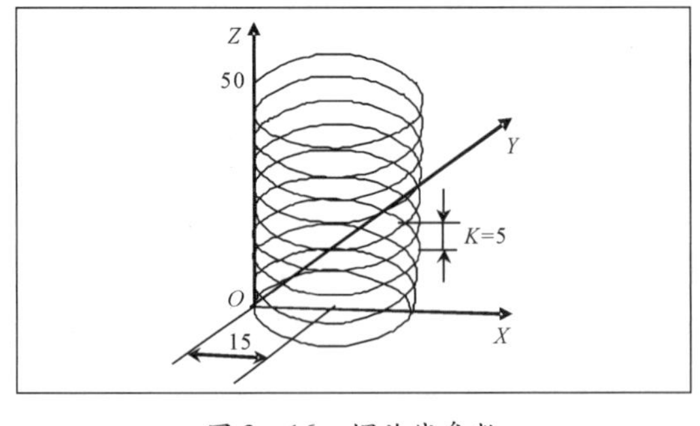

图 3 - 16　螺旋线参数

a. 绝对值编程。

X30 Y0 Z0

G90 G03 X0 Y0 Z50 I-15 J0 K0 L10 F3500

M30

b. 增量编程。

X30 Y0 Z0

G91 G03 X-30 Y0 Z50 I-15 J0 K0 L10 F3500

M30

c. 铣刀刀具半径补偿(G40/G41/G42)。数控机床铣削工件轮廓时,为了使编程人员编程方便,通常以刀具中心进行轨迹编程,并且编程时不用考虑刀具半径,只需按照工件的轮廓尺寸进行刀具轨迹编程。但是实际的刀具运动轨迹与工件轮廓会有一个偏移量(刀具半径),因此在编程时需要对刀具中心轨迹进行一定的偏置(偏置距离等于刀具半径,偏置方向可为左偏置或右偏置,视具体工件编程而定),使刀具运动轨迹与工件轮廓一致的功能,称为刀具半径补偿功能。

另因更换刀具或刀具磨损也可引起的刀具半径发生变化,该功能可实现不修改编程,直接修改刀补表中相应的半径补偿值或磨损值即可。

刀具半径补偿功能编程格式:

$$G17\left\{\begin{matrix}G41\\G42\end{matrix}\right\}\left\{\begin{matrix}G00X\_Y\_\\G01X\_Y\_\end{matrix}\right\}D\_XY \quad \text{平面圆弧插补}$$

$$G18\left\{\begin{matrix}G41\\G42\end{matrix}\right\}\left\{\begin{matrix}G00X\_Z\_\\G01X\_Z\_\end{matrix}\right\}D\_ZX \quad \text{平面圆弧插补}$$

$$G19\left\{\begin{matrix}G41\\G42\end{matrix}\right\}\left\{\begin{matrix}G00Y\_Z\_\\G01Y\_Z\_\end{matrix}\right\}D\_YZ \quad \text{平面圆弧插补}$$

参数	含义
G17/G18/G19	指定补偿平面,分别为XY、XZ、ZY平面。
G41/G42	刀具半径补偿有效。G41:左刀补;G42:右刀补
D	指定刀具半径的补偿号

①刀具半径补偿方向。

G41:向刀具移动方向的左侧进行偏置(如图3-17(a)所示)。G42:向刀具移动方向的右侧进行偏置(如图3-17(b)所示)。

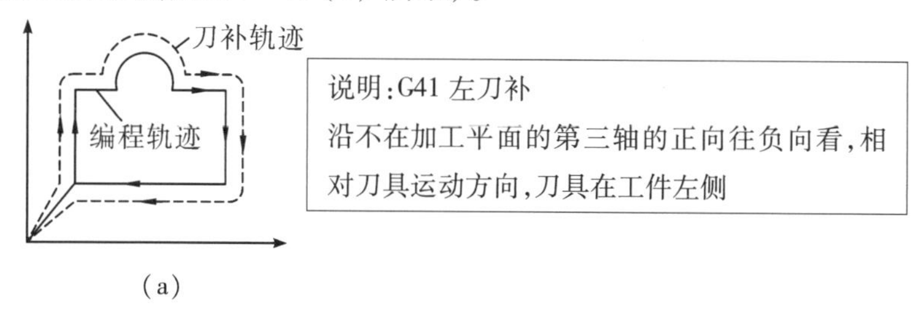

(a)

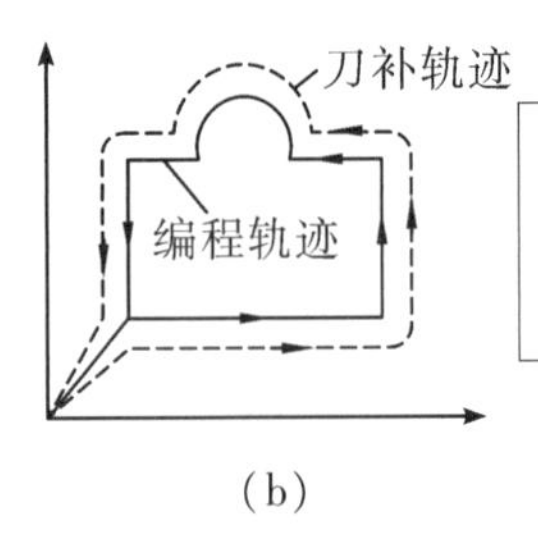

说明:G42 右刀补
沿不在加工平面的第三轴的正向往负向看,相对刀具运动方向,刀具在工件右侧

(b)

图 3－17　刀具半径补偿方向

②刀具半径补偿号。本系统刀具补偿编号的有效范围默认为 99 组,并且补偿编号的有效范围可通过 NC 参数 000060(系统保存刀具数据的数目)来设定。

③刀具半径补偿平面选择。

偏置平面	平面指令选择	IP
XY	G17	X_Y_
ZX	G18	X_Z_
YZ	G19	Y_Z_

半径补偿计算在 G17/G18/G19 指令确定的平面上进行。进行补偿计算的平面称为补偿平面。不在补偿平面内的轴坐标值不执行补偿。在 3 轴联动控制时对刀具轨迹在各平面上的投影进行补偿。

必须在半径补偿取消的情况下切换补偿平面。如果在补偿过程中切换平面,则会出现“刀具半径补偿中不可以切换坐标平面”的报警,并且机床停止。

④刀具半径补偿量的设定。利用 D 代码,通过指定刀具半径补偿量的编号,调用刀具补偿表中设置的补偿量。在另一 D 代码被指定之前,D 代码一直有效。

刀具半径补偿量的改变通常在 G40 指令取消方式下、复位重新运行或换刀时进行。

一般情况下,补偿量为正值(＋)。如果补偿量是负值(－),则 G41 和 G42 互换。即如果补偿量为正值时刀具中心围绕工件的外轮廓移动,那么此时如果补偿量为负值时它将绕着内侧移动。

能力检测

1. 编程代码的格式与含义	
1）圆弧插补指令应用 编写如右图所示零件加工程序，不考虑刀具半径，请补全下面的程序 （1）ϕ50 圆柱的轮廓： N50 G01 X－25 Y0 F500；（切削到起点 *A* 点） N55 G02 ____________；（圆弧插补） （2）宽 12mm 槽右端圆弧的轮廓： N50 G01 ________ F500；（切削起点 *B* 点） N55 ____________；（圆弧插补到 *C* 点）	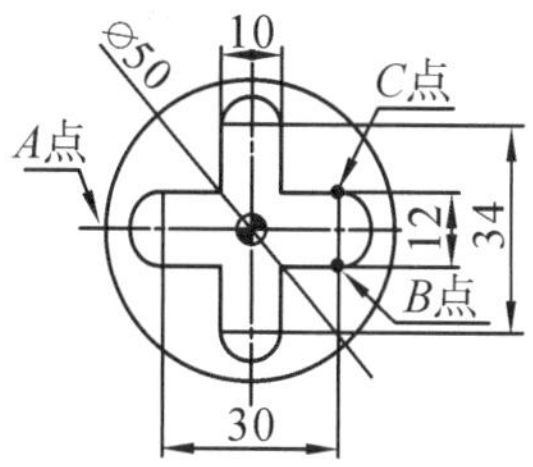
2）刀具半径补偿指令应用 采用 ϕ8 立铣刀完成零件十字形槽轮廓精加工程序编写。为减少刀位点的计算，使用刀具半径补偿指令完成。 （1）设置刀具半径补偿值 在数控系统刀补表中，设置#0001 号刀具半径补偿值为________。 （2）十字形槽轮廓精加工程序编写 N10 …… N50 G01 X0 Y0 F300；（建立刀补起点） N52 ________________；（建立刀补至 *A* 点） N54 ________________；（轮廓加工至 *B* 点） N56 ________________；（建立刀补至 *C* 点） N58 ________________；（轮廓加工至 *D* 点） N60 ________________；（建立刀补至 *E* 点） N62 ________________；（轮廓加工至 *F* 点） N64 ________________；（轮廓加工至 *G* 点） N66 ________________；（建立刀补至 *H* 点） N68 ________________；（轮廓加工至 *I* 点） N70 ________________；（建立刀补至 *J* 点） N72 ________________；（轮廓加工至 *K* 点） N74 ________________；（建立刀补至 *L* 点） N76 ________________；（轮廓加工至 *M* 点） N78 ________________；（取消刀补至原点） ……	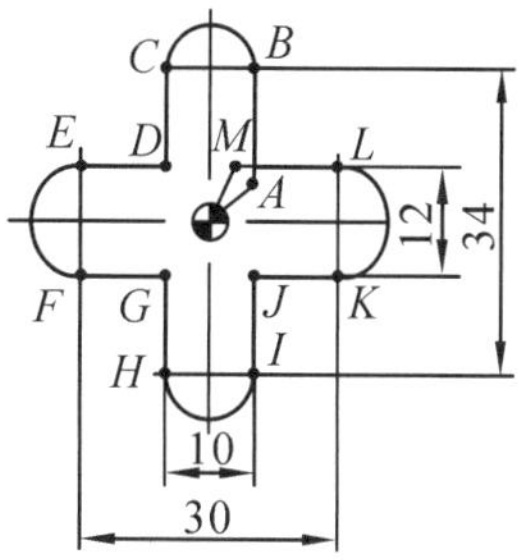

学以致用

零件的加工通常需要多个程序完成，为加工时程序信息错乱，将程序信息列出，操作过程中更清晰明了，转台加工程序信息表如下。

转台加工程序信息表

序号	安装	程序名		加工内容	刀具型号	刀具半径补偿号	刀具长度补偿号
		主程序	子程序				
1	安装一	%0011		粗加工圆台平面与轮廓	ϕ ______铣刀	\	\
2		%0012		粗加工凹槽	ϕ ______铣刀	\	\
3		%0013		半精铣圆台外轮廓与凹槽	ϕ ______铣刀	\	\
4		%0014		精铣圆台平面、外轮廓与凹槽	ϕ ______铣刀	\	\
5	安装二	%0021		粗铣底座平面	ϕ ______铣刀	\	\
6		%0022		粗铣凸轴轮廓	ϕ ______铣刀		
7		%0023		半精铣凸轴轮廓	ϕ ______铣刀	\	\
8		%0024		精铣底座平面与凸轴	ϕ ______铣刀	\	\

具体程序内容如下，请参考下面已有的程序信息，将程序卡中所缺的刀位轨迹图和程序内容补全。

转台　程序卡

序号	加工程序	程序说明	基点与示意图
1	%0011 N01 G54 G90 G17 N02 M03 S1000 N03 G00 Z100 N04 ______ N05 Z10 N06 G01 Z ____ F100 N07 ______ N08 ______ N09 ______ N10 ______ N11 ______ ______ ______ ______ ______ ______ N05 G00 Z10 N06 X ____ Y ____ N07 G01 Z ____ F1000 N08 ______ N09 ______ N10 ______ N11 ______ ______ ______ ______ ______ ______ ______	粗加工圆台平面与轮廓 ______立铣刀 ______ ______ 下刀点 ______ 圆台平面铣削 圆台轮廓铣削 下刀点 （“层切”方式切削可应用子程序）	毛坯轮廓 圆台轮廓 （画出刀具轨迹图，标记刀位点坐标，编写加工程序） 备注：

续表

序号	加工程序	程序说明	基点与示意图
2	%0012 N01 G54 G90 N02 S1000 M03 N03 G00 Z100 N04 X0 Y0 N05 Z10 N06 G01 Z0 F100 N07 M98 P0002L ____ N08 G90 G00 Z100 N09 M05 N10 M30 %0002 N01 G91 G01Z - ____ N02 G90 ________ ________________ ________________ ________________ ________________	凹槽粗加工 ________立铣刀 调用子程序,粗铣凹槽 子程序,粗铣凹槽 (轮廓加工可建立刀具半径补偿	(已知图中 A、B 两点的坐标分别为 A(10.25,8)　B(16,2.25)。结合零件轮廓设计刀具轨迹图,标记刀位点坐标,编写加工程序) 备注:

续表

<table>
<tr><th>序号</th><th>加工程序</th><th>程序说明</th><th>基点与示意图</th></tr>
<tr>
<td>3</td>
<td>%0013
N01 G54 G90G17
N02 M03 S1000
N03 G00 Z100
N04 ____________
N05 Z10
N06 G01 Z ______ F100
N07 ____________
N08 ____________
N09 ____________
N10 ____________
N11 ____________
____
____

N05 G00 Z10
N06 X ____ Y ____
N07 G01 Z ____ F1000
N08 ____________
N09 ____________
N10 ____________
N11 ____________
____
____
____
____
____
________________</td>
<td>半精铣圆台外轮廓与凹槽
________立铣刀
下刀点
半精铣圆台外轮廓
半精铣凹槽</td>
<td>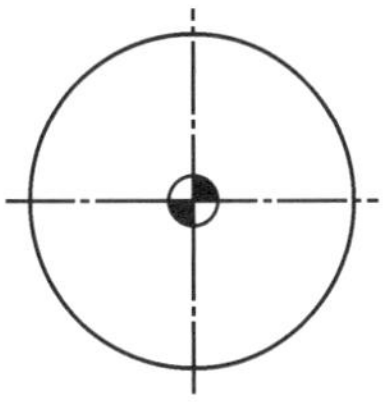
（画出刀具轨迹图，标记刀位点坐标，编写加工程序）
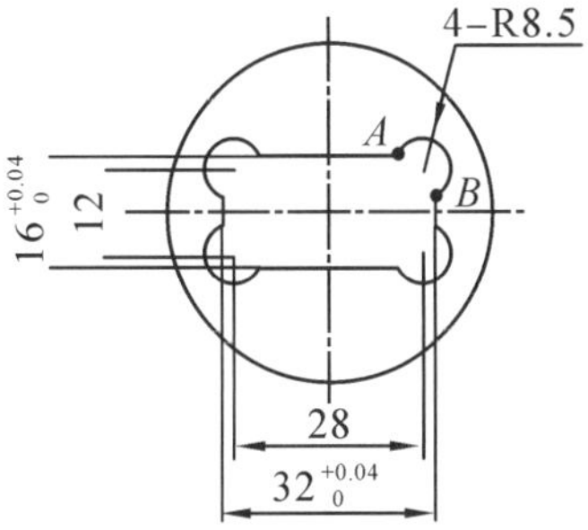

（画出刀具轨迹图，标记刀位点坐标，编写加工程序）</td>
</tr>
</table>

续表

序号	加工程序	程序说明	基点与示意图
4	%0014 N01 G54 G90 G17 N02 M03 S1000 N03 G00 Z100 N04 ________ N05 Z10 N06 G01 Z ____ F100 N07 ________ N08 ________ N09 ________ N10 ________ N11 ________ ________ ________	精铣圆台平面、外轮廓与凹槽 ________立铣刀 下刀点 精铣圆台平面	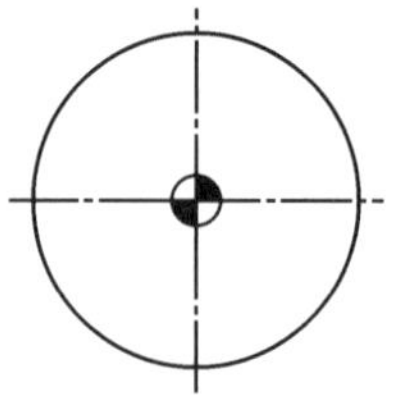 （画出精铣圆台平面刀具轨迹图，标记刀位点坐标，编写加工程序）
	N12 G00 Z10 N13 X ____ Y ____ N14 G01 Z ____ F1000 N15 ________ N16 ________ N17 ________ ________ ________	精铣圆台外轮廓	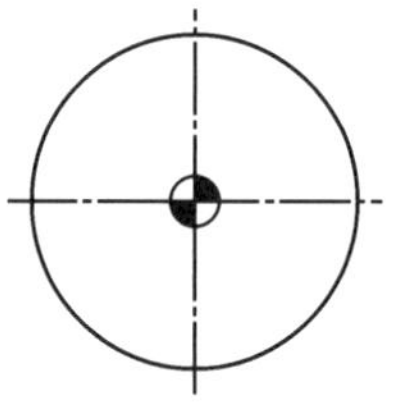 （画出精铣圆台外轮廓刀具轨迹图，标记刀位点坐标，编写加工程序）
	N05G00 Z10 N06X ____ Y ____ N07 G01 Z ____ F1000 N08 ________ N09 ________ N10 ________ N11 ________ ________ ________ ________ ________ ________ ________	下刀点 精铣凹槽 建立刀具半径补偿	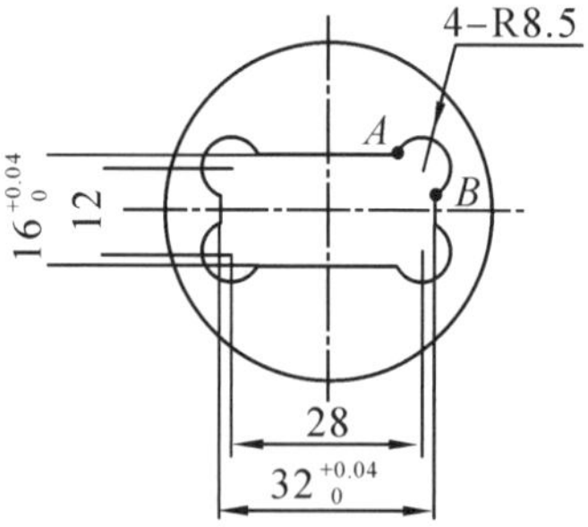 （画出精铣凹槽刀具轨迹图，标记刀位点坐标，编写加工程序）

续表

序号	加工程序	程序说明	基点与示意图
5	%0021 N01 G54 G90 G17 N02 M03 S ____ N03 G00 Z100 N04 ____________ N05 Z ____________ N06 G01 Z ____ F ____	粗铣底座平面 ________立铣刀 下刀点	（画出刀具轨迹图，标记刀位点坐标，编写精加工程序）
6	%0022 N01 G54 G90 G17 N02 M03 S ____ N03 G00 Z100 N04 ____________ N05 Z ____________ N06 G01 Z ____ F ____	粗铣凸轴轮廓 ________立铣刀 下刀点	（画出刀具轨迹图，标记刀位点坐标，编写精加工程序）

续表

序号	加工程序	程序说明	基点与示意图
7	%0023 N01 G54 G90 G17 N02 M03 S ____ N03 G00 Z100 N04 ____________ N05 Z ____________ N06 G01 Z ____ F ____	半精铣底座平面 ________立铣刀 下刀点	（画出半精铣底座平面刀具轨迹图，标记刀位点坐标，编写精加工程序）
	N03 G00 Z100 N04 ____________ N05 Z ____________ N06 G01 Z ____ F ____	半精铣凸轴轮廓 下刀点	（画出半精铣凸轴轮廓刀具轨迹图，标记刀位点坐标，编写精加工程序）
8	%0024 N01 G54 G90 G17 N02 M03 S ____ N03 G00 Z100 N04 ____________ N05 Z ____________ N06 G01 Z ____ F ____	精铣底座平面 ________立铣刀 下刀点	（画出精铣底座平面刀具轨迹图，标记刀位点坐标，编写精加工程序）
	N03 G00 Z100 N04 ____________ N05 Z ____________ N06 G01 Z ____ F ____	精铣凸轴轮廓	（画出精铣凸轴轮廓刀具轨迹图，标记刀位点坐标，编写精加工程序）

3.4 加工操作

3.4.1 加工准备

进入加工操作阶段时，首先准备要加工的毛坯，按照刀具、工具清单准备好刀具、工具，再将数控铣床调试至加工准备状态，掌握车间安全操作规程，熟练操作机床开机操作过程等。请在知识园地中学习数控机床操作相关内容后，完成“能力检测”部分。

知识园地

数控铣床常见故障

1. 主轴部件故障。

由于使用调速电机，数控机床主轴箱结构比较简单，容易出现故障的部位是主轴内部的刀具自动夹紧机构、自动调速装置等。为保证在工作中或停电时刀夹不会自行松脱，刀具自动夹紧机构采用弹簧夹紧，并配行程开关发出夹紧或放松信号。若刀具夹紧后不能松开，则考虑调整松刀液压缸压力和行程开关装置，或调整碟形弹簧上的螺母，减小弹簧压合量。此外，主轴发热和主轴箱噪声问题也不容忽视，此时主要考虑清洗主轴箱，调整润滑油量，保证主轴箱清洁度和更换主轴轴承，修理或更换主轴箱齿轮等。

2. 各轴运动位置行程开关压合故障。

在数控机床上，为保证自动化工作的可靠性，采用了大量检测运动位置的行程开关。机床经过长期运行，运动部件的运动特性发生变化，行程开关压合装置的可靠性及行程开关本身品质特性的改变，对整机性能产生较大影响。一般要适时检查和更换行程开关，可消除因此类开关不良对机床的影响。

3. 配套辅助装置故障。

(1)液压系统。液压泵应采用变量泵，以减少液压系统的发热。油箱内安装的过滤器，应定期用汽油或超声波振动清洗。常见故障主要是泵体磨损、裂纹和机械损伤，此时一般必须大修或更换零件。

(2)气压系统。用于刀具或工件夹紧、安全防护门开关以及主轴锥孔吹屑的气压系统中，分水滤气器应定时放水，定期清洗，以保证气动元件中运动零件的灵敏性。阀心动作失灵、空气泄漏、气动元件损伤及动作失灵等故障均由润滑不良造成，故油雾器应定期清洗。此外，还应经常检查气动系统的密封性。

(3)润滑系统。包括对机床导轨、传动齿轮、滚珠丝杠、主轴箱等的润滑。润滑泵内的过滤器需定期清洗、更换，一般每年应更换一次。

(4)冷却系统。它对刀具和工件起冷却和冲屑作用。冷却液喷嘴应定期清洗。

能力检测

安全操作规程:良好的安全、文明生产习惯,能为将来走向生产岗位打下良好的基础。对于长期生产活动中得出的教训和实践经验的总结,必须严格执行。请学习“数控铣床安全操作规范”完成下面的填空。

(1)数控机床需定期进行检查与维护,应每______检查切削液、润滑油是否充足,每______左右更换一次切削液。

(2)安装刀具前应检查刀具是否有影响使用的____________情况,如有应立即更换。

(3)首件试切时,应仔细观察机床的每一个动作,确保有意外能随时关闭______;______。

(4)在正式切削加工前,应检查____程序、____________刀补参数____等是否正确;

(5)加工完毕后,将 X、Y、Z 轴移动到____________位置,并将主轴速度和进给速度倍率开关都拨至____________,防止因误操作而使机床产生错误的动作。

(6)加工完毕后,及时清理现场,依次关掉____________电源和____________电源,并做好工作记录。

3.4.2 加工操作

安装毛坯与刀具。

1)毛坯装夹。毛坯装夹稳定性直接影响加工精度,选用合适的夹具并进行正确的定位、夹紧尤为重要。根据前面的学习,掌握毛坯安装步骤,养成规范可靠的操作习惯。

查检毛坯 → 清洁物品 → 放置工件 → 定位夹紧 → 检查装夹

2)铣刀的安装。将铣刀正确安装至刀柄是一项基础操作技能,如不能可靠进行安装将会引起不可预知的安全事故。请学习微课“铣刀的安装”内容,掌握刀安装步骤,养成规范可靠的操作习惯。

(1)刀具安装至刀柄。

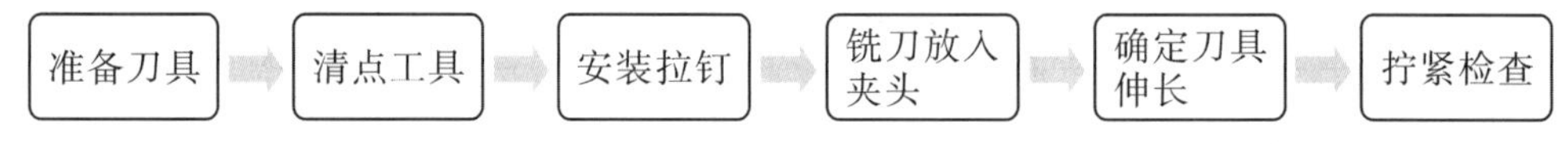

(2)刀柄安装至主轴。

注意:如主轴端面键与刀柄键槽未对齐,或刀柄与主轴端面存在很大间隙,需用手托住铣刀柄,再次按下主轴箱上的绿色“刀具松/紧”按钮,卸下刀具重新安装。

3)设置工件坐标系。正确设置工件坐标系是在操作实施中非常重要的一个环节,直接影响程序的正确运行与零件加工精度,请学习知识园地是圆形零件中心对刀的操作步骤,观看微课“数控铣对刀操作”内容,写出对刀流程。

知识园地

1. 数控铣床进行圆形毛坯中心对刀操作。

数控铣床进行圆形毛坯中心对刀操作时，选择工件测量方式为圆心测量，该测量方式是通过三点确定圆心，并将圆心设置为工件坐标的零点值。（说明中以 A、B、C 代表圆上三点）

操作名称	圆心测量		工作方式	手动、手轮
基本要求	系统在手动、手轮模式下运行允许		显示界面	见第三章“工作测量”界面
序号	操作步骤	按键	说明	
1	按【设置】	设置 Set Up	●进入“设置”功能键主界面	
2	按【工作测量】	工件测量	●进入“工作测量”功能默认界面	
3	按【圆心测量】	中心测量	●切换至平面测量功能界面	
4	选择坐标平面	◀ ▶ Enter 确认	●用【光标】及【Enter】键，选择、确认圆弧平面： ☑G17 ☐G18 ☐G19 ●*A*、*B*、*C* 三点坐标轴的显示随平面设定变化	
5	移动刀具到圆 A 处	…	●手动移动刀具到 A 点（刀具接触工件圆弧）； ●A、B、C 点可是圆弧上不重复的任一点，建议三点均布	
6	按【光标】键	◀ ▶	●选择 A 点设置显示 A X Y	
7	按【读测量值】软件	读测量值	●读取刀具在 *A* 点时的机床坐标值	
8	读取圆弧 B、C 点坐标	◀ ▶ 读测量值	●重复 5、6、7 步骤	
9	选择坐标系	G54~G59 G54.1 P	●选择需要设定的坐标系	
10	按【坐标设定】	坐标设定	●系统计算测量结果，并赋值到选定坐标系	

2. 数控铣床刀具补偿操作。

数控铣床“刀补”功能主要实现刀具长度补偿、长度磨损、半径补偿、半径磨损的设置。刀具补偿值可以手动输入刀长补偿值,也可以通过刀具自动测量方式自动输入刀具补偿值。下面介绍的是操作中四种常见刀具补偿输入方式。

1)刀长补直接输入方式。

(1)当已经确定要进行补偿的数值时,可直接进入补偿界面输入补偿值,其操作如下。

(2)在加工功能集一级菜单,按〖刀补〗软键,进入其子界面。

(3)用〖方向〗或〖翻页〗键将光标移到对应刀号刀长补。

(4)按〖Enter〗键确认,激活输入状态,输入框中提示输入所选刀号刀长补值。

(5)用 NC 键盘输入正确数字。

(6)按〖Enter〗键确认输入,原刀补值被输入值替换,且输入框提示“下次换刀或重运行时生效”,同时退出输入状态。

2)刀长补当前位置输入方式。

将当前位置刀补值输入方式,是取刀具刀尖点接触到工件对刀面时的机床实际坐标,作为该刀具的刀长补值,其操作如下:

(1)在加工功能集一级菜单,按〖刀补〗软键,进入其子界面;

(2)用〖方向〗或〖翻页〗键将光标移到对应刀号刀长补;

(3)手动模式将刀具刀尖点移动触碰到工件对刀面位置,按〖当前位置〗按键,机床实际位置自动写入当前刀号刀长补值。

3)刀长补增量输入方式。

当刀补表中存在刀长补偿值时,若需要增加或减少,则使用增量输入方式修改刀长补,其操作如下:

(1)在加工功能集一级菜单,按〖刀补〗软键,进入其子界面。

(2)用〖方向〗或〖翻页〗键将光标移到对应刀号刀长补。

(3)按〖增量输入〗软键,激活输入框。

(4)输入正值,即刀长补增加量,输入负值,即刀长补减少量。

(5)按〖Enter〗键确认输入,刀长补完成修改。

4)刀长补相对实际输入方式。

当要取刀具相对移动的一段距离作为刀长补时,选取相对实际输入方式输入刀长补,其操作如下:

(1)在加工功能集一级菜单,按〖刀补〗软键,进入其子界面;

(2)用〖方向〗或〖翻页〗键将光标移到对应刀号刀长补;

(3)输入前,先按〖相对清零〗软键,清楚 Z 轴相对坐标值;

(4)手动模式 Z 方向移动刀具位置,移动距离显示在相对实际 Z 轴坐标;

(5)按〖相对实际〗软键,将相对实际 Z 轴坐标输入刀长补。

能力检测

圆形零件对刀方法
数控铣床中圆形零件对刀时,常见对刀方法有三点定圆心和四点定圆心两种。操作方法是通过对刀仪或刀具试切圆柱外径的三个点或四个点确定 *X* 轴、*Y* 轴工作坐标系零点位置。 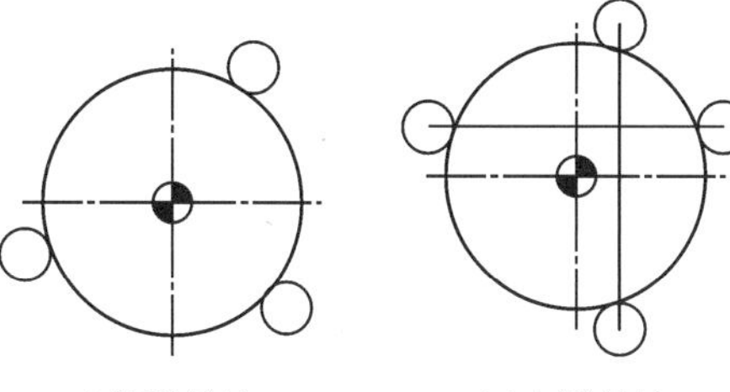 三点测量法　　四点测量法 结合上图,写出设置工件坐标系原点的对刀过程,其 *X* 轴与 *Y* 轴对刀采用三点或四点定圆心对刀方法。 (5)*X* 轴和 *Y* 轴对刀过程   (6)*Z* 轴对刀过程

3. 编辑程序、校验程序及运行程序。

手工编程过程中难免会出现错漏,所以数控程序输入至数控机床后需进行校验,无误后再运行程序进行加工。请在知识园地中学习"数控铣床基本操作"内容,按照下面表格内容进行实践,并完成表格的填写。

知识园地

1. 数控铣床程序的传输。

数控加工程序除可以通过 NC 键盘直接输入外,还可采用 USB 接口、FTP 模式等方式传输程序。

1)USB 接口程序传输步骤:

(1)电脑端直接拷贝加工程序到 U 盘;

(2)将 U 盘插入到机床操作面板的 USB 端口;

(3)选择加工 - 选择程序 - U 盘 - 打开相应的程序,即可进行加工。

2)FTP 模式程序传输步骤:

(1)首先设置好通讯连接(具体设置步骤见附件 3);

(2)在维护界面打开 PING,在界面上填写电脑的 IP 地址,点击 PING 开始,接收到反馈信息后,可以打开 FTP 程序;

(3)选择之前设置好的账号登录,界面右边设置机床的传输路径;

(4)把程序从左侧拖放到右侧即可完成传输。

2. 数控铣床程序运行操作。

在零件首次切削加工过程中,难免会出现一些问题需要中途停止切削,解决问题后再要继续切削时,需要指定程序位置再继续运行,此时可使用“从任意段运行”操作。

操作名称	从任意段运行		工作方式	自动、单段
基本要求	不得从子程序行开始		显示界面	3.2 章“加工”功能集界面
序号	操作步骤	按键	说明	
1	按【自动】	自动	●保持原界面	
2	按【加工】	加工 Mach	●默认界面、主菜单 ●并正确加载需执行任意行操作的程序	
3	按【任意行】	任意行	●进入“任意行”子菜单	
4	按【指定行号】、【指定 N 号】	指定N号 或 指定行号	●指定灯灭 ●运行暂停	
5	(输入行号)	…	●输入数值,如:8	
6	按【Enter】	Enter 确认	●确认输入 ●光标移到输入的前一行 ●也可用【光标】键,将光标移到选择任意行	
7	按【循环启动】		●从指定行开始运行	

注意事项:“任意行模式选择”参数 040113 可设置为 0 ~ 2,其设置功能如下。

0:非扫描模式。即目标行之前的模态不被继承;

1:除 Z 轴外的扫描模式。即目标行之前的模态,除 Z 轴模态不被继承外,其他模态均继承;

2:全扫描模式。即目标行之前的模态均继承。

“任意行轴到位顺序”参数040114,可设置各轴到位顺序,该参数为数值型参数,位数与轴的对应关系如下:

1	2	3	4	5	6	7	8	9
X	Y	Z	A	B	C	U	V	W

从低位到高位分别是XYZABCUVW,这些位上的数值越大表示该轴越晚到位,0表示轴不配置。

例如铣床时,040114 = 211,表示X/Y轴先到位,然后Z轴到位。

移动铣床时,040114 = 101,表示X/Z同时到位,Y不移动。

应用“指定N号”功能时,程序段首需有指令地址N。

能力检测

1. 程序的传输
程序传输的方式有哪几种?试说明一种程序传输的文件格式要求与传输步骤
2. 程序控制运行操作
在机床运行程序的切削过程中,切削声音突然出现异常现象,立即停止运行检查并解决问题后,需再次运行程序,应如何操作?

3.4.3 零件检测

零件加工过程中与加工完成后都需要对零件进行正确的检测,请在知识园地中学习“常用量具的测量与使用”内容,完成下面表格的填写。

知识园地

常用量具的测量与使用——千分尺。

1. 千分尺组成。

千分尺又称为测微螺旋量具,是利用螺旋副的运动原理进行测量和读数的一种测微量具,千分尺是机械加工、五金加工、电子行业等测量中最常用的精密量具之一,它的精度比游标卡尺高。常用的外径千分尺由尺架、砧座、测微螺杆、固定套管、活动套管、微调和偏心锁紧手柄等组成,如图3-18所示。

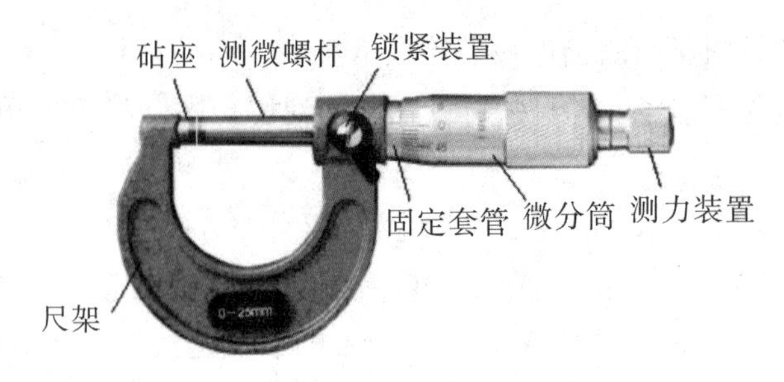

图 3-18　外径千分尺的组成

2. 千分尺的类型。

按用途分内径千分尺、外径千分足、深度千分尺及专用的测量螺纹中径尺寸的螺纹千分尺和测量齿轮公法线长度的公法线千分尺等。

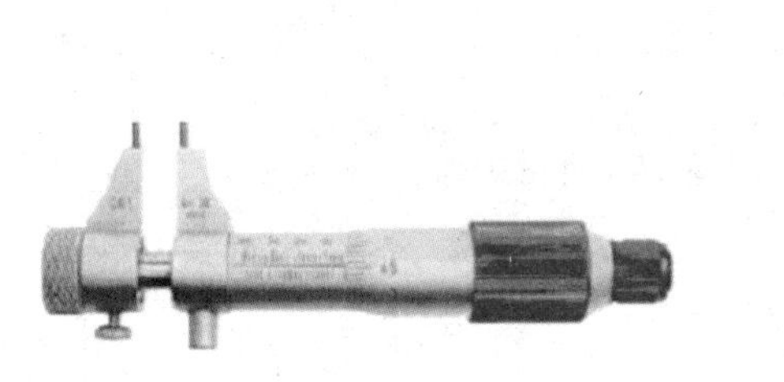

图 3-19　内测千分尺

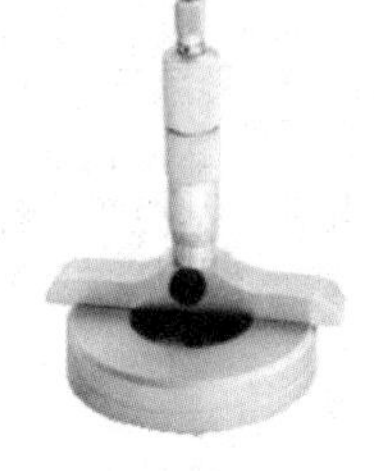

图 3-20　深度千分尺

常用的千分尺测量范围以每 25mm 为单位进行分档，规格有 0 ~ 25mm、25 ~ 50mm、50 ~ 75mm、75 ~ 100mm 及 100 ~ 125mm 等。

3. 千分尺的刻线原理。

千分尺螺杆的螺距为 0.5mm，当活动套筒转一周时，螺杆轴向移动 0.5mm。固定套筒（主尺）上每格刻度为 0.5mm，活动套筒圆锥周上共刻 50 格，因此当活动套筒转一格时，螺杆就移动 0.5mm ÷ 50 = 0.01mm。

4. 千分尺的使用方法。

1）将工件被测表面擦拭干净，并置于千分尺两测砧之间，使千分尺测微螺杆轴线与工件中心线垂直或平行，若歪斜着测量，则直接影响测量的准确性。

2）旋转旋钮，使测砧与工件测量表面接近，这时改用旋转棘轮盘，直到棘轮发出“咔咔”声响为止，此时的指示数值就是所测量的工件尺寸。

3）测量完毕，放倒微分筒后，取下千分尺。

4）使用完毕，应将千分尺擦拭干净，保持清洁，并涂抹一薄层工业凡士林，然后放入盒内保存。禁止重压、弯曲千分尺，且两测砧不得接触，以免影响千分尺精度。

5. 游标卡尺的读数方法。

1）从固定套筒上露出的刻线读出工件的毫米整数和半毫米整数。

2）从微分筒上由固定套筒纵向线对准的刻数读出工件的小数部分（百分之几毫米），不足一格数（千分之几毫米），可用估算读法确定。

3）将两次读数相加就是工件的测量尺寸。

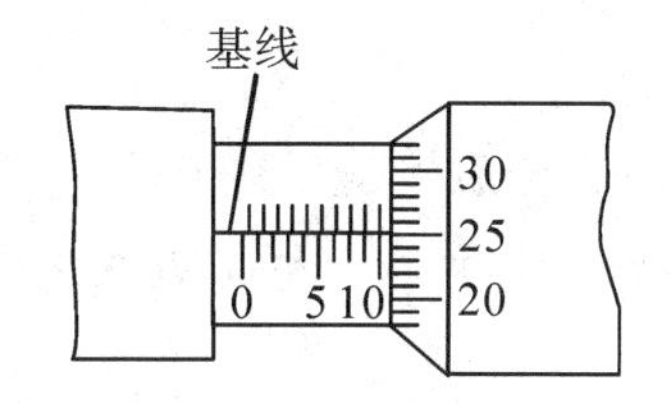

(a)10mm + 0.25mm = 10.25mm

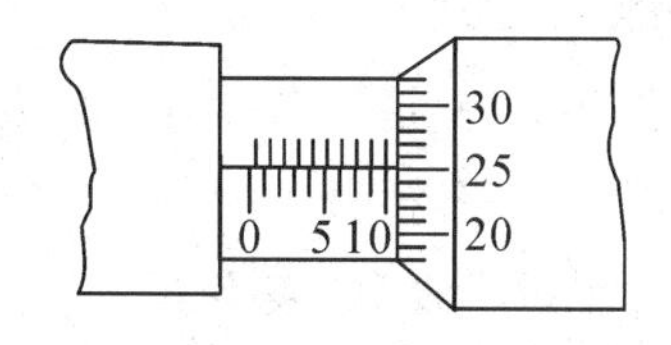

(b)10.5mm + 0.26mm = 10.76mm

图 3-21 外径千分尺的读数方法

6. 千分尺的使用注意事项。

1)测量前,应擦净千分尺砧座表面与工件测量表面。

2)测量前,应检查校对千分尺有无误差。

3)千分尺误差检查方法是旋转棘轮,当砧座和螺杆端头靠拢时,棘轮会发出咔咔声响。活动套管的前端应与固定套管的零线对齐,同时,活动套管的零线还应与固定套管的基线对齐。如两线未对齐,则表明千分尺有误差,应进行调整后才能使用。

4)注意要在测微螺杆快靠近被测物体时应停止使用旋钮,而改用微调旋钮,避免产生过大的压力,既可使测量结果精确,又能保护千分尺。

5)注意千分尺不要摔落或碰撞任何东西。不要过度用力旋转千分尺测微螺杆。如果感觉意外误操作导致千分尺可能已损坏,使用前需要进一步检查其精度。

6)使用后,应涂抹适量的工业凡士林后放回盒内保存,盒盖上切勿重压。存放期间,测量面之间应该留有 0.1mm 到 1mm 的空隙,不要将千分尺在夹紧的状态下存放。

能力检测

1. 外径千分尺的认识与使用

请在下图中对应位置,写出深度尺各部分结构的名称。

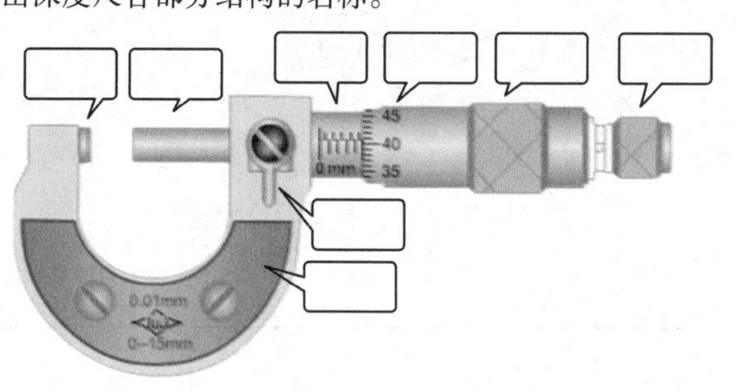

2. 测量操作

请写出使用外径千分尺测量上图中 ϕ12mm 圆柱直径的操作步骤:

3.5 评估与总结

在检测评估环节中,请参考检测评分表、活动过程评分表控制在整个任务实施过程中的操作细节,。在执行任务过程中的每个环节里出现的问题与解决问题的办法进行记录,及时填写到“转台 加工过程复盘”表格中。

四 组织与实施

确定零件加工计划与决策后,进入加工操作环节,请阅读表格中的内容,并填写划线空白处参数。

4.1 加工准备

序号	操作项目	操作流程	技术难点与处理方案
1	毛坯准备	(1)准备尺寸为________________毛坯; (2)用锉刀修平毛坯凸起部分备用;	
2	刀具量具工具准备	(1)依据刀具清单准备相应刀具,并将刀具装夹至刀柄,简要描述操作步骤: (2)依据量具清单与工具清单进行准备,并按规定________至机床旁边工具柜。	
3	开机准备	依据机床操作规范,简要描述开机操作步骤:	

4.2 安装一

序号	操作项目	操作流程	注意事项
1	装夹毛坯	将毛坯装夹至平口钳 V 型槽部分,操作步骤如下: 清洁毛坯、垫块与平口钳→确定基准面→基准与固定钳口、垫块贴实→夹紧工件 * 具体装夹过程请参考微课视频	

续表

<table>
<tr><th>序号</th><th>操作项目</th><th>操作流程</th><th>注意事项</th></tr>
<tr><td>2</td><td>安装刀具</td><td>将刀柄安装至主轴,操作步骤如下:
操作面板 < 手动 > →操作面板 < 允许换刀 > →刀柄放入→主轴孔内→主轴箱上按钮 < 松/紧刀 >

* 具体安装过程请参考微课视频</td><td></td></tr>
<tr><td>3</td><td>工件坐标系的设置</td><td>建议描述两种圆心对刀方法
1. 圆心对刀方法:三点定圆心
2. 中心对刀方法:四点测圆心

* 具体操作过程请参考微课视频</td><td></td></tr>
<tr><td>4</td><td>编辑、校验程序</td><td>依次新建粗加工程序__________,半精加工与精加工程序__________后进行校验,其操作步骤如下:
“程序”→“新建”→输入文件名→编辑程序→“保存”→“校验”→按机床控制面板上的“自动”或“单段”→按机床控制面板上的“循环启动”

* 具体操作过程请参考微课视频</td><td></td></tr>
<tr><td rowspan="2">5</td><td rowspan="2">程序运行加工</td><td colspan="2">(1)对应下面表格中的内容,确认工件、刀具、工件坐标系及程序正确
<table>
<tr><th>项目</th><th>内容 1</th><th>确认状态</th><th>内容 2</th><th>确认准备</th></tr>
<tr><td>工件</td><td>工件安装位置正确</td><td></td><td>工件安装可靠</td><td></td></tr>
<tr><td>刀具</td><td>刀具型号
粗加工 $\phi12$ 立铣刀
精加工 $\phi10$ 立铣刀</td><td></td><td>刀具伸长合理</td><td></td></tr>
<tr><td>工件坐标系</td><td>X、Y、Z 轴零点位置正确</td><td></td><td>$\phi12$ 立铣刀 - G54 坐标系
$\phi10$ 立铣刀 - G55 坐标系</td><td></td></tr>
<tr><td>程序</td><td>程序校验图形正确</td><td></td><td>程序中 Z 向切深坐标值正确</td><td></td></tr>
</table></td></tr>
<tr><td>(2)机床程序控制运行操作
打开程序→校验无误→控制面板“自动”/“ 单段”→控制面板"循环启动”
(3)加工完毕后,检测当前加工尺寸在图纸上技术要求范围即可进入 “安装二”操作

* 具体操作过程请参考微课视频</td><td></td></tr>
</table>

4.3 安装二

<table>
<tr><th>序号</th><th>操作项目</th><th>操作流程</th><th>注意事项</th></tr>
<tr><td>1</td><td>装夹毛坯</td><td>清洁毛坯、垫块与平口钳→确定基准面→基准与固定钳口、垫块贴实→夹紧工件</td><td></td></tr>
<tr><td>2</td><td>工件坐标系的设置</td><td>“安装二”对刀过程与“安装一”对刀过程一致</td><td></td></tr>
<tr><td>3</td><td>编辑、校验程序</td><td>依次新建粗加工程序 ____________，半精加工 ____________，精加工程序____________后进行校验</td><td></td></tr>
<tr><td rowspan="2">4</td><td rowspan="2">程序运行加工</td><td colspan="2">(1)对应下面表格中的内容，确认工件、刀具、工件坐标系及程序正确
<table>
<tr><th>项目</th><th>内容 1</th><th>确认状态</th><th>内容 2</th><th>确认准备</th></tr>
<tr><td>工件</td><td>工件安装位置正确</td><td></td><td>工件安装可靠</td><td></td></tr>
<tr><td>刀具</td><td>刀具型号
粗加工 $\phi12$ 立铣刀
精加工 $\phi10$ 立铣刀</td><td></td><td>刀具伸长合理</td><td></td></tr>
<tr><td>工件坐标系</td><td>X、Y、Z 轴零点位置正确</td><td></td><td>$\phi12$ 立铣刀 - G54 坐标系
$\phi10$ 立铣刀 - G55 坐标系</td><td></td></tr>
<tr><td>程序</td><td>程序校验图形正确</td><td></td><td>程序中 Z 向切深坐标值正确</td><td></td></tr>
</table></td></tr>
<tr><td>(2)机床程序控制运行操作
打开程序→校验无误→控制面板“自动”/“单段”→控制面板"循环启动”
(3)加工完毕后，检测当前加工尺寸在图纸上技术要求范围再拆下零件</td><td></td></tr>
<tr><td>5</td><td>锐角倒钝，去毛刺</td><td>取下毛坯后，将加工零件的锐角使用毛刺刀倒钝

* 具体操作过程请参考微课视频</td><td></td></tr>
<tr><td>6</td><td>零件检测</td><td>清洁零件后，使用量具对照图纸上技术要求检测零件

* 具体操作过程请参考微课视频</td><td></td></tr>
</table>

五 检测与评估

1. 按下表对加工好的零件进行检测,将结果填入表中。

转台 检测评分表

序号	考核项目	考核内容	配分	评分标准	自检记录	得分	互检记录
1	外形尺寸	$48^{0}_{-0.1}$	2	超差 0.02 扣 1 分			
2		$11^{0}_{-0.1}$	2	超差 0.02 扣 1 分			
3		$9^{0}_{-0.04}$	2	超差 0.01 扣 1 分			
4		$\phi12h7$	10	超差 0.01 扣 5 分			
5	凹槽尺寸	$32^{+0.04}_{0}$	10	超差 0.01 扣 5 分			
6		$16^{+0.04}_{0}$	10	超差 0.01 扣 5 分			
7		$5^{+0.04}_{0}$	5	超差 0.01 扣 2 分			
8		8 – R5	4	未完成不得分			
9	技术要求	表面粗糙度	5	不合格不得分			
10		垂直度	5	不合格不得分			
11		平行度	5	不合格不得分			
12	其他	锐边倒钝	5	不合格不得分			
		去毛刺	5	不合格不得分			

2. 通过对整个加工过程中对学习态度、解决问题能力、与同伴相处及工作过程心理状态等进行评估。

活动过程评分表

考核项目		考核内容	配分	扣分	得分
加工前准备	安全生产	安全着装;按规程操作,违反一项扣 1 分,扣完为止	2		
	组织纪律	服从安排; 设备场地清扫等,违反一项扣 1 分,扣完为止	2		
	职业规范	机床预热,按照标准进行设备点检,违反一项扣 1 分,扣完为止	3		
加工操作过程	撞刀、打刀、撞夹具	出现一次扣 2 分,扣完为止	4		
	废料	加工废一块坯料扣 2 分(允许换一次坯料)	2		
	文明生产	工具、量具、刀具摆放整齐、工作台面整洁等,违反一项扣 1 分,扣完为止	4		
	加工超时	如超过规定时间不停止操作,第超过 10 分钟扣 1 分	2		
	违规操作	采用锉刀、砂布修饰工件,锐边没倒钝,或倒钝尺寸太在等,没按规定的操作行为,出现一项扣 1 分,扣完为止	2		

续表

考核项目		考核内容	配分	扣分	得分
加工后设备保养	清洁、清扫	清理机床内部铁屑，确保机床工作台和夹具无水渍，确保机床表面各位置的整洁，清扫机床周围卫生，做好设备日常保养，违反一项扣1分，扣完为止	3		
	整理、整顿	工具、量具、刀具、工作台桌面、电脑、板凳的整理，违反一项扣1分，扣完为止	2		
	素养	严格执行设备的日常点检工作，违反一项扣1分，扣完为止	4		
出现严重撞机床主轴或工伤		出现严重碰撞机床主轴或造成工伤事故整个测评成绩记0分			
合计			30		

六 总结改进

转台加工过程复盘：自己亲历的经验，是最好的学习材料。通过下面的复盘总结经验教训，分析成败的原因。从而避免未来犯同样的错误，同时把“精华”提炼出来，总结规律，提升未来解决同类问题的效率。请根据下面的学习目标与技能，完成转台加工过程复盘。

转台加工过程复盘

内容	复盘过程	内容
加工工艺	学习目标	1. 能够对零件图进行重难点分析 2. 能够根据重难点合理安排加工工序 3. 能够合理选用粗精加工刀具 4. 了解特定情况刀具常用切削参数
	评估结果	
	总结经验	
编写程序	学习目标	1. 能够运用常用代码进行编程：G02、G03、G40、G41、G42 等 2. 能够进行圆弧轮廓铣削及封闭槽铣削加工编程
	评估结果	
	总结经验	

续表

内容	复盘过程	内容
操作机床	操作技能	1. 能够独立完成机床准备工作； 2. 能够熟练进行程序编辑、刀具长度补偿与工件坐标系设置工作； 3. 能够根据机床切削情况控制程序运行； 4. 能够进行机床基本操作(圆柱形零件对刀)；
	评估结果	
	总结经验	
零件质量	质量检测	1. 能够正确使用游标卡尺测量内径尺寸,并正确读数； 2. 能够正确使用千分尺测量内、外径尺寸,并正确读数；
	评估结果	
	总结经验	
安全生产	安全操作	1. 熟悉安全规则,能够保障基本操作安全； 2. 能够做到6S管理中清扫、清洁、素养、整顿与安全；
	评估结果	
	总结经验	

七 能力提升

试编制图3－22所示转台一零件的加工程序。毛坯材料为2A12,尺寸为$\phi50\times25$圆柱棒料。可参考任务四底座零件的加工过程来思考。

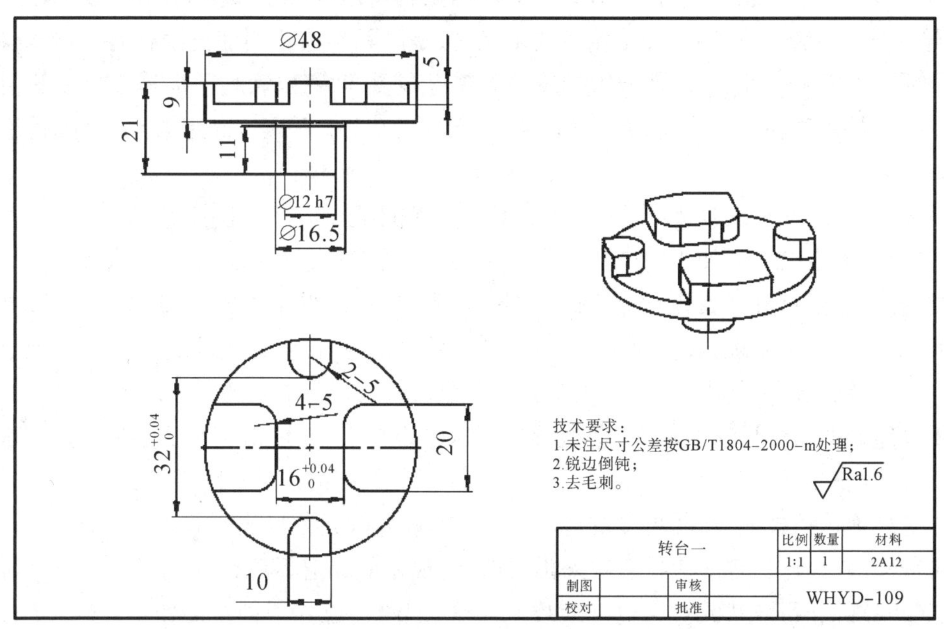

图3－22 转台一

八 工匠园地

2022 年 11 月，广东珠海，世界的目光齐聚在这里——第十四届中国国际航天航空展。这场“蓝天盛会”展现了中国航天工业发展的先进水平，一系列国之重器在这里惊艳全世界，如自主研发的“20”系列战斗机、运输加油机、翼龙系列无人机、国产 C919 大客机和神舟飞船的核心部件无不展示着我国装备制造业的先进水平。在这些国之重器的研制和生产中，涌现出一批技艺高超、甘于奉献的大国工匠们，正是因为他们对工匠精神的执着追求、对民族复兴历史责任的担当，成就了如此之多的国之重器、让中国制造和国防工业迈向世界之巅了。

1. 数控铣工刘湘宾的“亮剑”精神。

1983 年，刘湘宾部队转业分配到工厂当数控铣工。“刚来，什么是铣刀、钻头都不知道，但我遇到一个好师傅。每天，挎包里装着技校 13 门课用的书，白天实践，晚上学到两三点，不懂的地方第二天向师傅请教，半年学完了技校两年的课。”1 年后，刘湘宾因为表现出色，每月能为师傅挣近 100 元的奖金；六七年后，成了车间“挑大梁”的骨干；又过了几年，当上了班组长，在数铣圈小有名气。2000 年，公司引进当时世界上最先进的“五轴五联动铣加工中心”，刘湘宾负责去国外交接技术，但“英语关”“软件关”让他头疼。于是，他买来英语课本，从字母学起，又拿出全部积蓄 5000 元，报班学编程。干起活来，刘湘宾有股狠劲。某年，接到一个紧急任务，刘湘宾带领团队吃住在车间，半个月没回家，为了节省时间，睡觉也没脱过衣服。最终需要两个月完成的任务，刘湘宾团队只用 22 天就完成了。

“我们是航天人，要的是冲锋在前、敢于担责的‘亮剑’精神。”刘湘宾说。

刘湘宾所在的企业精密加工事业部数控组承担着国家防务装备惯导系统关键件、重要件的精密超精密车铣加工任务。2018 年 5 月，刘湘宾转入石英半球谐振子研究，有人提醒他：“石英玻璃易崩易裂，零件加工精度要求又高，是国际难题。”刘湘宾没有退缩，查资料、访同行、绘图、建模……那一阵，他通宵加班的次数更多了，回家也满脑子都是微米级的精度尺寸，一度熬得视线模糊。“实验做了无数次，每天面对失败，不止一次想放弃，但最后还是把自己逼回去了。”

一天半夜，刘湘宾从睡梦中惊醒，披衣而起，一路小跑到车间，把产品全部量了一遍。原来，他晚上梦到自己白天加工的产品多了 5μm，量完后发现，尺寸都对。“做航天，尤其是精密仪器的，产品要百分之百没问题，东西是要上天的，容不得半点儿大意。”终于，2019 年 2 月，刘湘宾远超预定要求，成功攻关，打通了该型号研制的瓶颈，为我国航空、船舶、新型防务装备、卫星研制提供了技术保障，使我国成为惯导领域超精密加工的“领跑者”。他们加工的陀螺零件组装的惯性导航产品 50 余次参加国家重点防务装备、载人航天、探月工程等大型试验任务，均获成功。

为更好地传播技能，培养更多的能工巧匠，刘湘宾积极参与陕西军工劳模服务团，跨行业师带徒多人，并作为客座教授多次外出授课，到现在他都记不清有多少徒弟已经成为技能大师、高级技师和行业状元。为更好地攻坚克难，刘湘宾成立了创新工作室，与工友们先后完成“半球动压马达柔性制造系统改造”等管理创新、技术创新 18 项；累计提出合理化建议

100 余条,据此优化工艺 50 余项;产生的 22 项攻关成果和研究课题解决了公司最关键、最迫切的技能难题,创造直接经济效益百余万元。在他的带领下,团队超精密机械加工水平达到行业一流,尤其在加工微米级、亚微米级的高精度精密零件中,对轴的圆柱度、半球的球面度等加工精度和水平在中国西北片区独占鳌头。

而面对家人,刘湘宾一直觉得亏欠太多。妻子分娩,他不在身边;很少陪伴女儿,导致孩子产生过“爸爸到底爱不爱我”的疑问……

“虽然快退休了,但我还有很多目标和想法。我会继续干下去,为自己热爱的事业、为航天梦再尽一份力。”——刘湘宾说到。(参考工人日报《2021 年大国工匠年度人物》)

2. 0.005mm 精度极值,为导弹的“咽喉”主刀的数控车工——阎敏。

航天科工航天三江江北公司数控车工阎敏,长期承担着航天型号产品关键件、新型号的首件加工任务,这个关键零件就是为我国运载火箭和导弹提供能量转换的重要装置——喷管。喷管负责将火箭发动机推进剂燃烧内部喷射出的火焰转化为动力,因此行内人常将喷管称为火箭的“咽喉”。为了保证发动机的工作安全可靠,喷管关键部位的加工精度要求控制在 0.005mm,34 年来,阎敏因为高超的技能被称为是导弹“咽喉主刀师”,经由他加工的“咽喉”型号产品合格率一直保持在 100%,然而他这一身真功夫,却是从磨刀开始的。

为了练就过硬的磨刀技术,保证车刀加工时的锋利,阎敏无论酷暑还是寒冬,都坚持每天练习刃磨,特别是在寒冬时节,手握一块冰冷刺骨的铁块,长时间保持一个姿势,手上经常会起冻疮,而且手指离高速旋转的砂轮太近,容易被飞溅的铁屑划伤,所以经常留有十几个口子。为了练就精湛的磨刀技艺,阎敏付出了常人难以想象的努力。正是凭借这一把把磨制准确、精巧的刀,阎敏可以将一根直径 50mm 的圆柱体精确车削到细如发丝却不折断。

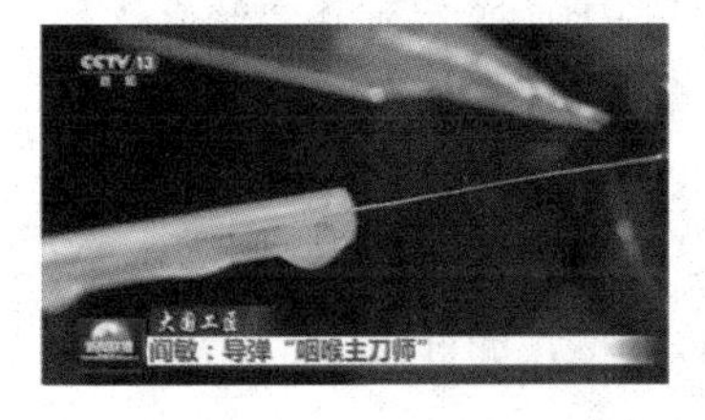

作为厂里第一批学习数控加工的技术工人,阎敏刻苦钻研各种加工技巧,前后开发出 15 种常用的数控操作功能,帮助后面学习数控的工友和学徒快速地掌握先进数控操作技术,提升加工效率和精度,用阎敏自己的话说“就是把这个机床操作得就像自己的手一样,就是我们想让它走到哪儿,它就走到哪儿,可以这么说,就是一个‘人机合一’的一个状态。”正是凭借着“人机合一”的功底支撑,阎敏一直承担着重点型号导弹关键部位的首件产品加工重任。他总结了一套复合材料异形曲面的加工技术,突破了数控车床 0.02mm 的精度,并且创下了 0.005mm 的极值。

30 多年来,阎敏不断地在数控技术岗位上积极进取,总共获得 100 多项奖励和荣誉,并毫不保留地将自己磨炼和总结出来的各项操作技术传递给了一批又一批的年轻技术工人,带出来了许多技艺高超的技能型人才。也正是有如阎敏一般的大国工匠们,在国防工业的前沿一次次的挑战探索,才能铸造出一件件国之重器,振兴民族!(参考全国总工会、央视《大国工匠》系列纪录片)

思考:

(1)以上两位大国工匠的事迹中,给你影响最深的是什么?为什么?

(2)回顾自己在本节加工任务中遇到的各种问题,你是如何去面对困难和问题的?这两位大国工匠又是如何面对困难和挑战的？

(3)两位大国工匠的身上反映了什么样的精神？谈谈你在后续的实训中，如何去学习、发扬这些精神。

课外拓展

半球谐振陀螺仪

半球谐振陀螺仪，作为卫星和空间飞行器惯性测量以及姿态稳定控制的重要部件，在空间应用领域不但独具优势，且发展前景也十分广阔，对推进国家长寿命高可靠航天工程发展有着重大意义。只不过，早期半球谐振陀螺仪的研制技术都集中在美俄法这三个国家手里，中国受多方因素牵制在相关领域的起步较晚。

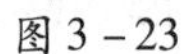

图 3－23

图 3－24

目前，美国已经在 125 颗人造卫星上实现了半球谐振陀螺的成功运用，这些卫星累计空间飞行时长已超过 2 000 万小时，最高精度零偏稳定性优于 0.0005°/h。毋庸置疑，如此敏感的技术美欧等西方国家是不会透露给中国的。而面对封锁，中国的科研重臣们也再次不负众望成功实现了突围。

几年前，由中国自主研发的半球谐振陀螺产品，于 2018 年度中国航天基金会颁奖大会上荣获了钱学森杰出贡献奖，当时负责该装置研发的科学家还拿到了国家 20 万元的现金奖励。但要知道的是，中国首个半球谐振陀螺的成功问世，可是没有办法用金钱来衡量的，科研重臣们的付出自然也是。于是，就有众多网友在感慨祖国越加强大的同时，也纷纷表示，中国的科学家们辛苦了，就是获奖 200 万元他们都支持，为能够生长在如此励志的国家而骄傲和自豪。

图 3－25

图 3－26

据悉，中国自研半球谐振陀螺仪样机的主要技术指标，零偏稳定性优于 0.005°/h，寿命可超 8 年，寿命末期可靠度优于 0.9，不仅是国内首创，即便在全球范围也能称得上先进。待该装置成熟后将会取代静电陀螺，满足解放军海军武装对新一代惯性导航系统提出的 20 年甚至更久的免维护要求。未来，中国武装作战也将不再只依靠北斗系统。（来源于百度新闻，春秋点将堂）

任务四　鲁班锁 - 底座加工

一　任务描述

经过前面支杆和回转体的加工，小李已经能够熟练的操作数控铣床，选用合理夹具，完成外形轮廓、内槽的简单编程和加工，现在鲁班锁只剩下最后的“底座”，但是张师傅指出“底座”的加工可能涉及多次装夹，与转台有配合尺寸，需要考虑装配问题，并给出相应的参考资料和部分工艺、加工流程文件，要求小李合理选用装夹方式、刀具量具，完成工艺文件的制定和程序的编写，并按尺寸要求完成最后的“底座”加工。

图 4 - 1　底座

二　执行计划

零件加工过程一般包括零件图分析、工艺分析、程序编制、加工操作、评估及总结六个步骤，具体流程如下图 4 - 2 所示。

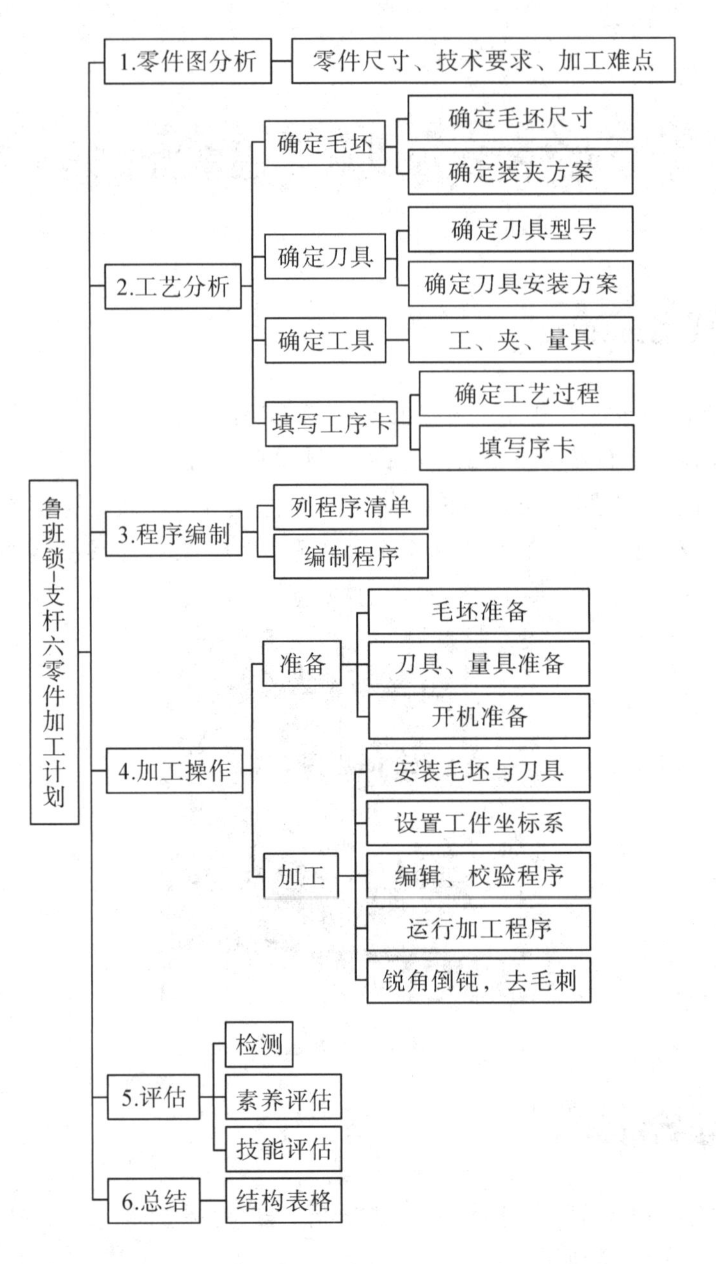

图 4-2　鲁班锁-支杆六零件加工计划流程

三　任务决策

3.1　鲁班锁-底座零件图纸分析

加工前要先对零件图纸进行分析,如图 4-3 所示。读懂零件结构后,对精度要求较高的位置进行分析,确定加工难点及解决方案。请阅读底座加工图纸,对照表格 4-1 中的内容,理解加工重难点与处理方案,并填写划线空白处参数。

表4-1 底座 零件图纸分析

序号	项目	要求	影响及处理
1	零件名称	底座	
2	最大外形尺寸	________	
3	尺寸精度	关键精度尺寸： 7)________ 8)________	
4	形状位置精度	形位精度： 7)________ 8)________	
5	表面粗糙度	Ra ________ μm	
6	数量	材料:________ 数量:________	

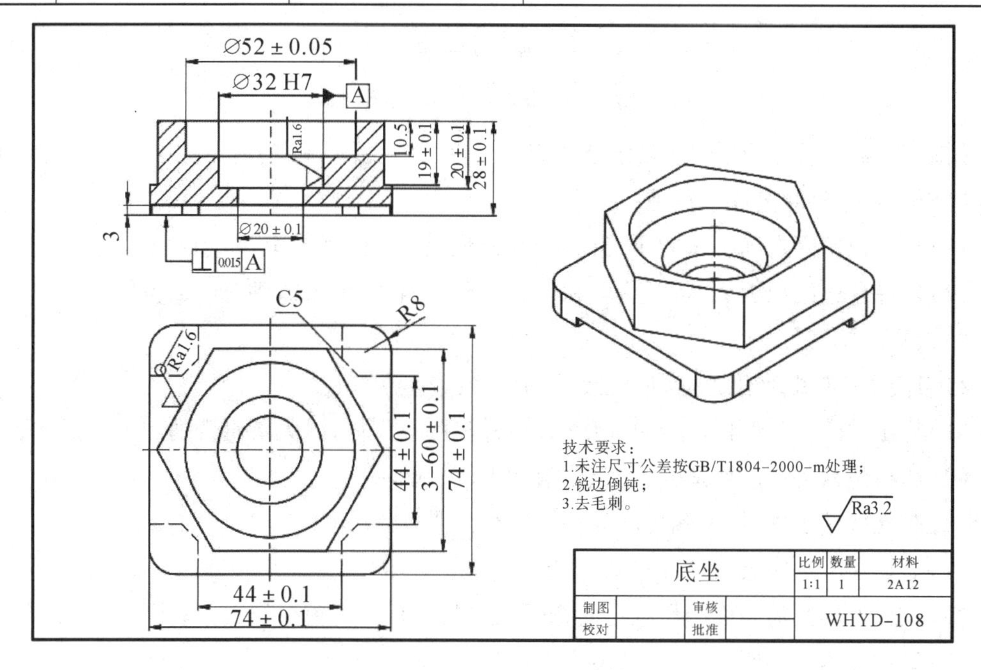

图4-3 底座零件

3.2 底座 零件工艺分析

3.2.1 确定毛坯与装夹方案

零件的装夹直接影响着零件的加工精度、生产效率和生产成本。为了保证加工出合格的零件和提高生产效率,选用合适的夹具并进行正确的定位、夹紧极为重要。请在知识园地中学习 “数控铣削夹具的应用”内容,完成“夹具的应用基础知识”表格填写,再结合车间现有条件完成底座“毛坯装夹”表单内容填写。

知识园地

1. 压板装夹。

对中型、大型和形状比较复杂的零件，一般采用压板将工件紧固在数控铣床工作台台面上，压板装夹工件时所用工具比较简单，主要是压板、垫铁、T形螺栓(或T形螺母和螺栓)及螺母。但为满足不同形状零件的装夹需要，压板的形状种类也较多。例如：箱体零件在工作台上安装，通常用三面安装法，或采用一个平面和两个销孔的安装定位，而后用压板压紧固定。

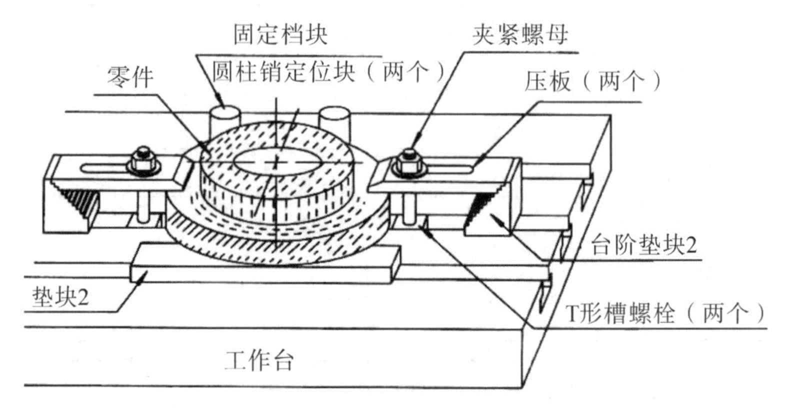

图4-4　压板夹紧工件操作

如图4-4所示，设置圆柱销、定位块定位工件，用压板夹紧工件。

1)压板和螺栓的设置过程是：

(1)将定位销固定到机床的T形槽中，并将垫板放到工作台上。

(2)选择合适的压板、台阶形垫块和T形螺栓，并将它们安放到对应的位置。

(3)将零件夹紧。

2)当使用压板装夹工件时，应注意下列事项：

(1)将工件的铣削部位一定要让出来，切忌被压板压住，以免妨碍铣削加工的正常进行。

(2)压板垫铁的高度要适当，防止压板和工件接触不良。

(3)装夹薄壁工件时，夹紧力的大小要适当。

(4)螺栓要尽量靠近工件，以增大夹紧力。

(5)在工件的光洁表面与压板之间，必须放置铜垫片，以免损伤工件表面。

(6)工件受压处不能悬空，如有悬空处应垫实。

在铣床工作台台面上直接装夹毛坯工件时，应在工件和工作台台面之间加垫纸片或铜片。这样不但可以保护铣床工作台台面，而且还可以增加工作台台面和工件之间的摩擦力，使工件夹紧牢固可靠。

2. 平口钳的安装与校正。

采用平口钳装夹工件时，如平口钳位置出现偏差会直接影响零件的加工精度。所以在安装平口钳时应对平口钳的位置进行校正。

1)平口钳在铣床上的安装步骤：

(1)擦净钳体底座表面和铣床工作台表面;

(2)将底座上的定位键放入工作台中央的T形槽内;

(3)上紧T形螺栓上的螺母。

2)平口钳的校正。平口钳的校正是保证工件加工精度的关键,保证加工面相对其基准面的位置精度(垂直度、平行度和倾斜度等),以及与基准面间的尺寸精度要求。常用校正方法有划针找正、直角尺找正、百分表找正等。划针校正是用划针校正固定钳口与铣床主轴轴心线垂直,如图4-5所示;直角尺校正是用角尺校正固定钳口与铣床主轴轴心线垂直,如图4-6所示。

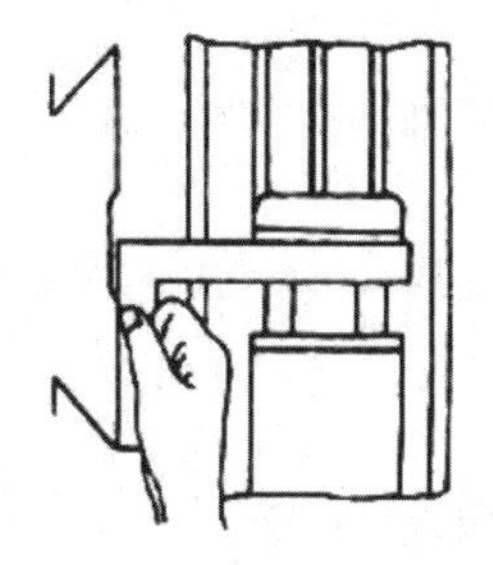

图4-5 划针校正

图4-6 直角尺校正

百分表校正是用百分表校正固定钳口与铣床主轴轴心线垂直或平行,如图4-7所示。

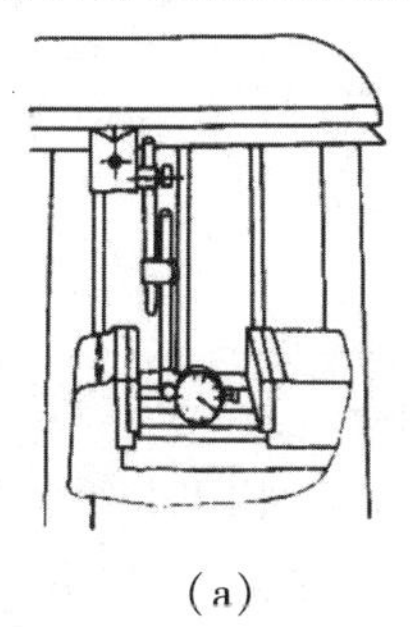

(a)

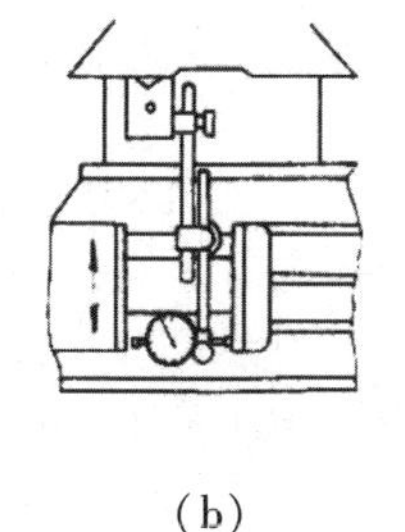

(b)

图4-7 用百分表校正固定钳口

(a)固定钳口与铣床主轴轴线垂直;(b)固定钳口与铣床主轴轴线平行

在铣床上使用百分百校正平口钳步骤如下:

(1)把装有百分表的磁力表座吸在主轴表面。

(2)将百分表移动至平口钳,固定在钳口上方。

(3)移动 X 轴看百分表柱的位置。

(4)将百分表压在钳口上。

(5)调整平口钳位置,使表针跳动约0.3mm。

(6)锁住其中一个紧固螺栓。

(7)再找正到0.01mm内。

(8)交替锁紧两个紧固螺栓。

能力检测

夹具的应用基础知识

1. 平口钳的安装与校正

1)安装平口钳步骤。

(1)将平口钳的底部与工作台面擦拭干净;

(2)____

____

____

最后,不要将锁紧螺母完全锁死,以便下面校正平口钳时,能进行微量的位移。

2)校正平口钳步骤。

为保证零件的加工精度,需要对平口钳的位置进行校正,使固定钳口平面与铣床 X 轴移动的平行度误差不超过 0.02mm。

(1)打开活动钳口,将固定钳口擦拭干净;

(2)使用磁性表座,将百分表安装至主轴,使百分表测头与固定钳口接触,如右图所示;

固定钳口

(3)____

____

____

____

2. 零件的装夹分析

如图 4－8 所示零件,其精毛坯尺寸为 80 mm × 80 mm × 15mm。使用机用平口钳装夹,选用等高垫块尺寸为________________,使毛坯上表面应高出钳口______mm,在钻通孔时不会过切到垫块。

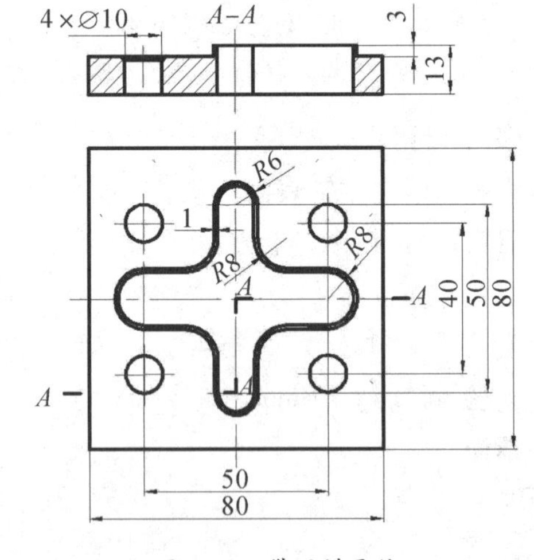

图 4－8　带通槽零件

学以致用

底座　毛坯的装夹

毛坯材料		尺寸	
毛坯特点			
装夹位置	零件采用精密平口钳装夹，第一次装夹需要完成零件四周面加工，装夹时应保证下图 A 所示尺寸大于最大加工深度________mm。还应注意零件中心有通孔，等高垫块型号应该选择________mm，放置位置要避开中心孔位置，以免出现过切		
装夹方案	工件　A　固定钳口　Z　X　垫块　固定钳口　垫块　Y　X　工件　活动钳口	补充说明：	

3.2.2　确定刀具

刀具选择以适用、经济为原则，请学习“知识园地”中“数控铣削刀具的认识与使用”相关内容，完成“能力检测”，最后在“学以致用”环节中填写底座“刀具清单”表格中刀具参数。

知识园地

1. 铣削切削用量选择。

铣削加工的切削用量包括：切削速度 V_c、进给速度 V_f、背吃刀量 α_p 和侧吃刀量 α_c，如图 4-9 所示。

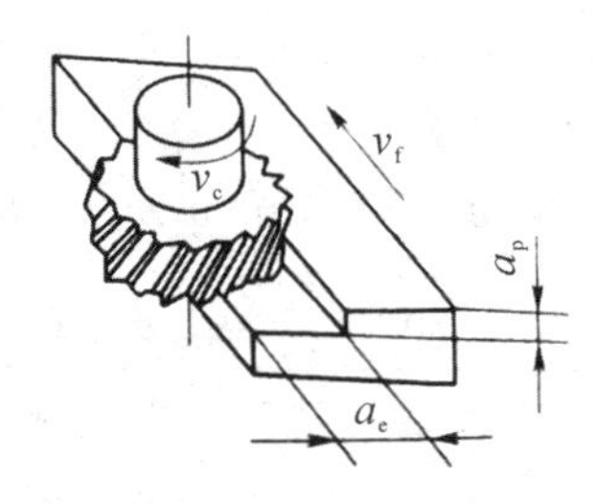

图 4-9　立铣切削用量

从刀具耐用度出发，切削用量的选择方法是：先选取背吃刀量或侧吃刀量，其次确定进给速度，最后确定切削速度。

1）背吃刀量 α_p 或侧吃刀量 α_e

背吃刀量 α_p 为平行于铣刀轴线测量的切削层尺寸,单位为 mm。端铣时,α_p 为切削层深度,侧吃刀量 α_e 为垂直于铣刀轴线测量的切削层尺寸,单位为 mm。端铣时,α_e 为被加工表面宽度。

背吃刀量或侧吃刀量的选取主要由加工余量和对表面质量的要求决定:

(1)当工件表面粗糙度值要求为 $Ra = 12.5 \sim 25$mm 时,如果圆周铣削加工余量小于 5mm,端面铣削加工余量小于 6mm,粗铣一次进给就可以达到要求。但是在余量较大,工艺系统刚性较差或机床动力不足时,可分为两次或多次进给完成。

(2)当工件表面粗糙度值要求为 $Ra = 3.2 \sim 12.5$mm 时,应分为粗铣和半精铣两步进行。粗铣时背吃刀量或侧吃刀量选取同前。粗铣后留 0.5 ~ 1.0mm 余量,在半精铣时切除。

(3)当工件表面粗糙度值要求为 $Ra = 0.8 \sim 3.2$mm 时,应分为粗铣、半精铣、精铣三步进行。半精铣时背吃刀量或侧吃刀量取 1.5 ~ 2mm;精铣时,圆周铣侧吃刀量取 0.3 ~ 0.5mm,面铣刀背吃刀量取 0.5 ~ 1mm。

2)进给速度 Vf 进给速度。Vf 是单位时间内工件与铣刀沿进给方向的相对位移,单位是 mm/min。它与铣刀转速 n、铣刀齿数 Z 以及每齿进给量 fz(单位为 mm)的关系是:$V_f = f_z Z_n$。

每齿进给量 fz 的选取主要依据工件材料的力学性能、刀具材料、工件表面粗糙度等因素。工件材料的强度和硬度越高,fz 越小,反之则越大。硬质合金铣刀的每齿进给量高于同类高速钢铣刀。工件表面粗糙度要求越高,fz 就越小。每齿进给量的确定可参考表 4 - 2 选取。工件刚性差或刀具强度低时,应取较小值。

表 4 - 2　每齿进给量推荐表　(mm/齿)

工件材料	工作材料硬度(HB)	硬质　合金		高　速　钢			
		端铣刀	二面刃铣刀	圆柱铣刀	立铣刀	端铣刀	二面刃铣刀
低碳钢	~150	0.2 ~ 0.4	0.15 ~ 0.30	0.12 ~ 0.2	0.04 ~ 0.20	0.15 ~ 0.30	0.12 ~ 0.20
	150 ~ 200	0.20 ~ 0.35	0.12 ~ 0.25	0.12 ~ 0.2	0.03 ~ 0.18	0.15 ~ 0.30	0.10 ~ 0.15
中高碳钢	120 ~ 180	0.15 ~ 0.5	0.15 ~ 0.30	0.12 ~ 0.20	0.05 ~ 0.20	0.15 ~ 0.30	0.12 ~ 0.20
	180 ~ 220	0.15 ~ 0.4	0.12 ~ 0.25	0.12 ~ 0.20	0.04 ~ 0.20	0.15 ~ 0.25	0.07 ~ 0.15
	220 ~ 300	0.12 ~ 0.25	0.07 ~ 0.20	0.07 ~ 0.15	0.03 ~ 0.15	0.10 ~ 0.20	0.05 ~ 0.12
灰铸铁	150 ~ 180	0.2 ~ 0.5	0.12 ~ 0.30	0.20 ~ 0.30	0.07 ~ 0.18	0.20 ~ 0.35	0.15 ~ 0.25
	180 ~ 220	0.2 ~ 0.4	0.12 ~ 0.25	0.15 ~ 0.25	0.05 ~ 0.15	0.15 ~ 0.30	0.12 ~ 0.20
	220 ~ 300	0.15 ~ 0.30	0.10 ~ 0.20	0.10 ~ 0.20	0.03 ~ 0.10	0.10 ~ 0.15	0.07 ~ 0.12
可锻铸铁	110 ~ 160	0.2 ~ 0.5	0.10 ~ 0.30	0.20 ~ 0.35	0.08 ~ 0.20	0.20 ~ 0.40	0.15 ~ 0.25
	160 ~ 200	0.2 ~ 0.4	0.10 ~ 0.25	0.2 ~ 0.3	0.07 ~ 0.20	0.20 ~ 0.35	0.15 ~ 0.20
	200 ~ 240	0.15 ~ 0.30	0.10 ~ 0.20	0.10 ~ 0.25	0.05 ~ 0.15	0.15 ~ 0.30	0.12 ~ 0.20
	240 ~ 280	0.10 ~ 0.30	0.10 ~ 0.15	0.10 ~ 0.20	0.02 ~ 0.08	0.10 ~ 0.20	0.07 ~ 0.12

续表

工件材料	工作材料硬度(HB)	硬质合金		高速钢			
		端铣刀	二面刃铁刀	圆柱铣刀	立铣刀	端铣刀	二面刃铣刀
含 Cv 0.3%合金钢	125~170	0.15~0.5	0.12~0.30	0.12~0.20	0.05~0.20	0.15~0.30	0.12~0.20
	170~220	0.15~0.40	0.12~0.25	0.10~0.20	0.05~0.10	0.15~0.25	0.07~0.15
	220~280	0.10~0.30	0.08~0.20	0.07~0.12	0.03~0.08	0.12~0.20	0.07~0.12
	280~320	0.08~0.20	0.05~0.15	0.05~0.10	0.025~0.05	0.07~0.12	0.05~0.10
含 C > 0.3%合金钢	170~220	0.125~0.4	0.12~0.30	0.12~0.20	0.12~0.20	0.15~0.25	0.07~0.15
	220~280	0.10~0.30	0.08~0.20	0.07~0.15	0.07~0.15	0.12~0.20	0.07~0.12
	280~320	0.08~0.20	0.05~0.15	0.05~0.10	0.025~0.05	0.07~0.12	0.05~0.10

2. 铣刀刀柄的种类及选择

1)弹簧刀柄。

工作原理:利用有锥度的弹簧夹套在轴向移动(锁紧)的过程中逐渐收缩,实现夹紧刃具。

适用范围:钻头、铰刀、精加工立铣刀等。

特点:夹持范围大;

通用性好;精度高(仅限部分厂家)。

关键点:弹簧夹套是否能够完美均匀收缩是决定跳动精度的关键因素之一;轴承式螺母可大幅降低锁紧时对夹套的扭力。

2)液压刀柄。

工作原理:利用液压使刀柄内径收缩实现夹紧刃具。

适用范围:立铣刀、硬质合金钻头、金刚石铰刀等的高精度加工。

特点:操作方便,只需 1 根 T 型扳手即可拧紧,属于所有刀柄中夹持方式最简单的;

精度稳定,扭紧力不直接作用于夹持部分,即使新入职的操作人员也可以稳定装夹;

完全防水、防尘;

防干涉性能好,市面上部分细长型液压刀柄,已可媲美热缩刀柄的防干涉性能。

3)热缩刀柄。

工作原理:利用刀柄和刀具的热膨胀系数之差,实现夹紧刀具。

适用范围:干涉条件要求较高的加工场合。

特点:防干涉性好;夹持范围小,只能夹持一个尺寸的刀具;初期跳动精度较好(随着加热次数的增加下降较快);需专门的加热冷却装置,安全性差,对操作人员要求高。

4)强力铣刀柄。

工作原理:通过螺母压迫刀柄本体收缩,实现夹持刀具。

适用范围:立铣刀的重切削。

特点:高刚性;夹持力强,是所有夹持类刀柄中夹持力最大的。

防干涉性不好;(最近也有厂家推出了螺母外径仅为32mm 的强力铣刀柄)

跳动精度一般,普遍在0.02mm 以下,但也有厂家做到了5~10μm。

要点:弹性形变是否均匀,收缩量是否足够。(夹头加厚设计,可以增加刚性,承受立铣刀的重切削。)

典型案例:日本大昭和(BIG)公司制作的强力铣刀柄,采用了非常独特的狭缝结构,可以使夹头均匀变形,拥有强大的夹持力及稳定的跳动精度。

5)侧固式刀柄。

工作原理:正如其名,通过侧面固定螺丝锁紧刀具。

适用范围:用于柄部削平的钻头、铣刀等粗加工。

特点:结构简单,夹紧力大;但精度和通用性较差。

3. 铣刀刀具的选择。

1)铣刀直径的选择。铣刀直径的选择因产品和生产批次的不同而有很大的差异。刀具直径的选择主要取决于设备的规格和工件的加工尺寸。

平面铣刀:在选择面铣刀具直径时,主要要考虑刀具所需功率应在机床功率范围内,也可根据机床主轴直径选择。面铣刀直径可按 D = 1.5d(d 为主轴直径)选择。大批量生产时,也可按工件切削宽度的1.6倍选择刀具直径。

立铣刀:立铣刀直径的选择应主要考虑工件的加工尺寸的要求,保证刀具所需功率在机床额定功率范围内。如果是小直径立铣刀,主要考虑的应该是机床的最大转数能否达到刀具的最小切削速度(60m/min)。在精加工内轮廓时,刀具的直径因根据被加工工件的最小内圆角尺寸选择,一般小于等于工件最小内圆角半径。

2)铣刀刀片的选择。

a. 对于精加工。最好选择使用研磨刀片。这种刀片具有较好的尺寸精度,因此铣削是切削刃的定位精度高,可以获得较好的加工精度和表面粗糙度。

b. 对于粗加工,最好使用压制刀片,这样可以降低加工成本。压制刀片的尺寸精度和锋利度比研磨刀片差,但压制刀片的刃口强度更好,在粗加工时抗冲击,能承受大切深和大进给。

c. 锋利的大前角刀片可用于铣削黏性材料(如不锈钢)。通过锋利刀片的切削作用,减少了刀片于工件材料之间的摩擦,切屑可以更快地离开刀片前端。

4. 孔加工刀具的认识。

常用的孔加工刀具有麻花钻、中心钻、扩孔钻、铰刀、镗刀及用铣刀铣孔等。在实体材料上加工孔时,常用中心钻先定位,再使用麻花钻钻孔。

1)麻花钻。麻花钻是最常用的孔加工刀具,麻花钻的结构如图4-10所示,一般用于实体材料上孔的粗加工。钻孔的尺寸精度为IT13~IT11,表面粗糙度Ra值为6.3~12.5μm。加工孔类零件,通常用麻花钻预先钻孔,去除大部分余量,同时也便于排屑。根据孔的精度要求,再选择合适刀具进行后续的加工,如铰孔、铣孔等。

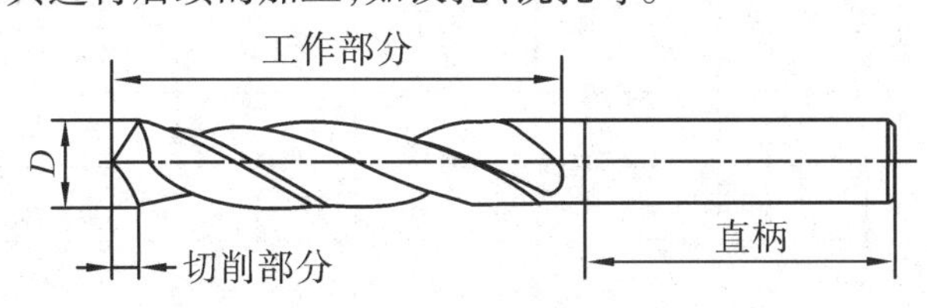

图4-10 直柄麻花钻的组成

2)中心钻。中心钻的结构如图4-11所示,中心钻用于在钻孔时,先打中心孔,有利于钻头的导向,可防止钻偏。

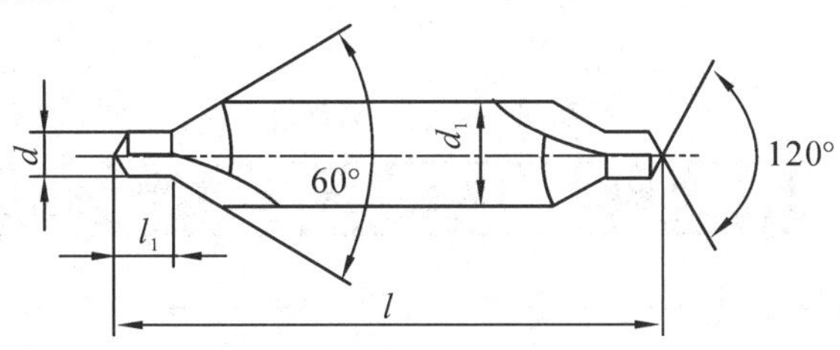

图4-11 心钻的组成

能力检测

表 4－3　数控铣床刀具的认识与使用基础知识

1. 加工如图 4－8 所示 $\phi10$ 的孔，为保证孔加工位置精度与尺寸精度，应如何设计加工过程？

____

____

____

2. 刀具的选用

在加工图 4－8 所示零件时，应分别选用哪些刀具进行加工？

序号	名称	材料	加工特征
1			
2			
3			
4			
5			
6			

3. 切削用量的选择

根据图 4－8 所示零件与选用的刀具，选择合适的切削用量，完成下面参数的填写

名称	用途	切削深度	侧切量	步距	主轴转速（r/min）	进给率（mm/min）	说明

学以致用

鲁班锁－底座　刀具清单

序号	名称	规格	材质	刀柄型号	加工内容
1					
2					
3					
4					
5					

3.2.3 确定工具

加工前准备好工具,在操作过程中能减少很多辅助时间,从而提高工作效率,请根据零件需求填写工、夹、量清单,根据实际条件选型填写参数。

鲁班锁-底座 工、量、夹具清单

序号	类型	名称	参考参数	备注
1	工具			
2				
3				
4				
5				
6				
7				
8				
9	夹具			
10				
11	量具			
12				
13				
14				
15				

3.2.4 鲁班锁-底座 零件工序卡填写

零件工艺分析需确定每个工步的加工内容、工艺参数及工艺装备等。请在“知识园地”中学习“数控铣削加工工艺”内容后,填写鲁班锁-底座 加工工序卡。

知识园地

孔加工路线的确定

在数控铣床上加工孔的方法很多,根据孔的尺寸精度、位置精度及表面粗糙度等要求,一般有点孔,钻孔、扩孔,锪孔、铰孔、镗孔及铣孔等,合理选择孔加工路线,直接影响加工效率与加工精度。

一般在进行孔系加工时,为提高加工效率,减少刀具空行程时间,应使走刀路线最短。如图4-12所示钻孔加工路线。按照一般习惯,总是先加工均布于同一圆周上的8个孔,再加工另一圆周上的孔,如图4-12(a)所示。但是对点位控制的数控机床而言,要求定位精度高,定位过程尽可能快,因此这类机床应按空程最短来安排走刀路线,如图4-12(b),以节省加工时间。

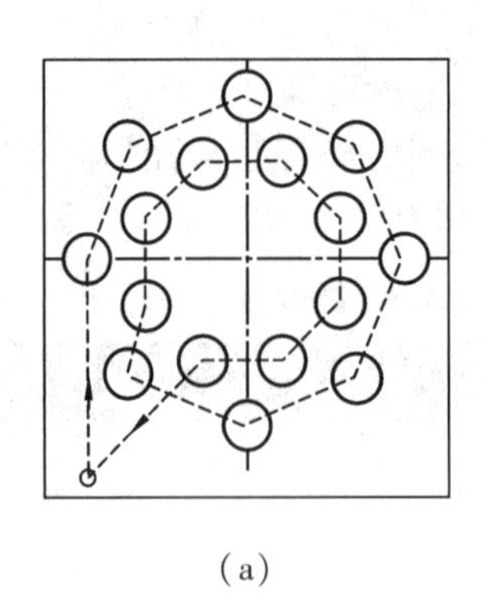

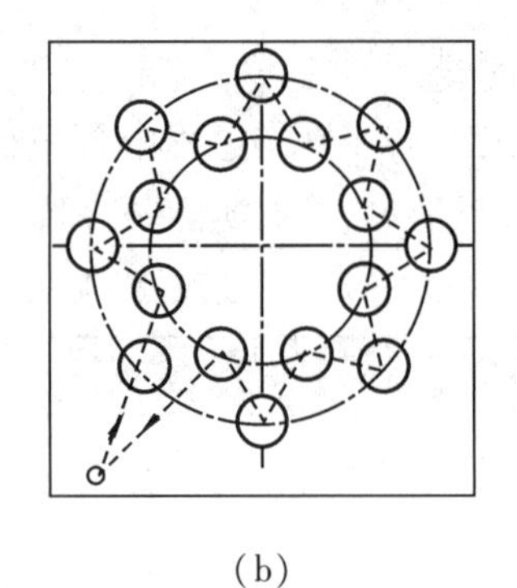

(a)　　　　　　　　(b)

图 4－12　最短加工路线选择

(a)环形加工路线;(b)最短加工路线

对于孔位置精度要求较高的零件,加工路线需要注意各孔的定位方向一致,即采用单向趋近定位点的方法,以避免传动系统反向间隙误差或测量系统的误差对定位精度的影响。例如图 4－13(a)所示的孔系加工路线,在加工孔Ⅳ时,X 方向的反向间隙将会影响Ⅲ和Ⅳ两孔的孔距精度;如果改为图 4－13(b)所示的加工路线,可使各孔的定位方向一致,从而提高孔距精度。

另外,在进行较深的封闭槽铣削前,可预先在下刀位置进行钻孔,以减少铣刀轴向切削力与刀具的磨损,提高生产生效率。

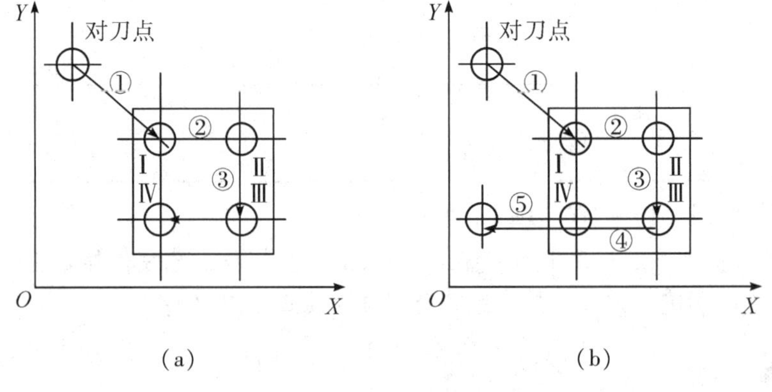

(a)　　　　　　　　(b)

图 4－13　孔系加工路线方案比较

(a)回形定位加工路线;(b)单向定位加工路线

学以致用

底座 加工工序卡

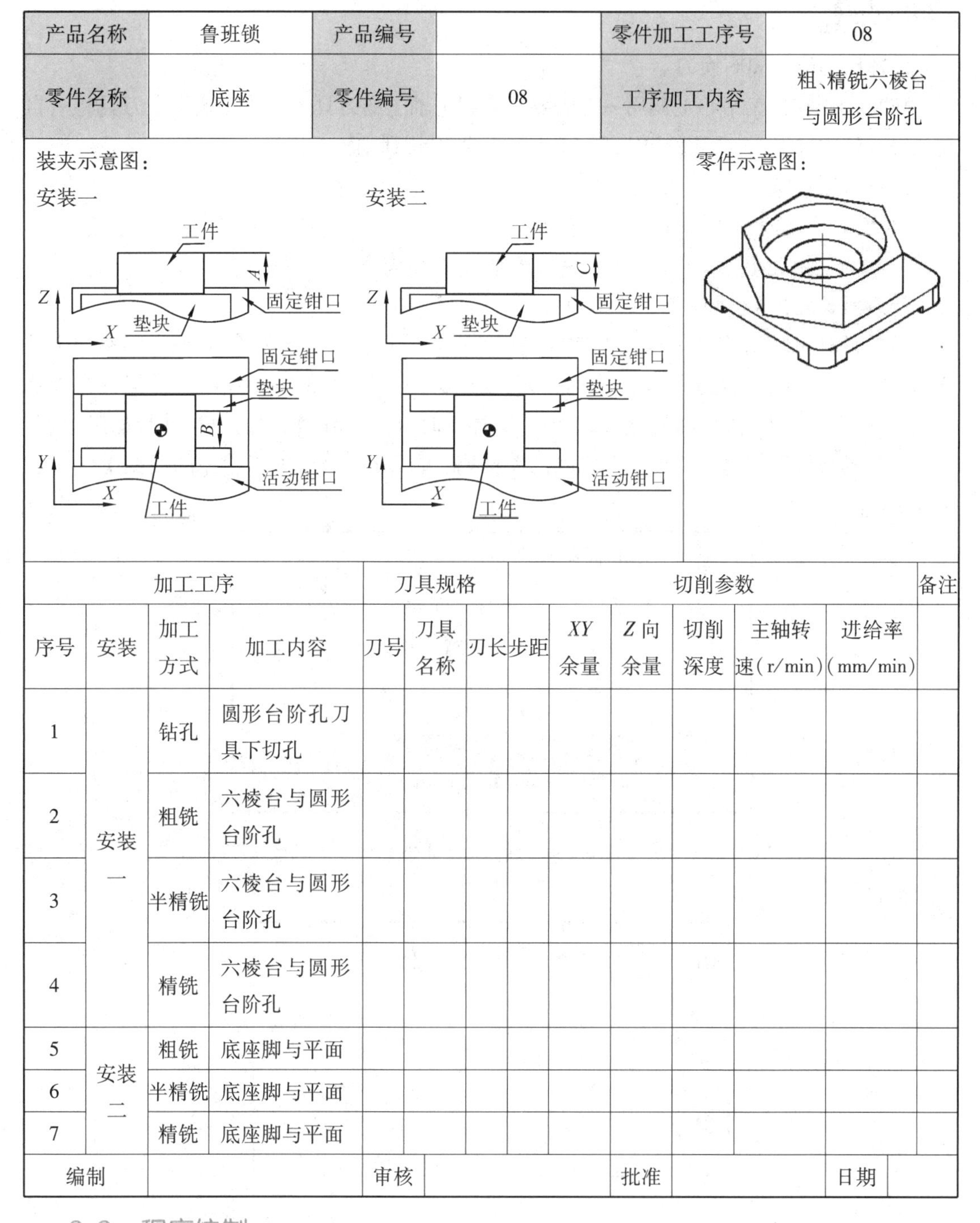

产品名称	鲁班锁	产品编号		零件加工工序号	08
零件名称	底座	零件编号	08	工序加工内容	粗、精铣六棱台与圆形台阶孔
装夹示意图：安装一 安装二				零件示意图：	

加工工序				刀具规格			切削参数						备注
序号	安装	加工方式	加工内容	刀号	刀具名称	刀长	步距	XY余量	Z向余量	切削深度	主轴转速(r/min)	进给率(mm/min)	
1	安装一	钻孔	圆形台阶孔刀具下切孔										
2		粗铣	六棱台与圆形台阶孔										
3		半精铣	六棱台与圆形台阶孔										
4		精铣	六棱台与圆形台阶孔										
5	安装二	粗铣	底座脚与平面										
6		半精铣	底座脚与平面										
7		精铣	底座脚与平面										
编制				审核				批准			日期		

3.3 程序编制

数控铣削加工程序是由使机床运动而给数控装置一系列指令的有序集合所构成，数控机床根据数控程序使刀具按直线或者圆弧及其他曲线运动，控制主轴回转，停止，切削液的开关，自动换刀等动作。这就是需规定数控程序的格式及各指令功能字，请学习“知识园地”

中"数控铣削加工编程"内容,完成"能力检测",最后在"学以致用"环节中阅读底座加工程序信息表及程序卡,补全程序卡中所缺的内容。

知识园地

1. 辅助功能 - M06 换刀。

M06 用于在加工中心上调用一个需要安装到主轴上的刀具。当执行该指令刀具将被自动地安装到主轴上。如:M06 T01;则 01 号刀将被安装到主轴上。

注意事项:

1) M06 为当前程序执行有效 M 功能。

2)M06 需要在单独一行使用(避免与其他 M 指令同行)。

2. 刀具长度补偿 (G43/G44/G49)。

通常,编程时指定的刀具长度与实际使用的刀具的长度不一定相等,它们之间有一个差值,如图 4 - 14 所示。为了操作及编程方便,可以将该差值存储于 CNC 的刀具偏置存储器中,然后用刀具长度补偿代码补偿该差值。这样,即使使用不同长度的刀具进行加工,只要知道该刀具与编程使用的刀具长度之间的差值,就可以在不修改加工程序的前提下进行正常加工。

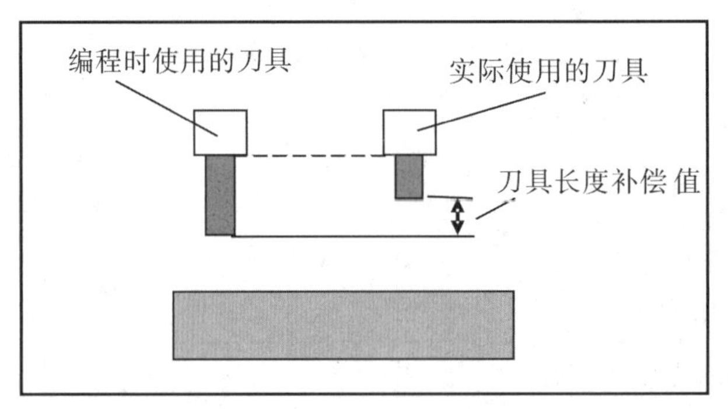

图 4 - 14 刀具长度补偿原理

格式:

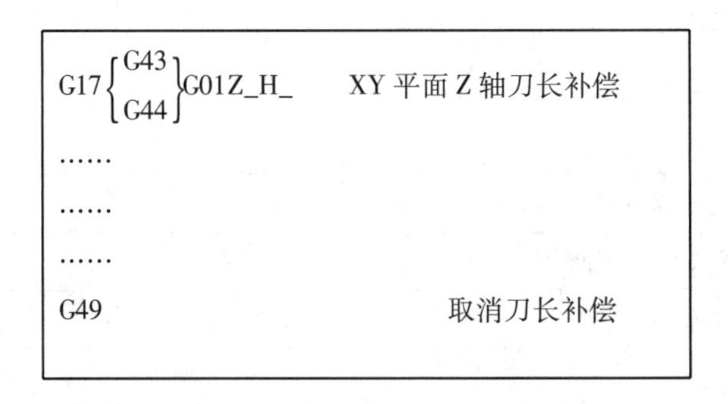

G17 {G43 / G44} G01Z_H_ XY 平面 Z 轴刀长补偿

……

……

……

G49 取消刀长补偿

刀具长度补偿由 G43 和 G44 指令指定:

G43	刀具长度正向补偿(将刀具长度补偿值加到刀轴方向的理论位置上)
G44	刀具长度负向补偿(在刀轴方向的理论位置上减去刀具长度补偿值)
Z	G00/G01 的参数,即刀补建立或取消的终点;
H	刀具长度补偿量在刀补表中的编号,它代表了刀补表中对应的长度补偿值
G49	取消刀具长度补偿

1)刀具长度补偿类型。

(1)刀具长度补偿方向总是垂直于 G17/G18/G19 所选平面。

(2)偏置号改变时,新的偏置值并不加到旧偏置值上,例如。

H1:刀具长度补偿量 20.0　H2:刀具长度补偿量 30.0

G90 G43 Z100 H01　　　;Z 将达到 120

G90 G43 Z100 H02　　　;Z 将达到 130

(3)G43、G44、G49 都是模态代码,可相互注销;

(4)G49 后不跟刀补轴移动是非法的。

2)刀具长度补偿移动量。

(1)刀具长度补偿的移动量:执行 G43 或 G44 的刀具长度补偿指令时,根据以下公式计算移动量。

G43 Z_ H_; Z_ + 　H_(长度补偿值)刀具补偿量仅在 + 方向补偿

G44 Z_ H_; Z_ - 　H_(长度补偿值)刀具补偿量仅在 - 方向补偿

(2)如上述的运算所示,不论使用的是绝对值指令或增量值指令,实际的终点为编程的移动指令的终点坐标进行指定补偿量补偿后的坐标值。

(3)当刀补表中存在长度磨损:执行 G43 或 G44 的刀具长度补偿指令时,根据以下公式计算移动量。

G43 Z_ H_;Z_ + 　H_(长度补偿) + H_(长度磨损)

G44 Z_ H_;Z_ - 　H_(长度补偿) - H_(长度磨损)

(4)当工件坐标系中存在坐标值:执行 G43 或 G44 的刀具长度补偿指令时,根据以下公式计算移动量。

G43 Z_ H_;Z(工件坐标系) + Z_ + H_(长度补偿)

G44 Z_ H_;Z(工件坐标系) + Z_ - H_(长度补偿)

(5)当工件坐标系中存在坐标值及刀补表中存在长度磨损:执行 G43 或 G44 的刀具长度补偿指令时,根据以下公式计算移动量。

G43 Z_ H_;Z(工件坐标系) + Z_ + H_(长度补偿) + H_(长度磨损)

G44 Z_ H_;Z(工件坐标系) + Z_ - H_(长度补偿) - H_(长度磨损)

(6)当工件坐标系中存在坐标值及外部零点偏移存在坐标值:执行 G43 或 G44 的刀具长度补偿指令时,根据以下公式计算移动量。

G43 Z_ H_;Z(工件坐标系) + Z(外部零点偏移) + Z_ + H_(长度补偿)

G44 Z_ H_;Z(工件坐标系) + Z(外部零点偏移) + Z_ - H_(长度补偿)

(7)当工件坐标系、外部零点偏移存在坐标值及刀补表中存在长度磨损:执行 G43 或 G44 的刀具长度 补偿指令时,根据以下公式计算移动量。

G43 Z_ H_;Z(工件坐标系) + Z(外部零点偏移) +Z_ + H_(长度补偿) + H_(长度磨损)

G44 Z_ H_;Z(工件坐标系) + Z(外部零点偏移) +Z_ - H_(长度补偿) - H_(长度磨损)

3)刀具长度补偿编号。

(1)补偿编号的有效范围,取决于参数的设定,相关参数如下。

参数号	参数说明
000060	系统保存刀具数据的数目

NC000060:该参数用于设定刀补表中保存刀具数据(刀偏,磨损,半径,刀尖方位长度等)的刀具把数,该值要大于等于各个通道内的刀具总和。

最大值:1000 默认值:100 最小值:0

(2)当指令的补偿编号超过规格范围时,系统会出现"非法刀具补偿号"的报警。

(3)与 G43 或 G44 在同一程序段中指定的补偿编号取消后,不能成为之后调用的模态而生效。

比如:下列程序 N1 行中 H1 模态不能在 N4 行生效

N1　G43 Z0 H1;　通过 H1 进行刀具长度补偿

N2　G0 X0 Y0;

N3　G49 Z0;　刀具长度补偿被取消

N4　G43 Z0;　不会再次通过 H1 进行刀具长度补偿,必须重新给定补偿编号

(4)当在 G43/G44 的模态中,再次指令 G43/G44 时,按照新的补偿编号进行补偿,也就是偏置号改变时新的偏置值并不累加到旧偏置值上。

比如:下列程序 N2 行按照新的补偿编号 H2 进行补偿 N1 G43 Z0 H1;通过 H1 进行刀具长度补偿。

N2 G43 Z0 H2;按照新的补偿编号 H2 进行长度补偿。

4)刀具长度补偿的取消。

(1)系统重启及执行 M02、M30、G49 之后,刀具长度补偿取消。

(2)指定 H0,刀具长度补偿取消。

(3)刀具长度补偿模态中点击复位或拍急停也可取消刀具长度补偿。

(4)当使用刀具长度补偿类型 B 时,用 G49 指令取消刀具长度补偿必须注意以下几点。

a. 使用 G49 取消长度补偿时只会取消 G49 指令前最后选择的平面下的长度补偿。

b. 使用 G49 取消所有平面下的长度补偿时,必须在 G49 指令后指定选择平面指令(G17/G18/G19),并且必须单独一行指定; 比如上述程序正确的编程方法如下。

N1 …… 或者 N1 ……

…… ……

N6 G49 G17； N6 G49 G17；

N7 G49 G18； N7 G18；

N8 G49 G19； N8 G19；

N9 …… N9 ……

错误写法：G49 G17 G18 G19，这样编写也只会取消 G49 指令前最后选择的平面下的长度补偿。

3. 钻孔循环指令(G80/G81/G98/G99)。

1)钻孔动作分解。一般来说，钻孔循环有以下六个动作顺序(如图4－15所示)：

顺序动作1：X、Y 轴定位

顺序动作2：快速移动到 R 平面

顺序动作3：执行钻孔动作

顺序动作4：在孔底动作

顺序动作5：退刀到 R 平面

顺序动作6：快速回退到初始 Z 平面

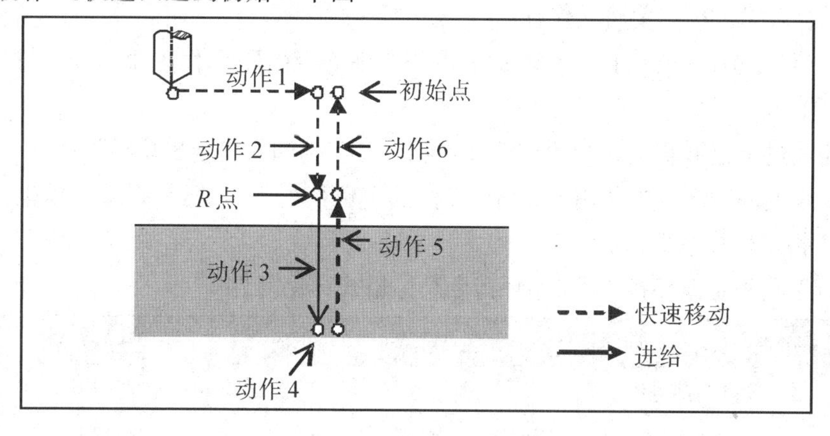

图4－15 固定循环动作分解

2)定位平面。定位平面为 G17 平面(XY 平面)。

3)钻孔轴。钻孔轴向为 Z 轴。

4)钻孔数据。

(1)G73、G74、G76 和 G81 至 G89 都是模态 G 代码指令，在其被取消之前一直都有效。在这些钻孔循环指令中指定的参数也是模态数据，也就是这些参数被保持直到被修改或清除。

(2)返回到参考平面 G99。通过 G99 指令，固定循环结束时返回到由 R 参数设定的参考点平面。

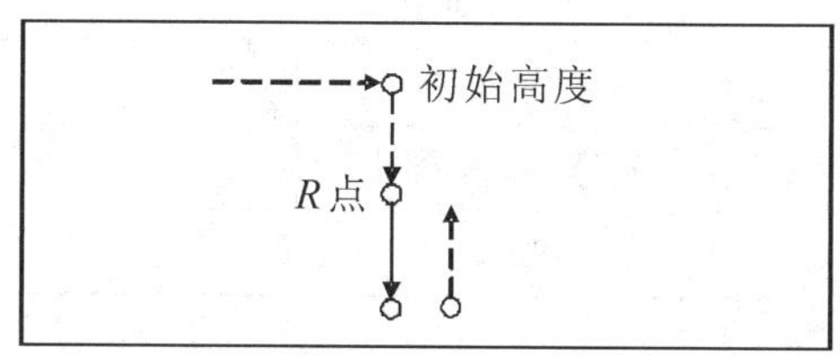

(3)返回到起始平面G98。

通过G98指令,固定循环结束时返回到指令固定循环的起始平面。

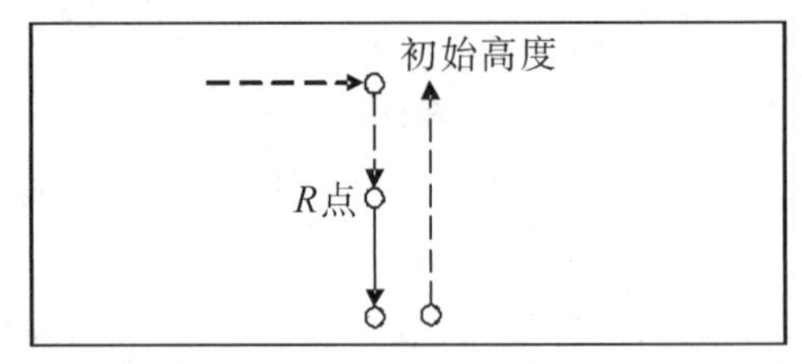

5)取消固定循环。使用G80或01组G代码可以取消固定循环。

下面孔加工动作图中动作符号解释。

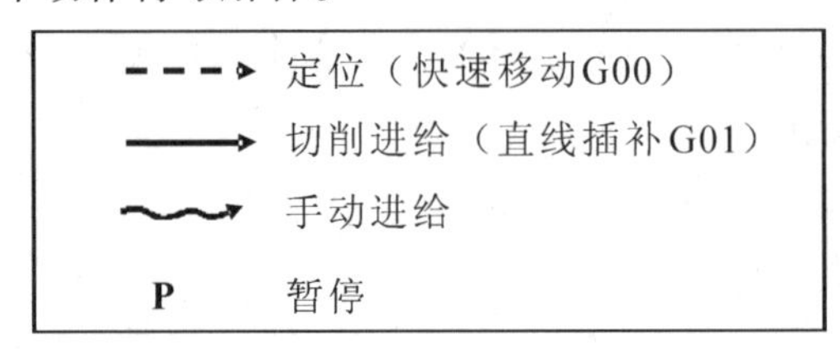

注意:

①在执行不包含X、Y、Z移动轴指令的固定循环程序段时,本行将不产生刀具移动,但是当前行的循环参数模态值将被保存。

②指定第1组G代码或指定G80时将取消当前固定循环G代码模态,同时也将清除循环参数模态值。

③如需通过指定L重复执行固定循环,当L指定为0时,将会出现报警信息。

④在固定循环程序段中使用G53指令时,其定位数据X、Y还是原来工件坐标系数据,而不是G53指定坐标系数据。

6)铣床钻孔固定循环指令表(循环指令具体格式详见附件4)。

G指令	钻孔(-Z方向)	孔底动作	回退(+Z方向)
G73	间歇切削进给	暂停	快速回退
G74	切削进给	暂停—主轴正转	切削回退
G76	切削进给	主轴定向	快速回退
G81	切削进给	——	快速回退
G82	切削进给	暂停	快速回退
G83	切削进给	暂停	快速回退
G84	切削进给	暂停—主轴反转	切削回退
G85	切削进给	——	切削回退
G86	切削进给	暂停—主轴停止	快速回退
G87	切削进给	主轴正转	快速回退
G88	切削进给	暂停—主轴停止	手动
G89	切削进给	暂停	切削回退

7)钻孔循环(中心钻)(G81)。该循环用作正常钻孔。切削进给执行到孔底,然后刀具从孔底快速移动退回。

G81 的动作序列如图 4-16 所示。图中虚线表示快速定位。

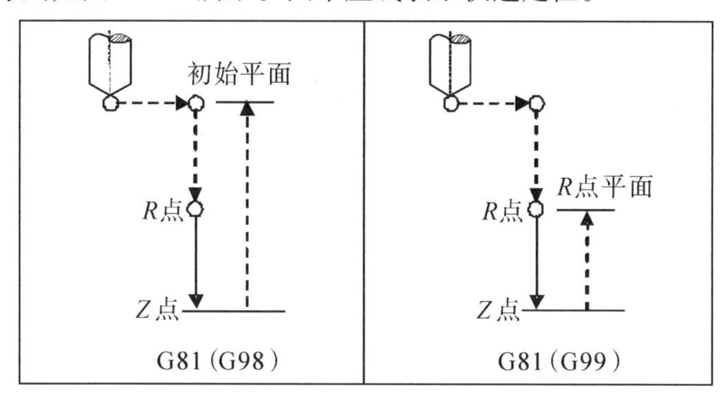

图 4-16 G81 钻孔循环动作

格式:(G98/G99) G81 X_ Y_ Z_ R_ F_ L_ ;

参数	含义
X Y	孔位数据,绝对值方式(G90)时为孔位绝对位置,增量值方式(G91)时为刀具从当前位置到孔位的距离
Z	指定孔底位置。绝对值方式(G90)时为孔底的 Z 向绝对位置,增量值方式(G91)时为孔底到 R 点的距离
R	指定 R 点的位置。绝对值方式(G90)时为 R 点的 Z 向绝对位置,增量值方式(G91)时为 R 点到初始平面的距离
F	切削进给速度
L	重复次数(L=1 时可省略,一般用于多孔加工,故 X 或 Y 应为增量值)

工作步骤:

(1)刀位点快移到孔中心上方 B 点;

(2)快移接近工件表面,到 R 点;

(3)向下以 F 速度钻孔,到达孔底 Z 点;

(4)主轴维持旋转状态,向上快速退到 R 点(G99)或 B 点(G98)。

注意:

(1)如果 Z 的移动位置为零,该指令不执行;

(2)钻孔轴必须为 Z 轴;

(3)G81 指令数据被作为模态数据存储,相同的数据可省略;

(4)使用指令 G81 前,请使用相应的 M 代码使主轴旋转。

举例:加工如图 4-17 所示孔加工程序:

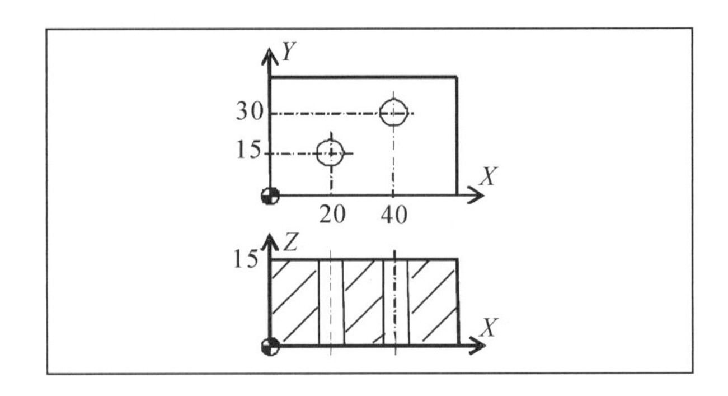

图 4－17　G81 孔加工

```
%0001
N10G92 X0 Y0 Z80
N15 M03 S600
N20G98 G81 G91 X20 Y15 G90 R20 Z－3 L2 F200
N30G00 X0 Y0 Z80
N40M30
```

能力检测

表 4－4　程序编制基础知识

1. 刀具长度补偿指令应用
下面程序段中有哪些错误,请在右边空白处进行改正。 %0016 N01 G54 G90G17 N02 M03 S1000 N03 G43H01 N04G00 X0 Y50 N05 Z10 N06 G01 Z－1 F100 …… N10 G49 G00 Z100 H01 N10 M05 N10 M30

续表

2. 孔加工循环指令应用	
1)请运用孔加工循环指令完成图 4-8 所示零件中 4 个孔与中心下刀孔程序的编写。	%0001 N01 G54 G90 G17
2)请在右图中设计十字花型凸台的走刀轨迹,在图中画出轨迹图,并标注关键刀位点坐标。 3)根据上面任务中所设计的走刀轨迹,使用子程序功能完成十字花型凸台程序的编写。 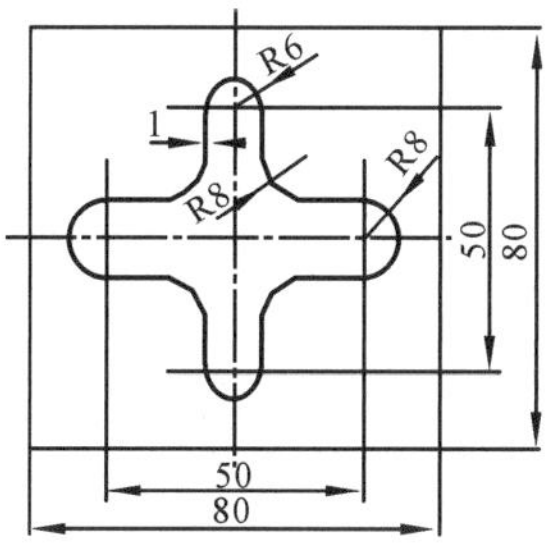 	%0001 N01 G54 G90 G17

学以致用

具体程序内容如下,请参考下面已有的程序信息,将程序卡中所缺的刀位轨迹图和程序内容补全。

底座　加工程序信息表

序号	安装	程序名		加工内容	刀具型号	刀具半径补偿号	刀具长度补偿号
		主程序	子程序				
1	安装一	%0011		工件中心钻下切孔	ϕ10 麻花钻	无	______
2		%0012	%0001	粗铣顶面	______铣刀	______	______
3		%0013	%0002	粗铣六棱台	铣刀	______	______
4		%0014	%0003 %0004 %0005	粗铣 ϕ50、ϕ32、ϕ20 孔	铣刀	______	______
5		%0015		半精铣顶面与六棱台底面	______ 铣刀	______	______
6		%0016		半精铣六棱台轮廓	______ 铣刀	______	______
7		%0017		半精铣 ϕ50、ϕ32、ϕ20 孔	______铣刀	______	______
8		%0018		精铣六棱台轮廓及底面	______铣刀	______	______
9		%0019		精铣 ϕ50、ϕ20 孔	______铣刀	______	______
10		%0020		精铣 ϕ32 孔	______ 铣刀	______	______
11	安装二	%0021	%0001	粗铣底座平面	______铣刀	______	______
12		%0022	%0002	粗铣底座外轮廓	______铣刀	______	______
13		%0023	%0003	粗铣底座脚	______铣刀	______	______
14		%0024		精铣底座平面	______铣刀	______	______
15		%0025		精铣底座外轮廓	______ 铣刀	______	______
16		%0026		精铣底座脚	______铣刀	______	______

具体程序内容如下，请参考下面已有的程序信息，将程序卡中所缺的刀位轨迹图和程序内容补全。

鲁班锁－底座　安装一程序卡

序号	加工程序（粗铣六棱台与圆形台阶孔）	程序说明	基点与示意图
1	%0011 N01 G90G17 G ____ N02 M03 S1000 N03G43 G00 Z100 H ____ N04 X0 Y0 N05 G98 G81 ________ N06 G80 G49 G00 Z100 N07 M05 N08 M30	工件中心钻下切孔 ϕ10 麻花钻 加入刀长补长 钻孔 孔深至______ 取消钻孔循环、 取消刀长补长	

续表

序号	加工程序(粗铣六棱台与圆形台阶孔)	程序说明	基点与示意图
2	%0012 N01 G90G17 G ____ N02 M03 S1000 N03G43 G00 Z100 H ____ N04 ____________ ________________	粗铣顶面 ______铣刀 加入刀长补长下刀点 (可使用子程序调用,简化程序)	(画出刀具轨迹图,标记刀位点坐标,编写顶面粗加工程序)
3	%0013 N01 G90G17 G ____ N02 M03 S1000 N03 G43 G00 Z100 H ____ N04 ________ N05 Z10 N06 G01 Z0 F100 N07M98 P0013L ____ N08G90 G49 G00 Z100 N09M05 N10 M30 %0013 ____________ ____________ ____________ ____________ ____________ ____________ ____________ M99	粗铣六棱台 ________立铣刀 加入刀长补长 下刀点 调用子程序,分层切 取消刀长补长 子程序	60 34.64 69.28 (画出刀具轨迹图,标记刀位点坐标,编写顶面粗加工程序)

续表

序号	加工程序(粗铣六棱台与圆形台阶孔)	程序说明	基点与示意图
4	%0014 N01 G90G17 G ____ N02 M03 S1000 N03 G43 G00 Z100 H ____ N04X0 Y0 N05 Z10 N06 G01 Z0 F100 N07M98 P0003L ____ N08M98 P0004L ____ N09 M98 P0005L ____ N08G90 G49 G00 Z100 N09M05 N10 M30 %0003 N01 G91 G01 Z - ______ N02 G90 ________ ____________ ____________ ____________ G01 X0 Y0 M99 %0004 N01 G91 G01 Z - ______ N02 G90 ________ ____________ ____________ ____________ G01 X0 Y0 M99 %0005 N01 G91 G01 Z - ______ N02 G90 ________ ____________ ____________ G01 X0 Y0 M99	粗铣 $\phi50$、$\phi32$、$\phi20$ 孔 ______立铣刀 加入刀长补长 下刀点 调用子程序,粗铣 $\phi50$ 孔 调用子程序,粗铣 $\phi32$ 孔 调用子程序,粗铣 $\phi20$ 孔 取消刀长补长 程序结束 子程序,粗铣 $\phi50$ 孔 返回下刀点 子程序结束 子程序,粗铣 $\phi32$ 孔 返回下刀点 子程序结束 子程序,粗铣 $\phi20$ 孔 返回下刀点 子程序结束	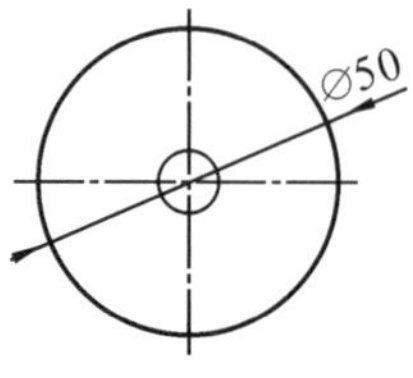 ∅50 (画出刀具轨迹图,标记刀位点坐标,编写加工程序) 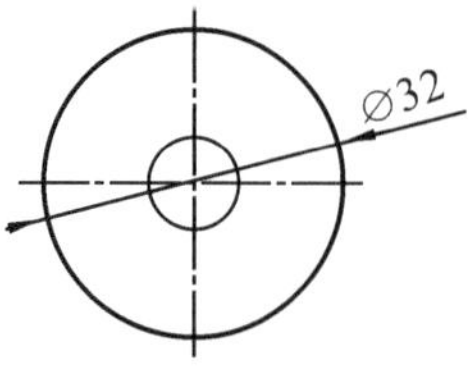 ∅32 (画出刀具轨迹图,标记刀位点坐标,编写加工程序) 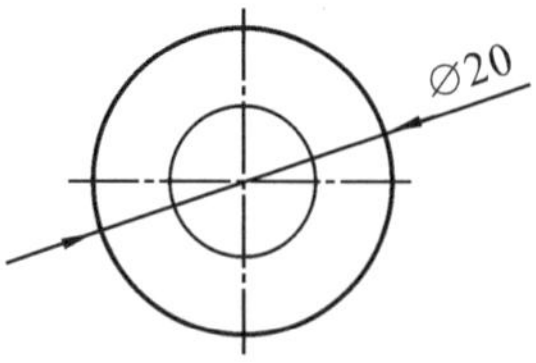 ∅20 (画出刀具轨迹图,标记刀位点坐标,编写加工程序)

续表

序号	加工程序（半精铣六棱台与圆形台阶孔）	程序说明	基点与示意图
5	%0015 N01 G90G17 G ____ N02 M03 S1000 N03 G43 G00 Z100 H ____ N04 ________ N05 Z10 N06 G01 Z ___ F100	半精铣顶面与六棱台底面 ________立铣刀 加入刀长补长 下刀点 下切深度余量 ____ mm 半精铣顶面 …… 半精铣六棱台底面 取消刀长补偿 程序结束	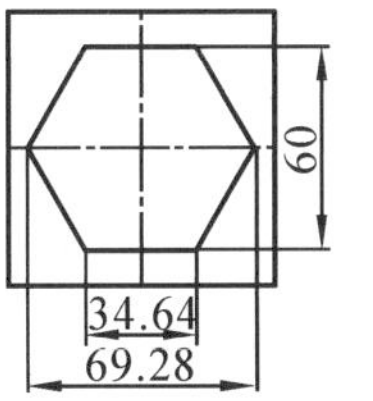 60 34.64 69.28 （画出刀具轨迹图，标记刀位点坐标，编写加工程序）
6	%0016 N01 G90G17 G ____ N02 M03 S1000 N03 G43 G00 Z100 H ____ N04 ________ N05 Z10 N06 G01 Z ____ F100 ______________________________ ______________________________ ______________________________ N08G90 G49 G00 Z100 ______________________________ N09M05 N10 M30 N08G90 G49 G00 Z100 N09M05 N10 M30	半精铣六棱台轮廓 ________立铣刀 加入刀长补长 下刀点 下切深度余量____ mm 半精铣六棱台轮廓 取消刀长补偿 程序结束	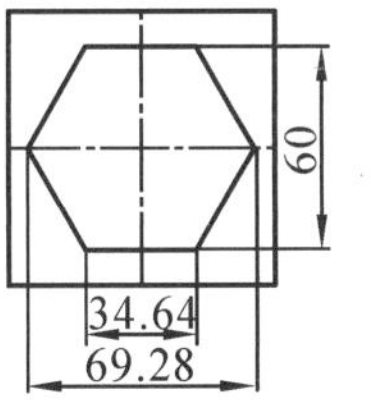 60 34.64 69.28 （画出刀具轨迹图，标记刀位点坐标，编写加工程序）

续表

序号	加工程序(半精铣六棱台与圆形台阶孔)	程序说明	基点与示意图
7	%0017 N01 G90G17 G ____ N02 M03 S1000 N03 G43 G00 Z100 H ____ N04X0 Y0 N05 Z10 N06 G01 Z ____ F100 N08G90 G49 G00 Z100 N09M05 N10 M30	半精铣 $\phi50$、$\phi32$、$\phi20$ 孔 ______立铣刀 加入刀长补长 下刀点 下切深度余量____ mm 半精铣 $\phi50$ 孔底面及轮廓 …… 半精铣 $\phi32$ 孔底面及轮廓 …… 半精铣 $\phi20$ 孔底面及轮廓 …… 取消刀长补偿 程序结束	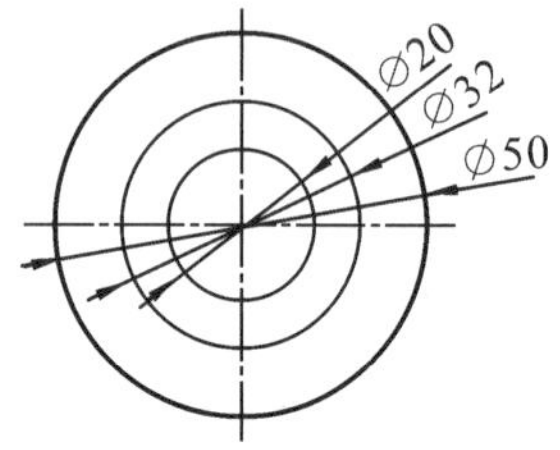 ⌀20 ⌀32 ⌀50 (画出刀具轨迹图,标记刀位点坐标,编写加工程序)
8	%0018 N01 G90G17 G ____ N02 M03 S1000 N03 G43 G00 Z100 H ____ N04 ________ N05 Z10 N06 G01 Z ____ F100 N08G90 G49 G00 Z100 N09M05 N10 M30	精铣六棱台 ________立铣刀 加入刀长补长 下刀点 精铣六棱台顶面 …… 精铣六棱台底面 …… 精铣六棱台外轮廓 取消刀长补偿 程序结束	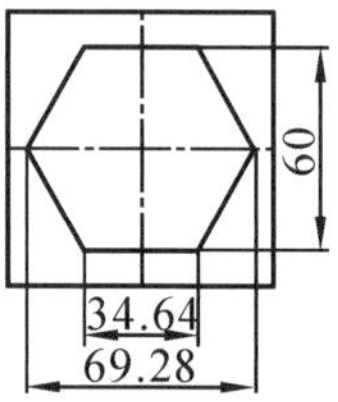 60 34.64 69.28 (画出刀具轨迹图,标记刀位点坐标,编写加工程序)

续表

序号	加工程序(半精铣六棱台与圆形台阶孔)	程序说明	基点与示意图
9	%0019 N01 G90G17 G ____ N02 M03 S1000 N03 G43 G00 Z100 H ____ N04X0 Y0 N05 Z10 N06 G01 Z ____ F100 ______________ ______________ ______________ ______________ ______________ ______________ ______________ ______________ ______________ ______________ N08G90 G49 G00 Z100 N09M05 N10 M30	精铣 $\phi50$、$\phi20$ 孔 ________立铣刀 加入刀长补长 下刀点 精铣 $\phi50$ 孔底面及轮廓 …… 精铣 $\phi20$ 孔轮廓 …… 取消刀长补偿 程序结束	Ø20 Ø50 (画出刀具轨迹图,标记刀位点坐标,编写加工程序)
10	%0020 N01 G90G17 G ____ N02 M03 S1000 N03 G43 G00 Z100 H ____ N04X0 Y0 N05 Z10 N06 G01 Z ____ F100 ______________ ______________ ______________ ______________ ______________ N08G90 G49 G00 Z100 N09M05 N10 M30	精铣 $\phi32$ 孔 __________立铣刀 加入刀长补长 下刀点 取消刀长补偿 程序结束	Ø20 (画出刀具轨迹图,标记刀位点坐标,编写精加工程序)

底座　安装二程序卡

序号	加工程序(粗铣底座脚)	程序说明	基点与示意图
1	%0021 N01 G90G17 G ____ N02 M03 S ________ N03 G43 G00 Z100 H ____ N04 ________ N05 Z ________ N06 G01 Z ____ F ____ ______________________________ ______________________________ ______________________________	粗铣底座底平面 ________立铣刀 加入刀长补长 下刀点	R8　74　74 (画出刀具轨迹图,标记刀位点坐标,编写精加工程序) 可采用子程序及子程序钳套简化程序
2	%0022 N01 G90G17 G ____ N02 M03 S ________ N03 G43 G00 Z100 H ____ N04 ________ N05 Z ________ N06 G01 Z ____ F ____ ______________________________ ______________________________ ______________________________ ______________________________ ______________________________ ______________________________ ______________________________ ______________________________ ______________________________ ______________________________ ______________________________ ______________________________	粗铣底座外轮廓________ 立铣刀 加入刀长补长 下刀点	R8　74　74 (画出刀具轨迹图,标记刀位点坐标,编写精加工程序)

续表

序号	加工程序(粗铣底座脚)	程序说明	基点与示意图
3	%0023 N01 G90G17 G ____ N02 M03 S ______ N03 G43 G00 Z100 H ____ N04 ________ N05 Z ________ N06 G01 Z ____ F ____ ______________________________ ______________________________ ______________________________ ______________________________ ______________________________ ______________________________ ______________________________ ______________________________ ______________________________ ______________________________	粗铣底座脚________立铣刀 加入刀长补长 下刀点	R2 R8 R5 44 74 44 74 (画出刀具轨迹图,标记刀位点坐标,编写精加工程序)
4	%0024 N01 G90G17 G ____ N02 M03 S ______ N03 G43 G00 Z100 H ____ N04 ________ N05 Z ________ N06 G01 Z ____ F ____ ______________________________ ______________________________ ______________________________ ______________________________ ______________________________ ______________________________ ______________________________	精铣底座平面 ______立铣刀 加入刀长补长 下刀点	R8 74 74 (画出刀具轨迹图,标记刀位点坐标,编写精加工程序)

续表

序号	加工程序(粗铣底座脚)	程序说明	基点与示意图
5	%0025 N01 G90G17 G ____ N02 M03 S ______ N03 G43 G00 Z100 H ____ N04 ________ N05 Z ______ N06 G01 Z ____ F ____ ____________________________ ____________________________ ____________________________ ____________________________ ____________________________ ____________________________ ____________________________ ____________________________	精铣底座外轮廓________ 立铣刀 加入刀长补长 下刀点	(画出刀具轨迹图,标记刀位点坐标,编写精加工程序)
6	%0026 N01 G90G17 G ____ N02 M03 S ______ N03 G43 G00 Z100 H ____ N04 ________ N05 Z ________ N06 G01 Z ____ F ____ ____________________________ ____________________________ ____________________________ ____________________________ ____________________________ ____________________________ ____________________________	精铣底座脚 ________立铣刀 加入刀长补长 下刀点	(画出刀具轨迹图,标记刀位点坐标,编写精加工程序)

3.4 加工操作

3.4.1 加工准备

进入加工操作阶段时，首先准备要加工的毛坯，按照刀具、工具清单准备好刀具、工具，再将数控铣床调试至加工准备状态，在操作数控铣床前需学习车间安全操作规程，了解数控铣床的结构，认识数控机床常用功能按钮，掌握机床开机操作过程等。请在知识园地中学习“数控铣床安全操作规范”内容后，完成相对应的基础知识填写。

知识园地

数控铣床常见故障(电池、冷却液问题)

1. 严格遵循操作规程数控系统编程、操作和维修人员必须经过专门的技术培训，熟悉所用数控机床的机械系统、数控系统、强电设备，液压、气源等部分及使用环境、加工条件等；能按机床和系统使用说明书的要求正确、合理地使用，尽量避免因操作不当引起的故障。

通常，若首次采用数控机床或由不熟练的工人来操作，在使用的第一年内，有1/3以上的系统故障是由于操作不当引起的。应按操作规程要求进行日常维护工作。有些地方需要天天清理，有些部件需要定时加油和定期更换。

2. 防止数控装置过热定期清理数控装置的散热通风系统。应经常检查数控装置上各冷却风扇工作是否正常；应视车间环境状况，每半年或一个季度检查清扫一次。

由于环境温度过高，造成数控装置内温度达到55℃以上时，应及时加装空调装置。安装空调装置之后，数控系统的可靠性有明显的提高。

3. 经常监视数控系统的电网电压。通常，数控系统允许的电网电压范围在额定值的85%～110%。如果超出此范围，轻则使数控系统不能稳定工作，重则会造成重要电子部件损坏。因此，要经常注意电网电压的波动。对于电网质量比较差的地区，应配置数控系统专用的交流稳压电源装置，这将明显降低故障率。

4. 系统后备电池的更换　系统参数及用户加工程序由带有掉电保护的静态寄存器保存。系统关机后内存的内容由电池供电保持，因此经常检查电池的工作状态和及时更换后备电池非常重要。当系统开机后若发现电池电压报警灯亮时，应立即更换电池。还应注意，更换电池时，为不遗失系统参数及程序，需在系统开机时更换。电池为高能锂电池，不可充电，正常情况下使用寿命为两年(从出厂日期起)。

5. 防止尘埃进入数控装置内　除了进行检修外，应尽量少开电气柜门，因为车间内空气中飘浮的灰尘和金属粉末落在印制电路板和电气插件上容易造成元件间绝缘电阻下降，从而出现故障甚至损坏。一些已受外部尘埃、油雾污染的电路板和接插件可采用专用电子清洁剂喷洗。

6. 数控系统长期不用时的维护　当数控机床长期闲置不用时，也应定期对数控系统进行维护保养。首先，应经常给数控系统通电，在机床锁住不动的情况下，让其空运行，在空气湿度较大的梅雨季节应该天天通电，利用电器元件本身发热驱走数控柜内的潮气，以保证电子部件的性能稳定可靠。如果数控机床闲置半年以上不用，应将直流伺服电动机的电刷取出，以免由于化学腐蚀作用，使换向器表面腐蚀，换向性能变坏，甚至损坏整台电动机。

能力检测

安全操作规程。

1）数控系统若长期闲置，要经常给____________通电，并在机床锁住不动的情况下，让________运行。这样可以利用电器元件本身的发热来驱散数控装置内的潮气，保证电子部件性能的稳定可靠。

2）刃磨刀具和更换刀具后中，要重新测量刀长并修改__________。

3）卸刀时应先用手握住刀柄，再按______，装刀时应在确认刀柄完全到位后再________。

4）在数控机床维护保养时，注意事项不要以__________清理，这样会导致油污、切屑、灰尘或砂粒从细缝侵入精密轴承或堆积在导轨上面。

5）在使用偏心棒对刀时，主轴转速不应超过__________r/min，否则偏心棒会应转速过高甩出，造成危险事故。

3.4.2 加工操作

1. 安装毛坯与刀具

1）毛坯装夹。毛坯装夹稳定性直接影响加工精度，选用合适的夹具并进行正确的定位、夹紧尤为重要。根据前面的学习，掌握毛坯安装步骤，养成规范可靠的操作习惯。

查检毛坯 → 清洁物品 → 放置工件 → 定位夹紧 → 检查装夹

2）铣刀的安装。将铣刀正确安装至刀柄是一项基础操作技能，如不能可靠进行安装将会引起不可预知的安全事故。请学习微课“铣刀的安装”内容，掌握刀安装步骤，养成规范可靠的操作习惯。

（1）刀具安装至刀柄。

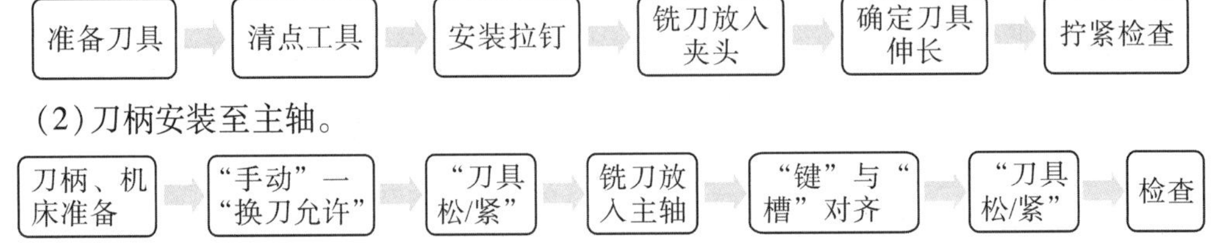

注意：如主轴端面键与刀柄键槽未对齐，或刀柄与主轴端面存在很大间隙，需用手托住铣刀柄，再次按下主轴箱上的绿色“刀具松/紧”按钮，卸下刀具重新安装。

2. 设置工件坐标系

正确设置工件坐标系是在操作实施中非常重要的一个环节，直接影响程序的正确运行与零件加工精度，请学习知识园地是圆形零件中心对刀的操作步骤，观看微课“数控铣对刀操作”内容，写出对刀流程。

知识园地

刀具长度补偿设置:"刀补"功能主要实现刀具长度补偿、长度磨损、半径补偿、半径磨损的设置。

刀补

刀具补偿值可以手动输入刀长补偿值,也可以通过刀具自动测量方式自动输入刀具补偿值。

为简化操作,本系统在"加工"集和"设置"集下均配置了"刀补"功能,其功能和操作相同。本节介绍、说明以"设置"集下的"刀补"子菜单为例。

刀补号	长度	长度磨损	半径	半径磨损
1	5.0000	0.0000	0.0000	0.0000
2	5.0000	0.0000	2.1100	0.0000
3	1.1110	0.0000	0.1100	0.0000
4	0.0000	0.0000	0.0000	0.0000
5	0.0000	0.0000	0.0000	0.0000
6	5.0000	0.0000	0.0000	0.0000
7	0.0000	0.0000	0.0000	0.0000
8	0.0000	0.0000	0.0000	0.0000
9	0.0000	0.0000	0.0000	0.0000
10	0.0000	0.0000	0.0000	0.0000

T		机床实际	相对实际	工件实际
0000 (当前刀)	X	0.0000	-78.9995	0.0000
	Y	0.0000	-39.0003	0.0000
0000 (预选刀)	Z	0.0000	-4.0000	0.0000
	C	0.0000	0.0000	0.0000

$1

当前位置 | 增量输入 | 相对实际 | 相对清零 | 全部清零

A. 刀长补直接输入方式。

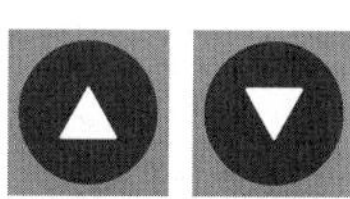

Enter 确认

➢在加工功能集衣级菜单,按[刀补」软键,进入其子界面;

➢用「方向」或「翻页」键将光标移到对应刀号刀长补;

➢按「Enter」键确认,激活输入状态,输入框中提示输入所选刀号刀长补值。

➢用NC键盘输入正确数字

➢按「Enter」键确认输入,原刀补值被输入值替换,且输入框提示"下次换刀或重运行时生效",同时退出输入状态。

1号刀补长度设置: 5.0000

B. 刀长补直接输入方式。

当刀补表中存在刀长补偿值时,若需要增加或减少,则使用增量输入方式修改刀长补。

增量输入

➢在加工功能集一级菜单,按[刀补」软键,进入其子界面;

➢用「方向」或「翻页」键将光标移到对应刀号刀长补;

➢按「增量输入」软键,激活输入框。

➢输入正值,即刀长补增加量,输入负值,即刀长补减少量。

➢按「Enter」键确认输入,刀长补完成修改。

C. 刀长补直接输入方式。

当要取刀具相对移动的一段距离作为刀长补时，选取相对实际输入方式输入刀长补。

相对实际

- 在加工功能集一级菜单，按「刀补」软键，进入其子界面；
- 用「方向」或「翻页」键将光标移到对应刀号刀长补；
- 输入前，先按「相对清零」软键，清楚Z轴相对坐标值；
- 手动模式Z方向移动刀具位置，移动距离显示在相对实际Z轴坐标；
- 按「相对实际」软键，将相对实际Z轴坐标输入刀长补。

能力检测

1. 设置刀具长度补偿

在前面的任务中使用多把刀具时，是将每个刀具设置一个坐标系，操作过程复杂。如采用刀具长度补偿功能，可以大大减少对刀的时间，使用时采用不同的刀补号即可，刀具长度补偿的方式很多，下面使用计算最简单的方式，将工件坐标系“Z0”位置设置在工件上表面，完成3把刀具的长度补偿设置。其具体步骤如下：

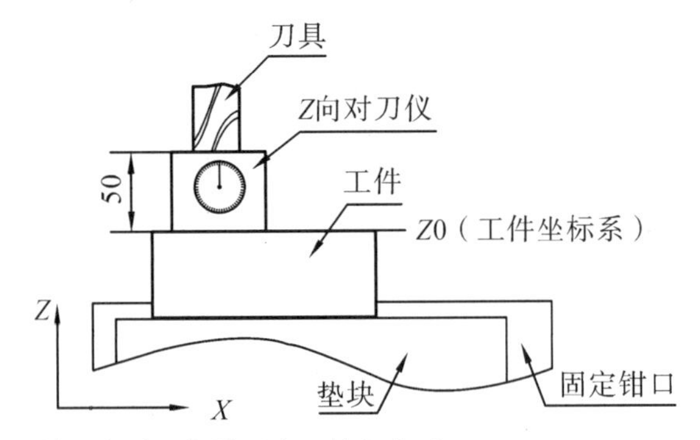

(1)主轴安装1号刀，将Z向对刀仪放置在工件上表面；

(2)操作数控系统，依次选择“设置” – “刀具补偿” – 光标移至“1号”刀具长度补偿位置；

(3)将刀具移至Z向对刀仪上方，使手摇倍率调至“×1”，再将刀具向下移动，直到____________；

(4)操作数控系统，在“1号”刀具长度补偿位置，按下“____________”，此时当前Z轴机床坐标值记录到“1号”刀具长度补偿，再按下“__________”，补偿“Z向对刀仪”高度，输入________，即1号刀具长度补偿设置完毕。

(5)重复1 – 4步，完成2号刀与3号刀具长度补偿设置。

注意：在使用此方法设置刀具长度补偿时，加工所使用的工件坐标系设置位置中“Z”轴值应为0。每把刀在加工时一定要加入对应刀号的刀具长度补偿。

续表

2. 设置工件坐标系	
如图 4－18 所示，座体零件需两次装夹才能完成铣削加工，试分析如何在第二次装夹时，设置工件坐标系原点位置与第一次装夹设置工件坐标系原点位置一致。 ________________ ________________ ________________ ________________ ________________ ________________ ________________ ________________	∅52 10.5 19±0.1 25±0.1 5 ∅32 ∅42 ∅62 R8 74±0.1 74±0.1 图 4－18　座体

编辑程序、校验程序及运行程序：手工编程过程中难免会出现错漏，所以数控程序输入至数控机床后需进行校验，无误后再运行程序进行加工。在程序校验与运行过程中会出现各类问题，常见错误报警有指令错误、数据错误、格式错误、软限位超程等。请将实际操作过程中遇到的报警信息与故障现象如实记录，并将解决办法填写到下表，最后完成“能力检测”。

常见报警与解决办法

序号	报警信息/故障现象	解决办法

能力检测

程序的运行操作
1)在运行下面加工程序至第三行时,系统出现“Z 轴正限位软超程”报警,试分析其原因,并写出处理办法? ____________________ ____________________ ____________________ ____________________ 2)进行停机检查,待处理好后,需再次运行程序,但子程序“0001”已经运行完毕,如何跳过子程序“0001”,直接进入子程序“0002”运行,请写出操作步骤。 __________ %0010 __________ N01 G54 G90 G17 __________ N02 M03 S1000 __________ N03 G43 G00 Z100 H01 __________ N04 X50 Y50 __________ N05 Z10 __________ N06 G01 Z0 F100 __________ N07 M98 P0001L5 __________ N07 M98 P0002L5 N08 G90 G49 G00 Z100 __________ N09 M05 __________ N10 M30

3.4.3 零件检测

零件加工过程中与加工完成后都需要对零件进行正确的检测,请在知识园地中学习“常用量具的测量与使用”内容,完成”能力检测”。

知识园地

常用量具的测量与使用——百分表:在所有机械零件测量工具中,百分表是一种精度较高的比较量具,它只能测出相对数值,不能测出绝对值,主要用于检测工件的形状和位置误差(如圆度、平面度、垂直度、跳动等),也可用于校正零件的安装位置以及测量零件的内径等;百分表具有防震机构,使用寿命长,精度可靠。

1. 百分表的组成。

百分表的构造主要由 3 个部件组成:表体部分、传动系统、读数装置,如图 4 - 19 所示。

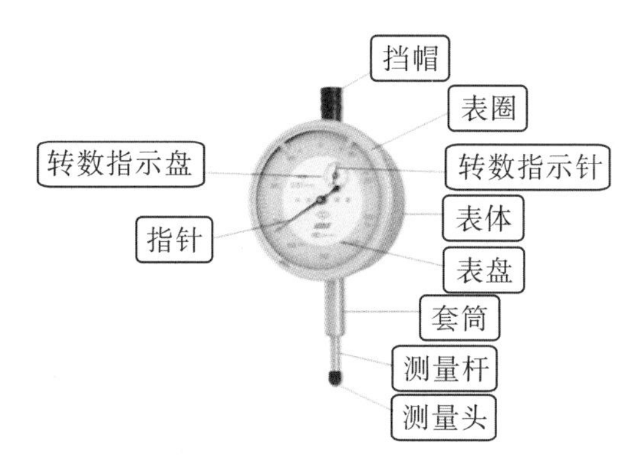

图 4－19 百分表的组成

2. 百分表的类型。

百分表按结构可分为 3 种：指针式百分表、杠杆百分表、针盘式百分表，如图 4－20 所示。

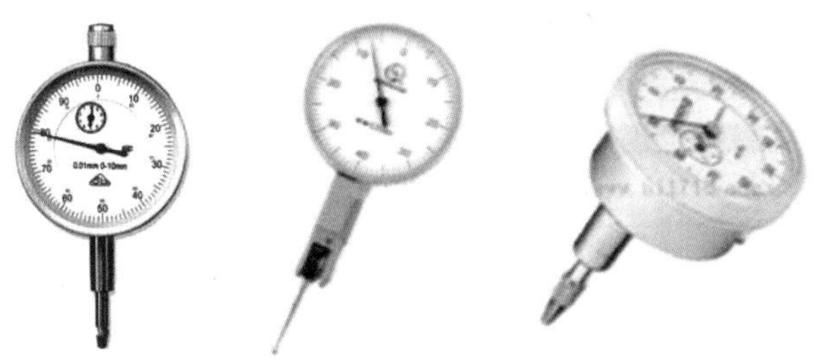

图 4－20 三种类型的百分表

3. 百分表的工作原理。

百分表的工作原理是将被测尺寸引起的测杆微小直线移动，经过齿轮传动放大，变为指计在刻度盘上的转动，从而读出被测尺寸的大小。百分表是利用齿条齿轮或杠杆齿轮传动，将测杆的直线位移变为指针的角位移的计量器具。

百分表内的齿杆和齿轮的齿距是 0.625mm。当齿杆上升 16 齿时，即 $0.625 \times 16 = 10$mm，16 齿小齿轮转 1 周，齿数为 100 的大齿轮也转一周，就带动齿数为 10 的小齿轮和长指针转 10 周。当齿杆移动 1mm 时，长指针转 1 周。由于表盘上共刻有 100 格，所以长指针每转 1 格表示齿杆移动 0.01mm，即测量精度为 0.01mm。

4. 百分表的使用注意事项。

1）使用前，应检查测量杆活动的灵活性。即轻轻推动测量杆时，测量杆在套筒内的移动要灵活，没有如何轧卡现象，每次手松开后，指针能回到原来的刻度位置。

2）使用时，必须把百分表固定在可靠的夹持架上。切不可贪图省事，随便夹在不稳固的地方，否则容易造成测量结果不准确，或摔坏百分表。

3）测量时，不要使测量杆的行程超过它的测量范围，不要使表头突然撞到工件上，也不要用百分表测量表面粗糙度或有显著凹凸不平的工作。

4）测量平面时，百分表的测量杆要与平面垂直，测量圆柱形工件时，测量杆要与工件的中心线垂直，否则，将使测量杆活动不灵或测量结果不准确。

5）为方便读数，在测量前一般都让大指针指到刻度盘的零位。

5. 杠杆百分表检测与找正。

杠杆百分表通常是安装在磁性表座或固定在支架上使用,如图 4－21 所示的检测与校正。

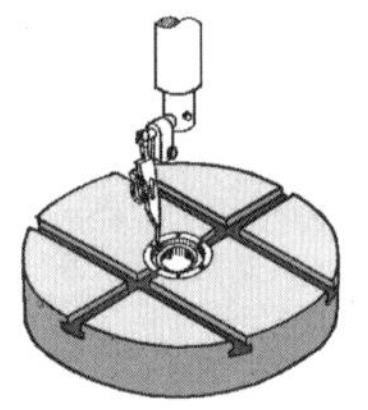

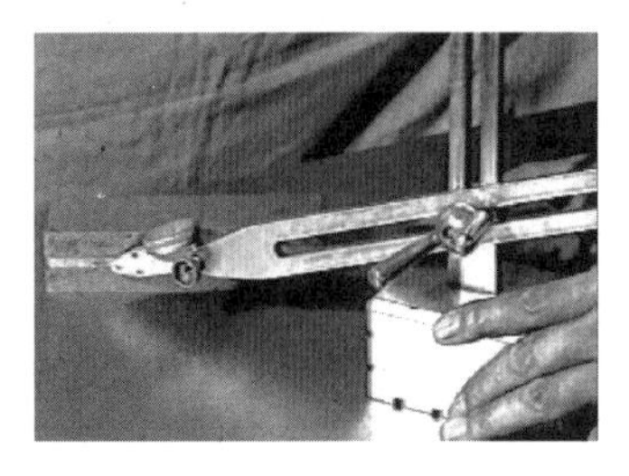

图 4－21　用杠杆百分表检测与校正

6. 百分表的读数方法。

1)先读小指针转过的刻度线(即毫米整数)。

2)再读大指针转过的刻度线(即小数部分),并乘以 0.01。

3)然后两者相加,即得到所测量的数值。

7. 百分表维护与保养。

1)远离液体,不使冷却液、切削液、水或油与内径表接触。

2)在不使用时,要摘下百分表,使表解除其所有负荷,让测量杆处于自由状态。

3)成套保存于盒内,避免丢失与混用。

能力检测

1. 外径千分尺的认识与使用	
请说出千分尺各部分的名称: (1) (2) (3) (4) (5) (6) (7)	夹持柄 指针 表圈 表盘 表体 测杆 测头
2. 测量操作	
请写出使用百分表校正平口钳固定钳口的操作步骤: ______ ______ ______ ______	

3.5 评估与总结

在检测评估环节中，请参考检测评分表、活动过程评分表控制在整个任务实施过程中的操作细节，。在执行任务过程中的每个环节里出现的问题与解决问题的办法进行记录，及时填写到“底座加工过程复盘”表格中。

四 组织与实施

确定零件加工计划与决策后，进入加工操作环节，请阅读表格中的内容，并填写划线空白处参数。

4.1 加工准备

序号	操作项目	操作流程	注意事项
1	毛坯准备	(1)准备尺寸为____________毛坯； (2)用锉刀修平毛坯凸起部分备用；	
2	刀具量具工具准备	(1)依据刀具清单准备相应刀具，并将刀具装夹至刀柄，简要描述操作步骤： ____________________ ____________________ (2)依据量具清单与工具清单进行准备，并按规定_____至机床旁边工具柜	
3	开机准备	依据机床操作规范，简要描述开机操作步骤： ____________________ ____________________ ____________________ ____________________	

4.2 安装一

<table>
<tr><th>序号</th><th>操作项目</th><th>操作流程</th><th>注意事项</th></tr>
<tr><td>1</td><td>装夹毛坯</td><td>简述毛坯装夹至平口钳操作步骤：
____
____
________________</td><td></td></tr>
<tr><td>2</td><td>安装刀具</td><td>简述刀柄安装至主轴操作步骤：
____
____
________________</td><td></td></tr>
<tr><td>3</td><td>工件坐标系的设置</td><td>简述工件坐标系设置操作流程：
____
____
________________</td><td></td></tr>
<tr><td>4</td><td>编辑、校验程序</td><td>新建、编辑、校验程序操作步骤：
____
____
________________</td><td></td></tr>
<tr><td>5</td><td>程序运行加工</td><td colspan="2">(1)对应下面表格中的内容，确认工件、刀具、工件坐标系及程序正确
<table>
<tr><th>项目</th><th>内容 1</th><th>确认状态</th><th>内容 2</th><th>确认准备</th></tr>
<tr><td>工件</td><td>工件安装位置正确</td><td></td><td>工件安装可靠</td><td></td></tr>
<tr><td>刀具</td><td>刀具型号
粗加工 ϕ ____ 立铣刀
精加工 ϕ ____立铣刀
精加工 ϕ ____立铣刀</td><td></td><td>刀具伸长合理</td><td></td></tr>
<tr><td>工件坐标系</td><td>X、Y、Z 轴零点位置正确</td><td></td><td>ϕ ____立铣刀 – G ____ 坐标系
ϕ ____立铣刀 – G ____ 坐标系
ϕ ____立铣刀 – G ____ 坐标系</td><td></td></tr>
<tr><td>程序</td><td>程序校验图形正确</td><td></td><td>程序中 Z 向切深坐标值正确</td><td></td></tr>
</table>
(2)机床程序控制运行操作
打开程序→ ______ →控制面板“自动”/“单段”→控制面板“__________”
(3)加工完毕后，检测当前加工尺寸在图纸上技术要求范围即可进入“安装二”操作</td></tr>
</table>

4.3 安装二

<table>
<tr><th>序号</th><th>操作项目</th><th colspan="3">操作流程</th><th colspan="2">注意事项</th></tr>
<tr><td>1</td><td>装夹毛坯</td><td colspan="3">简述毛坯装夹至平口钳操作步骤：
______
______
______</td><td colspan="2"></td></tr>
<tr><td>2</td><td>工件坐标系的设置</td><td colspan="3">简述工件坐标系设置操作流程：
______
______
______</td><td colspan="2"></td></tr>
<tr><td>3</td><td>编辑、校验程序</td><td colspan="3">新建、编辑、校验程序操作步骤：
______
______
______</td><td colspan="2"></td></tr>
<tr><td rowspan="7">4</td><td rowspan="7">程序运行加工</td><td colspan="5">(1)对应下面表格中的内容，确认工件、刀具、工件坐标系及程序正确</td></tr>
<tr><td>项目</td><td>内容 1</td><td>确认状态</td><td>内容 2</td><td>确认准备</td></tr>
<tr><td>工件</td><td>工件安装位置正确</td><td></td><td>工件安装可靠</td><td></td></tr>
<tr><td>刀具</td><td>刀具型号
粗加工 ϕ ____ 立铣刀
精加工 ϕ ____立铣刀
精加工 ϕ ____立铣刀</td><td></td><td>刀具伸长合理</td><td></td></tr>
<tr><td>工件坐标系</td><td>X、Y、Z 轴零点位置正确</td><td></td><td>ϕ ____立铣刀 - G ____ 坐标系
ϕ ____立铣刀 - G ____ 坐标系
ϕ ____立铣刀 - G ____ 坐标系</td><td></td></tr>
<tr><td>程序</td><td>程序校验图形正确</td><td></td><td>程序中 Z 向切深坐标值正确</td><td></td></tr>
<tr><td colspan="4">(2)机床程序控制运行操作
打开程序→ ______ →控制面板“自动”/“单段”→控制面板“__________”
(3)加工完毕后，检测当前加工尺寸在图纸上技术要求范围即可进入“安装二”操作</td><td></td></tr>
<tr><td>5</td><td colspan="4">锐角倒钝，去毛刺</td><td colspan="2">取下毛坯后，将加工零件的锐角使用毛刺刀倒钝</td></tr>
<tr><td>6</td><td colspan="4">零件检测</td><td colspan="2">清洁零件后，使用量具对照图纸上技术要求检测零件</td></tr>
</table>

五 检测与评估

1. 按下表对加工好的零件进行检测,将结果填入表中。

底座 检测评分表

序号	考核项目	考核内容	配分	评分标准	自检记录	得分	互检记录
1	外形尺寸	74 ±0.1	5	超差 0.02 扣 1 分			
2		28 ±0.1	2	超差 0.02 扣 1 分			
3		R8	4	未完成不得分			
4	六棱台尺寸	60(3 处)	6	未完成不得分			
5		19 ±0.1	2	超差 0.1 扣 1 分			
6	台阶孔	ϕ52 ±0.05	2	超差 0.1 扣 1 分			
7		10.5	2	未完成不得分			
8		ϕ32H7	10	超差 0.01 扣 5 分			
9		20 ±0.1	2	超差 0.1 扣 1 分			
10		ϕ20	2	超差 0.1 扣 1 分			
11	底脚	44(2 处)	2	超差 0.1 扣 1 分			
12		3	2	超差 0.1 扣 1 分			
13		R5	2	未完成不得分			
14		R2	2	未完成不得分			
15	技术要求	表面粗糙度	5	不合格不得分			
16		垂直度	5	不合格不得分			
17		平行度	5	不合格不得分			
18	其他	锐边倒钝	5	不合格不得分			
		去毛刺	5	不合格不得分			

2. 通过对整个加工过程中对学习态度、解决问题能力、与同伴相处及工作过程心理状态等进行评估。

活动过程评分表

考核项目		考核内容	配分	扣分	得分
加工前准备	安全生产	安全着装;按规程操作,违反一项扣1分,扣完为止	2		
	组织纪律	服从安排;设备场地清扫等,违反一项扣1分,扣完为止	2		
	职业规范	机床预热,按照标准进行设备点检,违反一项扣1分,扣完为止	3		
加工操作过程	撞刀、打刀、撞夹具	出现一次扣2分,扣完为止	4		
	废料	加工废一块坯料扣2分(允许换一次坯料)	2		
	文明生产	工具、量具、刀具摆放整齐、工作台面整洁等,违反一项扣1分,扣完为止	4		
	加工超时	如超过规定时间不停止操作,第超过10分钟扣1分	2		
	违规操作	采用锉刀、砂布修饰工件,锐边没倒钝,或倒钝尺寸太在等,没按规定的操作行为,出现一项扣1分,扣完为止	2		
加工后设备保养	清洁、清扫	清理机床内部铁屑,确保机床工作台和夹具无水渍,确保机床表面各位置的整洁,清扫机床周围卫生,做好设备日常保养,违反一项扣1分,扣完为止	3		
	整理、整顿	工具、量具、刀具、工作台桌面、电脑、板凳的整理,违反一项扣1分,扣完为止	2		
	素养	严格执行设备的日常点检工作,违反一项扣1分,扣完为止	4		
出现严重撞机床主轴或工伤		出现严重碰撞机床主轴或造成工伤事故整个测评成绩记0分			
合计			30		

六 总结改进

1. 鲁班锁-底座加工过程复盘。

自己亲历的经验,是最好的学习材料。通过下面的复盘总结经验教训,分析成败的原因。从而避免未来犯同样的错误,同时把“精华”提炼出来,总结规律,提升未来解决同类问题的效率。请根据下面的学习目标与技能,完成鲁班锁-底座加工过程复盘。

底座　加工过程复盘

内容	复盘过程	内容
加工工艺	学习目标	1. 根据中等复杂零件特征设计加工工艺； 2. 能够根据零件图合理选用刀具； 3. 合理选用刀具的切削三要素
	评估结果	
	总结经验	
编写程序	学习目标	1. 能够运用常用代码进行编程：G80、G43、G44、G49、G81、G98、G99 等； 2. 能够运用刀具半径半偿简化编程； 3. 能够进行孔铣削加工编程
	评估结果	
	总结经验	
操作机床	操作技能	1. 能够熟练进行程序编辑、刀具补偿与工件坐标系设置工作； 2. 能够根据机床切削情况熟练控制程序运行； 3. 能够进行机床基本操作（熟练对刀、判断并解决常见机床故障－超程、油/气压不足等）
	评估结果	
	总结经验	
零件质量	质量检测	1. 能够正确使用百分表检测直线度； 2. 合理选用检测量具
	评估结果	
	总结经验	

续表

内容	复盘过程	内容
安全生产	安全操作	1. 熟悉安全规则，能够保障基本操作安全； 2. 能够做到6S管理
	评估结果	
	总结经验	

七 能力提升

试编制图4－22所示底座一零件的加工程序。毛坯材料为2A12，尺寸为$\phi85\times30$圆柱棒料。可参考任务四底座零件的加工过程来思考。

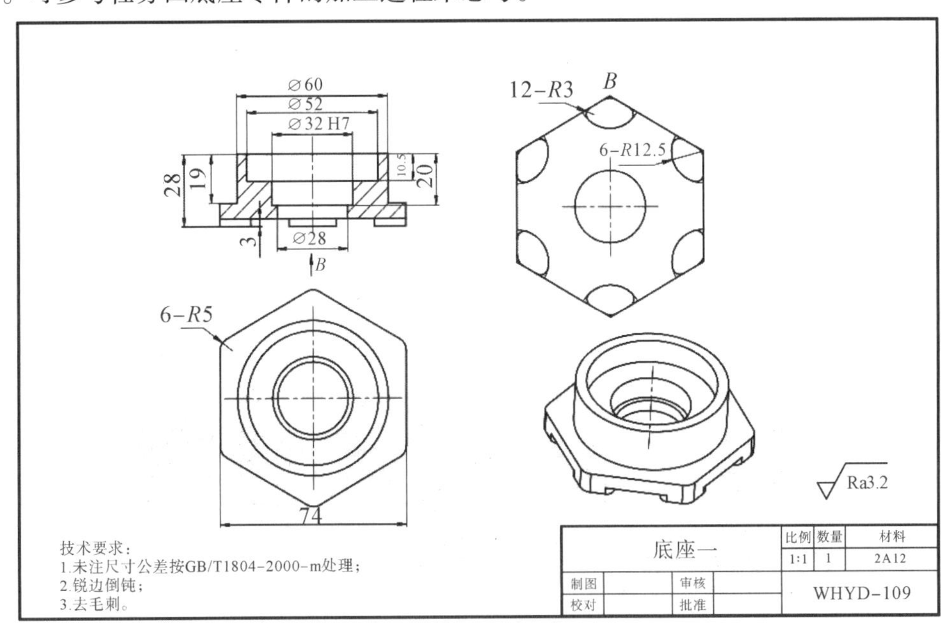

图4－22 底座一

八 工匠园地

数控机床作为当今装备制造业的主流设备，在生产制造中应用的越来越广泛，随之带来的安全事故也越来越多。虽然大多数数控机床都带有防护罩，能够在加工时有效的保护操作人员的安全，其安全性相较普通机床提高了不少，但是作为高速切削的机械加工设备，其危险性依旧存在，如果操作时疏忽大意，违反安全操作规程，就会酿成重大安全生产事故，轻则如刀具和工件的损坏，数控机床主轴或导轨的损伤，造成严重经济损失，重则还会造成人员的重大伤亡。

1. 违规开启防护罩，操作工卷入数控机床身亡。

2019 年 11 月 4 日，深圳某精密机电有限公司一名叫阮龙（化名）的 24 岁小伙，在机床运行的时候打开门卷轴把衣服卷进去了然后把整个人都卷了进去。2 分钟被抬出来的时候已经血肉模糊。

事故发生非常突然，后来根据附件工友的回忆，在机床运行期间，阮龙违规打开数控机床的防护门进行测量工件，因为高速旋转的主轴没有停下，阮龙的衣服被主轴卷入，最后导致整个人也瞬间卷入机器，附件工友连忙拍下机床急停按钮，但是也为时过晚，2 分钟后阮龙被抬出机床时已经鲜血淋漓，最终因为失血过多身亡。

2. 数控铣床常见的撞刀事故。

在数控机床加工过程中由于操作不当或编程错误等原因，易使刀具或刀架撞到工件或机床上，轻者会撞坏刀具和被加工的零件，重者会损坏机床部件，使机床的加工精度丧失，甚至造成人身事故。因此，从保持精度的角度看，在数控机床使用中绝不允许刀具和机床或工件相撞。但是加工中还是经常会发生撞刀事故，其主要原因为何？以下图片是常见的撞刀现象：

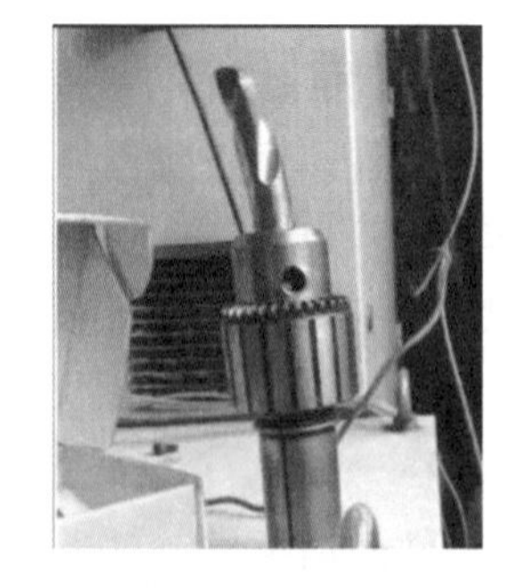

结合以上图片,数控铣床及 CNC 加工中心撞刀归纳起来 9 点主要原因:

(1)程序编写错误。工艺安排错误,工序承接关系考虑不周详,参数设定错误。

例:A. 坐标设定为底为零,而实际中却以顶为 0;

B. 安全高度过低,导致刀具不能完全抬出工件;

C. 二次开粗余量比前一把刀少;

D. 程序写完之后应对程序之路径进行分析检查。

(2)程序单备注错误。

例:A. 单边碰数写成四边分中;

B. 台钳夹持距离或工件凸出距离标注错误;

C. 刀具伸出长度备注不详或错误时导致撞刀;

D. 程序单应尽量详细;

E. 程序单设变时应采用以新换旧之原则:将旧的程序单销毁。

(3)刀具测量错误。

例:A. 对刀数据输入未考虑对刀杆;

B. 刀具装刀过短;

C. 刀具测量要使用科学的方法,尽可能用较精确的仪器;

D. 装刀长度要比实际深度长出 2 ~5mm。

(4)程序传输错误。

程序号呼叫错误或程序有修改,但仍然用旧的程序进行加工;

现场加工者必须在加工前检查程序的详细数据;

例如程序编写的时间和日期,并用熊族模拟。

(5)选刀错误。

(6)毛坯超出预期,毛坯过大与程序设定之毛坯不相符。

(7)工件材料本身有缺陷或硬度过高。

(8)装夹因素,垫块干涉而程序中未考虑。

(9)机床故障,突然断电,雷击导致撞刀等。

思考:

a. 根据资料,分析材料一中安全生产事故发生的原因。

b. 对照数控铣床加工的知识要点内容,回顾数控铣床操作的安全操作规程。

c. 对照鲁班锁的具体加工内容,参考材料二,思考一下,在本项目产品的加工中应该注意哪些方面的问题,以免发生撞刀事故?

课外拓展

安全生产事故定义及分类

工作中经常会遇到各种各样的安全事故处理,但有些事故很难确定它是否为生产安全事故.因为只有事故的定性正确,才会给事故的处理带来方便,那么什么叫安全事故呢?

安全事故是指生产经营单位在生产经营活动(包括与生产经营有关的活动)中突然发生的,伤害人身安全和健康,或者损坏设备设施,或者造成经济损失的,导致原生产经营活动(包括与生产经营活动有关的活动)暂时中止或永远终止的意外事件。

安全事故的分类

1. 按照事故发生的行业和领域划分

(1)工矿商贸企业生产安全事故。

(2)火灾事故。

(3)道路交通事故。

(4)农机事故。

(5)水上交通事故。

安全生产事故灾难按照其性质、严重程度、可控性和影响范围等因素,一般分为四级:Ⅰ级(特别重大)、Ⅱ级(重大)、Ⅲ级(较大)和Ⅳ级(一般)。

2. 按照事故原因划分

物体打击事故、车辆伤害事故、机械伤害事故、起重伤害事故、触电事故、火灾事故、灼烫事故、淹溺事故、高处坠落事故、坍塌事故、冒顶片帮事故、透水事故、放炮事故、火药爆炸事故、瓦斯爆炸事故、锅炉爆炸事故、容器爆炸事故、其他爆炸事故、中毒和窒息事故、其他伤害事故 20 种。

3. 按照事故的等级划分

《生产安全事故报告和调查处理条例》第三条,根据生产安全事故(以下简称事故)造成的人员伤亡或者直接经济损失,事故一般分为以下等级。

(1)特别重大事故,是指造成 30 人以上死亡,或者 100 人以上重伤,或者 1 亿元以上直接经济损失的事故;

(2)重大事故,是指造成 10 人以上 30 人以下死亡,或者 50 人以上 100 人以下重伤,或者 5000 万元以上 1 亿元以下直接经济损失的事故；

(3)较大事故，是指造成 3 人以上 10 人以下死亡，或者 10 人以上 50 人以下重伤，或者 1000 万元以上 5000 万元以下直接经济损失的事故；

(4)一般事故，是指造成 3 人以下死亡，或 10 人以下重伤，或者 1000 万元以下直接经济损失的事故。